石野耕也　磯崎博司　編
岩間 徹　臼杵知史

国際環境事件案内

＊ 事件で学ぶ環境法の現状と課題 ＊

信山社

国際環境事件案内

はしがき

　近年，先進国における環境問題のなかには，たとえば大気汚染や水質汚濁のように改善の兆しを見せているものがある反面，途上国における環境問題は依然として深刻であり，むしろ工業化に伴い悪化している場合が多い。さらに，最近では，オゾン層の破壊や地球の温暖化，そして生物多様性の減少，砂漠化の進行など，地球規模の環境問題が発生してきている。

　そのような環境問題を国際的に解決しようとする国際環境法は，特に1970年代以降大きく発展してきた。そのような発展は，多くの国際的な環境「事件」の発生と決して無関係ではない。たとえば，第五福竜丸事件，トリー・キャニオン号事件，チェルノブイリ原発事件，セベソ事件，ボパール事件など，枚挙にいとまがない程である。そこでは，国際法のルールによって解決すべき争点が具体的な形で提起され，解決された事件もあれば，それをきっかけに新たなルールの形成を促した事件もある。さらに，多数国間の環境条約の増加にともない，わが国においても，新聞やテレビで見聞きするように，条約に関連する国内法の適用が現実に問題となっている「事件」も少なくない。

　本書は，そのような「事件」のうち，特に日本との関連において問題とされてきた，あるいは問題とされているものに焦点をあてて，その概要と争点（主に法的）を明らかにし，問題解決の適切なあり方や今後の課題について考えることを目的にしている。

　本書が扱う国際的な環境「事件」は，国際裁判や国内裁判における事件に限定されない。むしろ，国際環境法の未発達な現状から，それら「事件」の多くは，(1) 関連の国際法や国内法の不在や不備が明らかになった事件，(2) 国際法の形成や国内法の整備・強化のきっかけになった事件，そして，(3) 条約，慣習法のみならず，いわゆるソフトローの適用が問題になった事件である。

　環境問題を具体的事例に即して，日本との関連において，かつ地球的視野

はしがき

のなかで法的に考えようとする読者にとって，本書が有用な基本書あるいは参考書となれば，編者にとってこの上ない喜びである。

　最後に，本書は，他に類書がない上記のような書物の出版を強く求めていた信山社の村岡命衛氏の要請にもとづき，われわれ複数の国際法の研究者や環境実務に精通する行政官がそれぞれの執筆分担を決めて，作り上げたものである。このような機会を与えてくださった村岡氏に対して，執筆者全員に代わり厚く御礼申し上げたい。

　　2001年5月

　　　　　　　　　　　　　　　　　　　編　者　石野 耕也
　　　　　　　　　　　　　　　　　　　　　　　磯崎 博司
　　　　　　　　　　　　　　　　　　　　　　　岩間　徹
　　　　　　　　　　　　　　　　　　　　　　　臼杵 知史

国際環境事件案内

目　次

はしがき

I　生物多様性

1　トキの保護 …………………………………… 幸　丸　政　明　2
2　ナキウサギ裁判 ……………………………… 磯　崎　博　司　7
3　移入種による生態系の破壊 ………………… 幸　丸　政　明　15

II　自然保護および世界遺産

4　白神山地の保護と管理 ……………………… 幸　丸　政　明　24
5　ボルネオ島熱帯雨林の保護 ………………… 薄　木　三　生　30
6　公共事業による自然破壊 …………………… 磯　崎　博　司　39
7　自然保護債務スワップ ……………………… 薄　木　三　生　51

III　海洋生物資源

8　日韓・日中の漁業問題 ……………………… 児矢野マリ　62
9　ミナミマグロ事件 …………………………… 髙村ゆかり　72
10　捕鯨問題 ……………………………………… 児矢野マリ　80

IV　海洋汚染

11　ナホトカ号重油流出事故 …………………… 一之瀬高博　92
12　放射性廃棄物の日本海投棄事件 …………… 一之瀬高博　100
13　タンカー衝突事故と海峡通航 ……………… 一之瀬高博　108

iii

目　次

V　大気および土壌

14　酸性雨……………………………………… 鈴木克徳 116
15　オゾン層の破壊…………………………… 岩間　徹 124
16　地球温暖化………………………………… 岩間　徹 132
17　砂漠化防止………………………………… 髙村ゆかり 140

VI　国際公域の環境

18　第五福竜丸事件…………………………… 臼杵知史 150
19　南極観光ツアー事故 ……………………… 臼杵知史 156
20　宇宙ゴミと衛星破片の落下 ……………… 中谷和弘 163

VII　貿易と環境

21　熱帯木材の貿易…………………………… 中川淳司 172
22　GATT／WTOの環境保護事件 ………… 中川淳司 179
23　野生動植物の貿易 ………………………… 磯崎博司 186
24　医療廃棄物輸出事件……………………… 臼杵知史 196

VIII　原子力および核兵器

25　チェルノブイリ原発事故 ………………… 南　諭子 208
26　放射性廃棄物の輸送 ……………………… 中谷和弘 214
27　環境破壊兵器……………………………… 髙村ゆかり 222

IX　有害物質および環境権

28　アスベスト………………………………… 立松美也子 232
29　有害化学物質と農薬 ……………………… 立松美也子 237
30　ヨーロッパ人権条約における「環境権」…… 立松美也子 245

事項索引／編者執筆者紹介

カット　与儀勝美

I　生物多様性

　　1　トキの保護　幸丸政明
　　2　ナキウサギ裁判　磯崎博司
　　3　移入種による生態系の破壊　幸丸政明

1 トキの保護

［幸丸政明］

1. 保護の歴史

(1) 野生個体群の減少から残存個体の一斉捕獲・人工増殖に至るまで

Nipponia nippon の学名を持つトキは，かつては日本のほか，東部シベリア，中国東北部，朝鮮半島にかけて広く生息していたが，1964年（昭和39年），中国甘粛省での記録を最後に日本以外の地域では絶滅したと考えられ，1981年陝西省洋県で3羽の幼鳥を含む7羽のトキが再発見されるまで，トキの生息が確認されているのはわが国のみという状況であった。

わが国の場合，明治のはじめ頃までは各地で普通に見られる鳥であったが，乱獲により数を減らし大正の終わり頃には一時絶滅したと思われた。しかし昭和初期に能登半島で約20羽，佐渡で60〜100羽が生息していることが確認され，昭和9年に天然記念物の指定（昭和27年には特別天然記念物に指定）を受け，以後保護監視，冬期間の給餌，生息地の買上げ，生息環境の保全，卵の採取・人工孵化などの保護対策が講じられてきた。

このような努力にもかかわらず，個体数の減少には歯止めがかからず，昭和39年，能登半島での生息個体はついに1羽のみとなり，この個体が昭和45年に佐渡に移されたことにより（翌年死亡），この地域でのトキの生息には終止符が打たれた。一方，佐渡島では，昭和27年に27羽生息していたものが，農薬の普及による水生生物の減少や休耕田化による餌場の減少，そしておそらくは農薬の体内蓄積による悪影響もあって，次第に個体数を減らし昭和55年には6羽が生息するだけになった。このため環境庁は，昭和56年1月にその時点での野生トキの全個体5羽を捕獲し，以前から飼育していたメス1羽（キン）と併せて，新潟県新穂村にある新潟県トキ保護センターに収容し，人工飼育下での増殖に着手した。その後，この6羽の間でペアリングが何度

か試みられたが，結局成功せず，捕獲後5年で野生個体4羽を死亡させるという結果に終わった。最後まで生き残ったミドリとキンとのペアリングは昭和58年4月から4年間継続されたが，成果を見ることなく62年4月に断念された。

(2) 中国との国際協力

日本産の個体による人工増殖の試みがことごとく失敗に終わる中，洋県での再発見以降生息地での繁殖のみならず，北京動物園での人工繁殖にも成功していた中国との協力が推進されることとなった（現在では野生状態で60羽あまりが生息するほか，北京動物園を中心に飼育下での個体が当初の5羽から70羽あまりにまで増加している）。

昭和60年東京で開催された日中野生鳥獣保護会議における基本合意に基づき，同年10月に雄1羽を借り受けてのキンとのペアリングに始まる中国産トキとの人工増殖の試みは，平成7年にミドリが死亡し，日本のトキが事実上絶滅するまで，さまざまな形で続けられたが，これまたことごとく失敗に終わった。さらに平成6～7年にかけては，中国産の番（つがい）を借り受けて佐渡での人工繁殖を試みたが，雄が急死しこの計画も頓挫した。

その後，平成10年の中国江沢民国家主席来日の際，天皇陛下に贈呈され，環境庁が飼育管理することになったトキ一番（友友（ヨウヨウ，♂）と洋洋（ヤンヤン，♀））が，翌11年1月に引き取られ，トキ保護センターでの飼育が開始された。このペアから得られた卵からは1999年5月に1羽が孵化し，「優優（ユウユウ）」と名づけられ順調に生育し，2000年にもさらに2羽が孵化している。

2. 保護対策の是非

(1) 野生個体の捕獲・人工増殖計画の失敗

1980年（昭和55年）末に日本における野生トキの個体数が5羽になると，もはや自然環境下では繁殖していくことが困難であり，早急に人工増殖を図るべきであるとの意見が強まったため，環境庁では特定鳥獣増殖検討会トキ分科会において検討を重ねた結果，自然条件下ではきわめて困難な状態にある孵化，育雛（いくすう）については，人工孵化と親鳥による育雛とを併用することで成

I 生物多様性

功率を高めることが可能であり，また飼育管理下に置くことで補卵性（巣から卵を取り除くと産み足す性質）を利用した産卵数の増加，天敵からの隔離，個体の適切な健康管理等によって増殖の可能性を高めることができるとの判断から，人工増殖を図ることが結論付けられた。

結果的にはこの判断に基づく人工増殖事業はすべて失敗に終わったことから，遅きに失したという批判やそもそも人工増殖自体が誤りであったとする声が今もないわけではない。

(2) 絶滅を回避するための国際協力のあり方

トキの保護に関わりを持つと思われる国際法には，日中渡り鳥協定，日中環境保護協力協定，ワシントン条約，生物多様性条約がある。

このうち，日中渡り鳥協定（正式名称：渡り鳥及びその生息環境の保護に関する日本国政府と中華人民共和国政府との間の協定）は，他の類似の二国間条約，すなわち日米，日豪及び日ソ渡り鳥条約がいずれも絶滅のおそれのある鳥類を対象とするのと異なり，渡り鳥のみを対象とし，したがってトキは含まれていない。本種に関する日中間の協力事業はODAの一部として実施されてきたが，渡り鳥以外で絶滅のおそれのある鳥類の保護に関して実際に国際協力が行われているのはトキだけであることを考えるといかにも皮肉な現実である。平成6年には日中間で，生態系及び生物の多様性の保全も協力分野の一つとする「環境協力協定」が締結されており，現在ではトキに関する国際協力はこの協定を根拠として行われている。

ワシントン条約，生物多様性条約はともに多国間条約であり，前者は動植物種の存続を脅かす乱獲の原因の一つである国際取引を規制するためのものであり，この条約が有効に機能するのは，アフリカゾウやタイマイのように資源的に利用可能な個体群規模を維持しうるかどうかという境界線上にある種か，ゴリラのように，希少性ゆえに商業的価値が高くかつ原産国の保護体制が十分でない種である。したがって原産国政府の厳重な管理下にあるトキにとっては，さほど大きな意味を持たないが，安易に外交上の贈り物としたり，援助の見返りとすることへの抑制効果はあるかもしれない。

生物多様性条約は，特定の目的を持った条約だけでは対応しきれない生物圏全体の多様な問題に包括的に対処するために生まれたものであり，ここではトキの場合のような人工増殖についての指針が，「生息域外保全（生物多様

性の構成要素を自然の生息地の外において保全すること）」の条項に示されている（第9条）。そこでは当該措置は「生息域内保全」の補完措置として「脅威にさらされている種を回復し及びその機能を回復するため並びに当該種を適当な条件の下で自然の生息地に再導入するための措置をとること」などが明記されている。

以上のように関連国際法を概観してみると，トキの保護を進めていくうえでの理念は「生物多様性条約」に求めるべきであることが分かるが，より具体的な方針は第6条で締約国に求めている国家的な戦略か計画に示されるものであろう。しかしながら，現行の国家戦略にはここで期待するものはなにも書かれていない。

3. 評価および今後の課題

絶滅を回避するため野生個体がすべて飼育管理下に置かれた鳥類は，日本の場合コウノトリとトキだけである。昭和40年から始まったコウノトリの捕獲・人工飼育・繁殖が比較的順調で，現在では野生回帰までもが視野に入れられているのに対し，トキの場合は失敗の連続で，行政当局は自らの管理下で絶滅のカウントダウンが進むという事態に直面することになった。

ここで行政当局が取った対応は，中国からトキを借り受け，日本の個体とで繁殖ペアを作るという方法であったが，そのような対応を取るまでには，まず，①トキの保全においては，日本と中国の個体群をどのように考えるのか，すなわち遺伝的に差のない個体群と見るのか，遺伝的には異なる独立した個体群と見るのか，②どの状態に至ったら野生生物保護の立場から絶滅とみなすのか，の2点を明らかにした上で，③絶滅を回避するための対応策を検討すべきであったと思われるが，①及び②について深く議論すること無く，③に当る「中国産トキとのペアリング」に進んでしまった。

この対策は結局成功に至らなかったが，その総括がなされぬまま，今度は「中国産トキの番による人工繁殖」が唐突に実現することになった。少なくともこの時，中国産トキから生まれた個体がどのような意味を持ち，どのように活用されるべきかが，④生息地の回復を含む将来構想の中で検討されるべきであったが，それらは明らかにされないまま，現在に至っている。

寄贈された一番が順調に繁殖し明るい話題と受け取られているが，野生

I　生物多様性

　生物保護の観点からは，トキ保護センターが中国産トキの人工繁殖拠点の一つとなったという意味でしかない。センターをパンダにおける上野動物園のように位置づけるのか，あるいは佐渡を再びトキの生息地としようとするのか，今行政に求められているのは，トキの二世たちの愛称を公募することではなく，トキの保護についての基本戦略を明らかにすることであるはずである。このことは日本における本種の絶滅が避けられなくなったと判断された時点で，明確にされなければならなかったが，「絶滅」という現実に向かい合うことを避け，議論もそこそこに中国産の個体をペアリングの相手として借り受けるという決定がなされて以来，行政の対応は佐渡における飼育個体を絶やさないという一点に絞られてきた観がある。

　雛の誕生に歓声を上げ，その成長に一喜一憂していればよい状態が続くうちに，現に自然状態で生息している中国における保護を中心として，トキの保護増殖に関するマスタープランの早急な確立が必要であるが，それには少なくとも，次の項目が含まれる必要があるだろう。

① トキ保護センターのトキ保護増殖計画における位置づけの明確化（センターを主要人工繁殖拠点である北京動物園のブランチとして位置づける）
② センターにおける再生産個体の活用プログラムの策定（飼育下繁殖個体群の構成要素，中国の生息地への再導入個体候補）
③ 日本におけるトキ生息地再生計画における再導入個体候補
④ 日本におけるトキ生息地再生計画

　このうち④については，トキを象徴種に掲げることによって，通常では容易に実現することのできない「生き物が賑わう豊かな里山景観の再生」の実現の可能性が高まるかもしれない。

◇　参考文献
1．環境庁自然保護局『自然保護行政のあゆみ』第一法規出版（1981年）
2．加藤陸奥雄編『日本の天然記念物1』講談社（1984年）
3．玉川佐久良『日中トキ保護協力の新たな展開』鳥獣行政 Vol. 23 No. 2(1989年)

2 ナキウサギ裁判

[磯崎博司]

1. 事件の概要

士幌高原道路の建設に反対する裁判（ナキウサギ裁判）が起こされ，その中で当該道路の建設は生物多様性条約に違反するとの主張が行われた。

(1) 士幌高原道路計画

士幌高原道路は，士幌町から大雪山国立公園を抜けて然別湖に向かい，道道鹿追糠平線に接続する予定の約6kmの道路であった。正式名称は北海道道士幌然別湖線と言い，1966年に士幌町道として着工された。しかし，国立公園内の道路は町道としては建設できないため，その道路は1969年6月18日に北海道道に認定され，大雪山国立公園の公園事業として建設が進められた。

ところが，1969年から1973年にかけて440m（合計では2.8km）開削したところで，山の斜面に大きな傷跡が生じている状況が帯広市からも見えるようになった。当時は全国各地で道路建設による自然破壊に対する批判が巻き起こっていた。特に士幌高原道路の建設予定地には，ナキウサギの生息地または高山植物のコマクサの自生群落などの希少な自然が残されていたため，道路建設に反対する世論が強まった。北海道知事は，そのような世論を前にして，1973年に残り約2.7kmを残して士幌高原道路の建設の中断を決定した。

ただし，それは中止ではなく中断であったため，その後バブル経済の中で計画が再燃した。北海道は，1987年に従来の道路計画を一部変更し，途中の駒止湖付近をトンネルにする「駒止トンネル・ルート」案を提起した。その案は一部をトンネルにするとはいえ，ナキウサギの生息地に道路を開削し，その生息地を分断することに変わりはなかった。そのため，ナキウサギに重大な影響が及ぶとの懸念が多くの研究者や自然保護団体によって表明され，

I　生物多様性

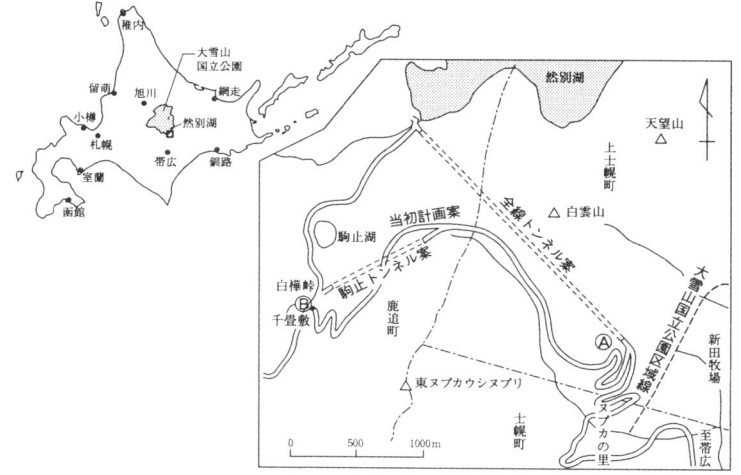

士幌高原道路

日本生態学会は士幌高原道路の建設に反対する声明を採択した。

　再び強い批判を受けた北海道は，1994年12月になって残り部分をすべてトンネルにして然別湖に抜ける「全線トンネル・ルート」案を提起した。この提案について，環境庁環境保全審議会は，従来の「目に見える自然破壊」はトンネルとすることにより回避されたと判断した。同審議会は，1995年5月30日，環境庁国立公園計画変更に際して，この案は適当であるとの答申をまとめた。この答申を受け，環境庁は同年8月に「全線トンネル・ルート」案を認め，大雪山国立公園の公園計画を変更した。

(2)　住民訴訟の提起

　環境庁が認めたことにより法的には道路建設にゴーサインが出されたため，裁判に訴えることが自然保護団体の関係者によって検討された。その過程で，未開削区間すべてをトンネルにするため，それまで主張してきたナキウサギの生息地の破壊，森林の伐採および高原植物の消滅という批判がそのままでは当てはまらないことが指摘された。また，国立公園の第一種特別地域に道路を建設する際の条件は何か，目に見える破壊がなければ自然は保護されているか，自然保護とは何か，自然について科学は十分に分かっているかとい

うような疑問に答えることが必要であることも指摘された。

　ちょうど，その時期に，士幌高原道路の建設予定地が「日本最大の累石風穴地域」であるとの学術報告が行われた。そのことは，公園計画の変更に当って行われた自然調査によっても認識されておらず，科学が十分ではないことを証明した。この科学が十分ではないことを含め，上記の疑問には，生物多様性という概念によって答えることができることが認識された。そのため，道路建設は生物多様性に対して有害であり，そのような行為を行うことは関係国内法令に違反するとともに生物多様性条約に違反するという主張に基づいて裁判が提起された。

　その裁判は，道路建設そのものの差止めを求める裁判ではなく，道路建設費の支出の差止めを求める裁判であった。というのは，日本では，公共事業それ自体の差止めを求める裁判は不可能に近く，空港騒音などの直接の被害者は飛行差止めを求める裁判を起せるが，自然破壊などの直接の被害者がいない場合は訴えを提起できないためである。他方で，地方自治法は，地方自治体が違法な公費支出をする場合には，住民がその支出を差し止める権利を認めており，住民訴訟と呼ばれている。アメリカの納税者訴訟の制度を参考にしていて，税金が違法に使われるのを防ぐ権利が住民には認められているのである。士幌高原道路についても，この住民訴訟を利用して違法な道路建設への北海道という地方自治体による公費支出の差止めが求められた。それが認められるならば道路建設も阻止できることになるのである。

2. ナキウサギ裁判と時のアセス

　生物多様性条約に関する以下のような主張を含んで裁判は進められたが，それと並行して士幌高原道路計画は北海道の時のアセス手続きに付された。

(1) 裁判における主張

　原告側は，まず，憲法第98条2項に基づいて条約には国内適用力があること，条約は国内法に優先すること，したがって不十分な内容の国内法令は生物多様性条約によって補完されること，具体的に文化財保護法は生物多様性条約の趣旨に沿って解釈・適用されることを主張した。また，特に生物多様性条約の第6条および第8条は行政に対して明確な義務を設定しており，保

I　生物多様性

全措置をとらないだけでなく，あえて生物多様性を損なわせる行為を行うことは条約違反になると論じた。その際，関連条文に見られる「可能な限り」または「適切な場合は」という字句については，世界遺産条約の同様の字句に関するオーストラリアの裁判所の判決を引用して，単なる施策目標を示すのではなく先進国には最大限の施策をとる明確な義務を課しているものと解釈すべきであると主張した。

他方で，裁判の被告は北海道知事であるため，地方自治体が条約に拘束されるか否かが争点となる。この点については，憲法第93条は地方自治体に対して土地や自然環境を含む財産を地方自治体が管理する権限を認めているが，それは国の管理権の授権であり，国が負う条約上の義務により制限されていること，生物多様性条約の第3条および第4条の規定から地方自治体が行う活動も条約の下の義務に服していること，また，そもそも本件事業は本来国が行う国立公園事業であるため，当然のこととして国の条約上の義務に拘束されることを主張した。

これに対して，被告側は，生物多様性条約は自動執行的ではなく，その実施には特別な立法措置が必要であることを主張した。特に，生物多様性条約の関連条文は，個々の状況および能力に応じ，可能な限り，適切な場合に，一般的・抽象的な措置をとることを求めており，締約国に対して施策の方針ないし目標を示すにとどまっており，プログラム規定であって，明確な規定ではないために直接適用できないと論じた。たとえ適用されるとしても，文化財保護法については，それは生物多様性条約の国内法的措置として制定されたものではないことおよび両者の目的が同一ではないことから，同法が生物多様性条約の趣旨に沿って解釈され，補完されることはないと論じた。また，同様に，生物多様性条約の関連条文が「締約国は，……」と定めているため，それらの条文は地方自治体には適用されないと主張した。

なお，以上では，主要な争点のうち国内法令に関わる事柄は省略した。

(2)　時のアセスによる中止決定

ところで，士幌高原道路の建設は，公共事業のあり方についての問題でもあった。日本の行政システム，法システムにおいては，一度定められた事業は，その後の様々な事情変更があっても，変更や中止が困難であった。このような公共事業に対する批判に応えて，また，公金の不正使用が明るみに出

て批判にさらされており，さらに，バブル経済の破綻により経済的に大きな打撃を受けていたこともあり，北海道は，全国に先駆けて「時代の変化を踏まえた施策の再評価（時のアセスメント）」手続きを導入した。

士幌高原道路計画も，その「時のアセスメント」手続きの対象事業とされていた。その再評価に基づいて，北海道は，1999年3月17日に，同計画の予定地域は国立公園第一種特別地域であり，道路整備の推進にあたってはより慎重な姿勢が求められるため，本道路の未開削区間の工事は取り止めることを決定した。こうして，士幌高原道路計画は，着工から30年以上経って中止された。この裁判は上述のように公費支出の差止訴訟であるため，4月15日に開かれた公判において，原告は，今後この道路建設に対し一切の費用支出をしない旨の北海道知事による確認を受けて訴えを取り下げた。

3. 評価および今後の課題

この事件は並行して行われていた別の行政手続きによって決着がついたが，環境条約の実施確保にとって国内裁判での援用は大きな意義を有している。

(1) 国際法上の論点

生物多様性条約について詳細な論争が行われる前に訴えが取り下げられたため，具体的な論点について評価することは難しいが，両当事者による主張について簡単に検討してみることとする。

一般的に条約の国内効力については，第一に，条約が国内において効力を有するためには，それが当該国によって受容されている必要がある。受容形態には一般的受容と個別的（変形）受容があるが，日本は一般的受容のうちでも自動受容を採用しており，個々の条約について特別な国内措置を必要としない。第二に，受容された条約の国内序列はそれぞれの国で異なる。日本の憲法は，条約の国内的序列については明示していない。日本の憲法が違憲審査の対象に条約をあげていないことやそれが国際主義に基づくことから条約は憲法に優先するとの主張もあるが，通説では，条約は，憲法改正よりも容易な手続きで国会承認が可能なために，憲法には優先しないが法律には優先するとされている。第三に，条約が国内効力を有し法律に優先するとしても，特定の条約の条文規定が国内で何の措置もとらずに直接適用されるかど

I 生物多様性

うかは別の問題である。直接適用力は，条約および個々の条文規定の性質によって決まる。その判断は各国が行うが，実際は，各国とも共通しており，また，条約に国内効力を認める場合は直接適用も推測される。具体的には，当該条約の規定が明確である場合には，直接適用力があるとされている。したがって，規定自体が不明確な場合または執行に必要な機関や手続きが不完全である場合には直接適用は難しい。もちろん，この判断が国によって異なることも考えられる。他方で，明確な条文規定であっても，特定の法律（刑法など）によって定めることが憲法によって求められている事項については，直接適用はされないことになる。なお，国内効力および直接適用に関する以上の記述は条約に限っており，慣習国際法の場合には異なる点がある。

次に，この事件での争点のうち，地方自治体に関しては，生物多様性条約の第4条ならびにウィーン条約の第27条および第29条により，地方自治体の活動にも生物多様性条約は適用されると言えよう。

他方，一般的に，生物多様性条約の第8条は明確な義務を設定しており，直接適用力があること，または，関連する国内法は生物多様性条約に則して補完的に解釈されるべきことには反論の余地があろう。しかしながら，同条と同様の規定を，しかも努力義務として定めている世界遺産条約の第5条に関するオーストラリアの裁判所による判決において，多数意見は，それは明確な義務を設定しており，拘束力があると判断した。そのうちでもメイソン判事は，「第5条は，保護を行うための手段については裁量を認めているが，何も行わないという裁量は認めていない」と述べた。何も行わないだけでなく，あえて生物多様性を損なわせる行為を行うことは条約違反であるとの本件原告の主張は，この解釈によって力づけられよう。また，その主張は，後述のように，第1条によっても補強されうる。さらに，生物多様性条約の第8条本文には「努める」という字句が含まれていないため，世界遺産条約よりも強い義務が課されているとの主張も可能である。これらの点については，関係国内法令の詳細な分析または生物多様性条約の批准承認について審議した際の国会記録などによっても，主張の補強が可能であろう。

第6条については，それは条約の策定および批准に携わる行政自身に対する義務づけであるため，日本においては法的措置を必要とする場合に比べてその義務は強いと言えよう。もっとも，それに基づいて日本政府は，すでに生物多様性国家戦略を策定しており，また，その他の国家計画などにも生物

多様性の保全が組み入れられており，形式的には義務は果たされている。そのため，それらの戦略や計画が生物多様性の保全にとって不十分であるとの実質的な論議は可能であろうが，そのための科学的な立証を必要とする。

ところで，この事件では用いられていないが，第1条の目的規定は直接適用され，生物多様性の保全に反する活動を行ってはならない義務があると言えようが，生物多様性に反するとの立証を要する。同様に，第3条は慣習国際法としても確立しており，拘束力があると言えるが，日本の場合には関係する側面が限定される。また，第14条が定める環境影響評価の実施については，それが可能であり適切であることは国内においても確認されているため，環境影響評価の観点からの主張も可能である。たとえば，国内手続きにおいて，生物多様性条約に即した十分な評価が生物多様性について行われていないと主張できるであろうが，この場合も科学的な立証を必要とする。ただし，現在では環境影響評価法の下の手続きとして，生物多様性に関して科学的に調査し評価することが事業者に義務づけられているため，以上で触れた原告が必要とする科学的な立証もそれほど困難ではないと思われる。

別の観点からは，可能な限り，かつ，適切な場合という条件の付いた条文に関しては，現行の措置が最大限でありそれ以上の措置は適切でないことについて説明責任（根拠を示して論理的に説明すること）を求めることができよう。この説明責任は，環境条約の実施確保のための重要な手法の一つである。それと併せて，生物多様性条約の基本目的である第1条に反する事態が生じている場合またはそのような事態を生じさせる行為が行われる場合には，適切かつ十分な措置はとられていないことになるため，当該事態を防止するための措置をとる義務があるとの主張が可能であろう。これらの主張の場合にも，上記のオーストラリアの判決は参考になると思われる。

以上で触れた各条文の遵守確保に関しては，生物多様性条約には明確な規定がない。しかし，特定国における事態が締約国会議の関心を呼べば，締約国会議において審議・検討され，根拠を提示し国際的に説得性のある説明を行うことが求められることになる。

(2) 司法解決手段の意義

士幌高原道路計画は裁判所の決定により中止されたわけではないが，裁判を提起し，その中で生物多様性条約を援用したことは，工事中止に至る要因

I　生物多様性

の一つとして評価されている。したがって，この事件においては，住民やNGOが裁判という最も厳格な場を使って開発事業者に対して説明責任を求めたことが機能を発揮したことになる。なお，生物多様性条約に違反するという明確な主張はされていないが，生物多様性を損なう行為は許されないとする主張は，いわゆる自然の権利訴訟の多くにおいても用いられてきている。

国内裁判における関連条約の援用という手法は，環境条約の実施確保の観点から国際的に注目されている。その手法は，個別の国内法令や行政制度の立ち後れの是正に役立つとともに，説明責任を裁判という場に求めることにより関連条約の下の環境影響評価や公衆参加に関するガイドラインなどのソフトロー化にも役立つとされている。そのため，欧米諸国を中心にして各国の裁判事例の調査に関する国際プロジェクトも幾つか進められてきている。

今後，日本において国内裁判，不服審査または環境影響評価手続きなどの場で関連する環境条約が援用されることが増えるならば，それは，以上のように国内法令や行政制度の改善と当該条約制度の発展・強化に大きく貢献することとなる。それに加えて，国，自治体または開発事業者がそのような争訟の場において行う条約解釈や論証に問題があれば，前述のように当該条約体制によるその解釈などの検討を喚起することになるため，開発事業者による関連条約に配慮した慎重な論証が行われることとなる。そのことは，正にこの事件に見られたように，当該開発事業自体に慎重さを求めることにつながり，国内の環境保全対策にも貢献することとなる。

◇　参考文献
1. 大雪山のナキウサギ裁判を支援する会『大雪山のナキウサギ裁判』緑風舎（1997年）
2. 自然の権利セミナー報告書作成委員会『自然の権利』山羊社（1998年）
3. 原告準備書面（主に，1997年4月24日，1998年5月13日および1998年7月16日）
4. 被告準備書面（主に，1997年1月31日，1997年8月21日および1998年11月25日）
5. 北海道『再評価調書（道道士幌然別湖線の整備）』（1999年3月17日）

3 移入種による生態系の破壊

[幸丸政明]

1. 生物による侵略の実態

(1) 移入種問題とは何か

　意図的であれ，非意図的であれ，人の手によって本来分布していない地域に持ち込まれる生物種は移入種，もしくは外来種（alien, alien species）と呼ばれており，移動した先で在来の生物種を圧迫したり生態系を攪乱させるような種は，特に侵入種あるいは侵略種（invasive species）と呼ぶ。

　イギリスの生態学者チャールズ・エルトンが生物種の侵入について生態学的見地から世界中の事例を広範囲にレビューしたのは1958年のことであった（*Ecology of Invasions by Animals and Plants*：邦訳『侵略の生態学』）。これからも分かるように移入種による生態系攪乱は，早くから生態学者の関心を引く問題であったが，わが国では，移入種に対する関心は，主として農林業や人の健康に被害を与えるものに向けられていて，生態系の攪乱因子としての側面がクローズアップされてきたのは最近のことである。

　現時点で，問題点が認識されているケースには次のようなものがある。

① 在来種の捕食

　　例としては，マングースによるアマミノクロウサギ等の奄美の固有・希少野生動物の捕食，イタチによる三宅島のアカコッコ，トカラ列島のアカヒゲ等の地上性の小動物の捕食，ブラックバスやブルーギルによる在来の淡水魚の捕食などがある。

② 生活様式の似る類縁種の駆逐

　　例としては，イタチによる北海道のエゾオコジョの駆逐，カダヤシによるメダカの駆逐など

③ 類縁種との交雑

I　生物多様性

　　　例としては，和歌山や下北半島におけるタイワンザルとニホンザルとの交雑，タイリクバラタナゴとニッポンバラタナゴとの交雑など。
④　植生破壊・農林業被害
　　　例としては，小笠原婿島(むこじま)列島におけるノヤギによる植生破壊，アライグマによる農作物食害，リンゴガイ（ジャンボタニシ）による水稲の食害など。
⑤　人間への危害
　　　ワニ，カミツキガメ等危険なペットの遺棄，アライグマ回虫への感染。

(2)　新たな移入種問題

　このほか，遺伝子組換えによって人工的に生み出された品種も，それが自然界に放出され生態系の一角を占めれば，移入種としての扱いを受けることになるだろう。

　遺伝子を切ったりつなげたりして遺伝子組換えを人工的に起こさせる技術（組換え DNA 技術）が確立されたのは1973年のことであり，それ以来，遺伝子組換えに関する基礎的研究や産業面への応用が活発に進められるようになった。遺伝子組換え技術が世に出た当初は，自然界に存在しない人工的な遺伝子の組合せを持った生物（遺伝子組換え生物）の性質は予測がつかず，そのような生物を野外へ放出すると取り返しのつかないことになるのではないかという懸念が広く存在したので，1976年の米国国立衛生研究所による「組換え DNA 実験ガイドライン」の策定を嚆矢(こうし)として，国ごとに，あるいは OECD 科学技術政策委員会（CSTP）のような国際機関・団体により，組換え DNA 技術の安全性評価や対策が検討されてきた。

　その結果，遺伝子組換えにより変更が加えられる遺伝子は，その生物が持つ遺伝子全体に対してはごくわずかであり，遺伝子組換え生物の性質は遺伝子のほとんどを提供している元の生物の性質と，組換えにより変化させた性質，そして遺伝子組換えの方法からかなりの程度推定可能であり，そうして作られた生物を環境中に放出することの安全性は，組換え生物の性質と導入される環境との相互作用や導入方法，これに同様の性質を持つ従来生物の導入で得られた知識や経験に基づいて評価すべきであり，問題なのは遺伝子組換え技術そのものでも，またそのプロセスでもなく，それによって生み出された製品自体であるという考え方が定着し，遺伝子組換え生物を環境中に放

3 移入種による生態系の破壊

出して利用する機運が高まった。

遺伝子組換え植物がはじめて野外試験されたのは1986年で，1994年にアメリカで遺伝子組換えによる日保ち（もち）の良いトマトの商業的栽培が成功して以来，欧米を中心に開発が激化し，①除草剤耐性，②害虫抵抗性，③耐病性，④日保ち，⑤成分・機能，⑥環境ストレス耐性，などにすぐれた農作物が次々に生み出されており，現在ではダイズ，トウモロコシ，ナタネ，ワタ，ジャガイモなど実用化されている農作物は40件を越えるようになっている。

こうした状況の中で2000年10月に遺伝子組換え食品に対して否定的立場をとる国内の消費者団体が，わが国では食品としての安全性未審査の遺伝子組換えトウモロコシ品種であるスターリンク（CBH 351）由来の原料が一部のトウモロコシ食品から検出されたとマスコミに発表し，厚生，農林水産両省に対して食品の回収や輸入禁止措置をとるよう文書で申し入れたことに端を発する「スターリンク事件」が起きた。

これに対して厚生省は，確認検査を実施する，業者に対しては検査結果が出るまで製品の販売についての自粛を求め，原料まで遡り調査を実施の上報告を求める，輸入元である米国には在日大使館を通じて安全性未審査であるスターリンクが，食品としてわが国に輸出されないよう要請する，という措置を講ずることを即日報道機関に発表した。食品衛生法上，安全性未審査のものの輸入，販売等が禁止されるのは2001年からという状況からすると，このような対応は異例に属する迅速さといえる。

スターリンクは害虫抵抗性の強いトウモロコシで，このトウモロコシが作るタンパク質は体内で分解されにくくアレルギー発疹，下痢などのアレルギー症状を引き起こす可能性が高いとされているものであり，米国では現在農務省が回収プログラムを実施中で，2001年度以降の作付けは法律的に禁じられることになっているという代物である。したがって遺伝子組換え農作物・食品の危険性を指摘するには格好の材料であり，厚生省の迅速な対応は，このことによって遺伝子組換え食品全般に対する不安感がいたずらに増幅されないようにするためには，当然ことであったのであろう。

その後の厚生省の検査結果でも消費者団体の指摘どおりスターリンク由来の原料の混入が一部の製品で確認されており，以後スターリンクが日本に輸入されないよう日米両国間で合意された「日本向け食用トウモロコシのプロトコール」に基づいて双方で検査が実施されている。日本では検疫所の検

I　生物多様性

疫・検査センターという水際で検査が行われているが，米国の検査では陰性とされるものが日本側の検査では陽性となるなど，一部に検査結果の不一致もみられ検査手法の改善などが検討されている。

2.　対策の難しさ

(1)　定着したものを根絶することの難しさ

　生物が新しい環境に入り込み定着するのは，その環境中の空いている生態的ニッチェ（適所）に入り込むか，先住者と競争してそのニッチェを奪い取るか分け合うかのいずれかに成功した場合である。海洋性の島嶼で移入種が定着しやすいのは競争種が少なくニッチェが大きく空いているからであるが，生態系が複雑で生物多様性に富んだ大きな陸塊への侵入を成功させた種は，よほど特異な空ニッチェにもぐり込んだもの以外は，それなりにしたたかな生活力を持っており，いったん定着し分布域が広がってしまえば，その種だけを選択的に排除することはほとんど不可能である。

　わが国では移入種に対して生態系保護の見地から積極的な駆除対策が講じられているのは，わずか2例に過ぎない。その一つは小笠原諸島の，特に聟島列島の聟島，媒島，嫁島3島に1200頭程生息しているノヤギであり，もう一つはハブ駆除の目的で1979年頃奄美大島の名瀬市内に30頭ほど放逐され現在では名瀬市全域と周辺の町村に生息域を広げ，現在生息数5,000〜10,000頭と推定されているジャワ・マングース（Herpestes javanics）である。どちらの場合も島であるのは，影響を受ける生態系あるいは生物相が特異で固有性が高く保全の必要性が高いこととともに，地域が限定されていて駆除の可能性が高いからである。

　これに対してルアー・フィッシングの流行とともに各地の湖沼に放流され，今や全国に広がってしまったオオクチバス（ブラックバス）は，広い食性を持つ捕食者であるため浅い水域などでは餌動物のいくつかの種を絶滅に近い状態に追いこむ可能性があるが，ごく小さな湖沼からならともかく，大きな湖沼や河川からは人為的に駆除することはもはや不可能で，在来種との間に何らかのバランスが成立するのを期待するしかない。

(2) 制度の不備

　侵入種による生態系・生物相の攪乱を食い止めるためには，侵入種となる可能性のある種の意図的・非意図的な持込みを規制するのが基本であるが，自然保護の諸制度はつい最近まで生物の移入については不思議なほど寛容であった。

　自然公園法をはじめ，自然環境保全法，鳥獣保護法は，国土の15％近くの土地において，その保全のために人の行為を何らかの形で規制するが，外来生物等を保護区の中に持ち込み放す行為はきわめて限定的に規制されているに過ぎない。そのうえ鳥獣保護法においては，狩猟鳥獣として指定されたもの以外は狩猟の対象外となるから，移入種が定着して野性化したら狩猟鳥獣に指定しない限り自動的に狩猟からは保護される仕組みになっている。現在北海道で大きな問題となっているアライグマは，当初まさに保護獣扱いされ，その跋扈(ばっこ)に対して手を拱く(こまね)しかなかった。

　自然保護の国内諸法に化学的な汚染や生物的な汚染に対して有効に働く規定がほとんど無いのは，わが国の自然保護自体が，人工物の設置や動植物の殺傷も含めて，自然の物理的な破壊・改変の阻止を中心に動いていたことによると思われる。生物はその出自が何であれ自然の一部とみなされ，それが自然の中に加えられることについては，自然破壊につながるという認識が乏しかったのではなかろうか。

　生物汚染が一部の生物にとって深刻な脅威となるという認識が制度の上で明らかに示されたのは種(しゅ)の保存法においてであるが，この規定が及ぶのは全国でわずか数百ヘクタール程度しか指定されていない生息地等保護区のみであるので，生態系保全の観点からはほとんど意味が無い。

　国際法の世界においても状況は似よっており，野生生物の移動を規制する国際法であるワシントン条約では，絶滅のおそれのある種自体の移動を規制するだけであり，有害性を内包していても存続が脅かされている種でない限り，対象とはならない。

　生物世界を包括的に保全するという視点を持つ生物多様性条約に至ってようやく移入種の問題が正面切って取り上げられることになった。これは遺伝子組換え生物に関しても同様である。

I　生物多様性

(3) 遺伝子組換え生物

　遺伝子組換え生物の利用に対する安全性評価や規制の方法は国により異なる。

　米国では1986年以降，遺伝子組換え農作物の環境への導入については植物検疫法の下に作られた規則により個別事例ごとに評価が行われており，ヨーロッパの場合，1990年に欧州連合（EU）共通の安全評価のためのルールが指令として出され，デンマークやドイツはいわゆる遺伝子工学法を制定し，英国やフランスは環境保護法の下に遺伝子組換え生物に関する規則を作成している。また，オーストラリアでは既存の法律の枠組みの中で規制を受けないものに対しては，新しい法律を作って対応しようとしている。

　わが国では，実用化段階の遺伝子組換え農作物については，1987年に策定された農林水産省の指針の下で環境に対する安全性が評価されているが，その後の遺伝子組換え農作物に関する議論を踏まえて，2000年2月から環境に対する安全性確保の今後にあり方について農林水産省において検討が行われている。

　1992年に採択された生物多様性条約では，第19条で「締約国は，バイオテクノロジーにより改変された生物であって，生物の多様性の保全及び持続可能な利用に悪影響を及ぼす可能性のあるものについて，その安全な移送，取扱及び利用の分野における適当な手続きを定める議定書の必要性及び態様について検討する」と規定され，これに基づき，1995年11月にインドネシア・ジャカルタで行われた第2回生物多様性条約締約国会議において，遺伝子組換え生物の輸出入に際し，必要な手続きを議定書で定めることが合意され，締約国会議の下に作業部会が設けられ，検討が進められた。この議定書はバイオセーフティ議定書と呼ばれ，生きている改変された生物（Living Modified Organisms：以下LMO）の輸出入に先だって輸入国が輸入しようとするLMOによる生物多様性の保全および持続可能な利用に及ぼす影響を評価し，輸入の可否を決定する手続きを定めるなど，LMOの安全な越境移動に関する国際的な枠組みを定めたものである。1999年2月には，この議定書の採択を目的としてコロンビアのカルタヘナで生物多様性条約特別締約国会議が開催されたが，遺伝子組換え農作物の輸出国と輸入国の間の意見の隔たりが大きく，交渉が難航し採択は断念された。その後カナダのモントリオールで2000年1月に再び特別締約国会議が開催され，ようやく内容について合意

が得られ、「バイオセーフティに関するカルタヘナ議定書（バイオセーフティ議定書）」が採択され、5月にケニアのナイロビで開催された第5回締約国会議で署名が開始されている。

バイオセーフティ議定書の採択は、遺伝子組換え生物の国際取引の規制に道を開くものであるが、本議定書は、交渉過程でカナダ、オーストリア、米国等遺伝子組換え作物の輸出国の利益を代表するグループと、EUや途上国等の輸入国とが鋭く対立し、その妥協の産物として生まれたものであり、そのようなものの常として両サイドから都合良く解釈しうる余地が多分にある。

3. 評価および今後の課題

(1) 従来型移入種

生物多様性条約では、移入種の問題について「生態系、生息地若しくは種を脅かす外来種の導入を防止し又はそのような外来種を制御し若しくは撲滅すること（§8(h)）」としており、この規定を実効あるものとするため締約国会議（COP）と「科学上及び技術上の助言に関する補助機関」（SBSTTA）において外来種対策の基本原則(Guideline Principle)が議論されている。

その「外来種：防止、導入、影響回避のための中間的原則指針」では、「A 総論」として、どのようなアプローチが取られるべきかが述べられ、調査と監視、教育と普及啓発の重要性に言及している。「B 防止」の項では、外来種のリスク評価に基づく国境など水際での防止、データベース整備による情報交換の必要性を強調し、「C 種の導入」の項では、意図的導入と非意図的導入に分け、前者についてはリスクアセスを踏まえて認可するシステムを導入すべきこと、多様なルートから発生する後者についても何らかの対応を取るべきことを示唆している。「D 影響緩和」の項では、水際を突破して侵入・定着した種による影響の緩和策として、定着・拡散の程度に応じた、撲滅、封じ込め、制御の3段階の対策を示している。

ここに示された内容はとりたてて画期的な内容が含まれているわけではないが、常識的・合理的なものと評価できる。しかしながら、問題はこれを各国がいかに実現していくかであって、意図的導入に対する対策の実現性は小さくはないが、交通・輸送システムが極度に発達した現代では非意図的導入となるとほとんどお手上げに近い。孤立した生態系であって固有性が高く、

I 生物多様性

かつ移入種による「生物的な汚染」が生じていないか比較的初期の段階にあるものを早急に把握し，上記の対策を集中的に実施するのが現実的かつ賢明なのではなかろうか。

(2) 遺伝子組換え生物

　生物多様性条約は遺伝子組換え生物も視野に入れているが，現段階では遺伝子組換え技術の主たる応用分野は農作物で，各国の経済的利害が大きく絡む分野であるため，すでに紹介したように，総論的合意すらおぼつかない状態である。

　遺伝子組換え農作物の生態系に対する安全性評価は，①遺伝子組換え農作物が雑草となる可能性，②遺伝子組換え農作物に導入された遺伝子が他の生物に伝達される可能性，③導入された形質の与える影響，④意図しない遺伝的，形質的変異により有害な影響が生じる可能性，の4点から行われており，「育種」の延長上にある技術として評価は安全側に傾いている。

　しかしながら，現代テクノロジーによって生み出された技術・物質が人を含む生物や環境へどのような影響を与えるかについての予測・評価はことごとく失敗してきたという苦い経験を踏まえるなら，バイオテクノロジーの安全性を信頼するのには慎重すぎるほど慎重であってよいと思われる。遺伝子組換え生物に対する世間一般の拒否反応も，おそらくはそうした，「社会の学習効果」によるものであり，それを感情的・非科学的と一蹴するならば，科学者・技術者こそ「懲りない連中」と呼ばれてしまうかもしれない。

◇　参考文献
1．チャールズ・S・エルトン（川那辺浩哉他訳）『侵略の生態学』思索社（1971年）
2．地球環境保全に関する関係閣僚会議『生物多様性国家戦略』（1995年）
3．加藤順子『遺伝子組換生物の利用と環境影響にかかる議論の動向』かんきょう5月号（2000年）
4．謝花史恵『バイオセイフティ議定書の国際的評価』かんきょう5月号（2000年）

II　自然保護および世界遺産

　　4　白神山地の保護と管理　幸丸政明
　　5　ボルネオ島熱帯雨林の保護　薄木三生
　　6　公共事業による自然破壊　磯崎博司
　　7　自然保護債務スワップ　薄木三生

4 白神山地の保護と管理

[幸丸政明]

1. 白神山地が世界自然遺産地域へ登録されるまでの経緯

　青森県と秋田県にまたがる白神山地は本州最大の無居住地帯といわれ，到達性の困難さゆえに昭和30年代に始まった拡大造林事業による伐採を免れた広大なブナ林が広がる，ごく最近までどのような法的保護措置も講じられて来なかった地域である。

　環境庁がこの地域の重要性に気づいたのは1978年（昭和53年）から開始した第2回自然環境保全基礎調査の一環として行われた原生流域（源流部から全く人手が入っていない面積が1,500ヘクタール以上の流域）調査等によってであった。環境庁はこの結果に基づき自然環境保全地域の指定に向けての協議を1980年から林野庁と開始した。しかしこの協議は遅々として進まず，1982年3月には青森県西目屋村（旧弘西林道大川出口終点）を起点とし，秋田県八森町（旧濁川林道終点）へと至る総延長29.6キロメートルの広域基幹林道青秋線（通称・青秋林道）の建設計画が公になった。広域基幹林道は，「広域な森林地域を開発管理するとともに公道等に連絡し地域振興に効果のある骨格的林道」であり，白神山地にそれを開設することは，この山域のブナ林を伐採し，それによりこの地域の林業を振興することが目的であることを意味していた。

　これに対して地元の自然保護団体の反応は早く，秋田県側では「秋田自然を守る友の会」と「秋田県野鳥の会」が1982年5月に県に対して反対陳情し，83年1月には「白神山地のブナ原生林を守る会」が結成された。青森県側では82年7月に「青森県自然保護の会」と「日本野鳥の会弘前支部」が県に反対の要望書を出し，83年4月には「青秋林道に反対する連絡協議会」の発足

4　白神山地の保護と管理

へと，両県の保護団体が相い呼応するような形で反対運動が活発化していった。

その一方で(財)日本自然保護協会や(財)日本野鳥の会等の全国的団体も地元保護団体と共同歩調を取りながら林道の建設中止と原生林保護を訴えた。この運動はブナ帯文化論の展開を伴いながら世論の関心と共感を得て開発サイドが抗しがたいまでの広がりを見せ，87年11月に林道建設に必要な水源涵養保安林解除に対する異議意見書第一次分約3,500通（最終的には1万3,000通余に達した）が青森県に提出されたとき，開発の功罪，世論の方向等を斟酌した青森県知事の開発に対する消極的発言が帰趨を決した。林野庁も全国的に高まる天然林保護の要請に対応すべく87年10月以来「林業と自然保護」の両立を目指して森林生態系保護地域設定の検討を進めていたが，1990年3月に白神山地の16,971ヘクタールが全国で12個所の森林生態系保護地域の一つとして設定されたことにより，この問題にほぼ終止符が打たれた。その10年も前から環境庁が指定を働きかけていた自然環境保全地域はさらに2年後の92年7月に森林生態系保護地域から国定公園や県立自然公園部分を除いた14,043ヘクタールが後追い的に指定された。

白神山地が自然環境保全地域に指定される直前，日本政府はユネスコの世界遺産条約を受諾し126番目の締約国となっていた。世界遺産条約は締約国に対し，自国の文化遺産及び自然遺産を世界遺産一覧表に登録することを求めており，日本政府は自然遺産として屋久島とともに白神山地を登録することを方針とした。

日本政府から遺産地域候補地として屋久島と白神山地（当初，森林生態系保護地域の保存地区10,139ヘクタール）の推薦を受けた世界遺産委員会事務局は，1993年5月にIUCNの専門家を現地調査に派遣し，その評価報告書に基づき，①推薦地域の拡大，②法的地位の格上げ，③管理体制の改善を含む管理計画の策定の3点を勧告した。これを受け，日本政府は世界遺産委員会に対して，①については当初10,139ヘクタールであったものを1,6971ヘクタールに拡大，②については現行制度でも厳格な保護が担保されていることを改めて説明，③については関係省庁と両県による連絡会議を設け連携のとれた管理に努めるとともに管理計画を策定する（次回遺産会議までに）との内容の回答を同年9月に行い，これが評価されて12月にコロンビアで開催された世界遺産委員会で一覧表への登録が実現した。

II 自然保護および世界遺産

　この管理体制の改善と管理計画の策定については，遺産委員会開催を半年後に控えた95年7月にようやく地元関係行政機関の連絡調整の場として環境庁（東北地区国立公園・野生生物事務所），林野庁（青森・秋田両営林局）及び青森・秋田両県から構成される「白神山地世界遺産地域連絡会議」が設置されその初会合が行われたが，中央で環境庁と林野庁が策定を進めていた肝腎の「管理計画」は，その場で内容を提示することができず，策定スケジュールのみが示されるにとどまった。9月にようやく素案として示されて，地元関係者の意見を聞いた後，若干の修正を施されて11月，世界遺産会議の前に正式に公表された。

　この「管理計画」は意図的ではなかったにせよ，素案公表から最終案策定までの間が地元民意を反映するには極めて短く，内容的にも改善の余地を大きく残すものであった。

2. 遺産地域の管理計画と入山規制

(1) 管理計画

　白神山地を遺産リストへ登録することの妥当性を調査した遺産委員会ビューロー会議の結論は，①保全地域の拡大，②法的位置付けの格上げ，③管理計画の策定を求める勧告であった。既に述べたようにこの勧告に対して①については当初10,139ヘクタールであったものを1,6971ヘクタールに拡大，②に対しては現行制度の総合的かつ適確な運用，③に対しては関係省庁と両県による連絡会議の設置と管理計画の策定が，日本政府の回答であった。

　一応遺産委員会の了解が得られたこの回答の具体化が1995年11月に策定された管理計画であるが，その内容とくに管理の枠組みには不十分な点が少なからず認められる。

　そもそもその国の第一級の自然であるならば，手厚い保護制度の下に置かれてしかるべきであるのに，同時に推薦された屋久島と比較すれば白神の保護上の扱いが一段下であることは歴然としており，現行制度を変えないのであれば，明らかにすべきはこの自然を保護するためには現行制度の方が望ましい，最適なものである，ということである。しかしながら管理計画に示されたものは，結局曖昧さはそのままに，幾分の誇張を交えて現行制度を羅列したに過ぎないものである。

曖昧さは，空間的に重なる自然環境保全地域と森林生態系保護地域との規制の内容が異なり，法的裏付けの乏しい（とは一言も説明していないが）後者の方が厳しいという事実に何ら合理的説明が無いことである。

　管理方針を「人手を加えず自然の推移に委ねる」と後者が謳うのであれば，それをなぜ法的に担保しないのか（自然環境保全法で自然の推移に委ねるという管理方法を取るのは「原生自然環境保全地域」である）。立入りを規制するのであれば，法的にそれが可能な原生自然環境保全地域の「立入り制限地区」の設定をしないのか。

　管理計画に核心部は原生状態を維持していると明記してあるのだから，「原生自然環境保全地域」の指定を妨げる理由は，国有林サイドの合意が得られないという一点しかないが，それを世界に向かって公言することは難しいことであろう。

　これと比べれば些細なことであるが，誇張が見られるのは保護のための制度として特別天然記念物（ニホンカモシカ），天然記念物（クマゲラ，イヌワシ，ヤマネ）を挙げている点である。種指定と明記してあるが，その生息域では「現状」を変更することが規制されると受け取れるような書き振りである。制度として挙げるならば，より多くのワシタカ類を対象とする種の保存法も挙げておくべきだろう。

(2) 入山規制問題

　現行の管理計画によれば白神山地の核心地域への立入りは「既存の歩道を利用した登山等を除き規制する」ものとされ，その態様については，「入り込みの状況，地元の意見等を踏まえ，さらに検討を進める」ことになっている。この記述からも立入り規制には議論の余地が残されていることがうかがえるが，実際この問題は，青秋林道の建設中止が決定し，青森・秋田両営林局が森林生態系保護地域を設定し，秋田営林局が秋田県側の地域について入山禁止の措置をとって以来論争の的になっている。

　この立入り規制については，青秋林道建設阻止に向けて努力した青森県側の民間関係者の間から特に強い異議申立てがなされたが，白神山地の保全のあり方との関連において両県の間だけでなく，青森県の保護関係者や研究者の間にも温度差が生じ，現在に至っても明確な合意は成立していない。

　意見対立の根源は，伐採対象からはずれた国有林の管理は人を入れないこ

とというかなり安易な発想に対して，青秋林道建設阻止に携わってきた関係者が，厳正な保護を優先してそれを容認する立場と，人と森林のあり方にまで立ち返ってその対応に疑念を持つ立場に分かれたところにある。

入山を規制するかどうかは林道建設が中止され，営林局が森林生態系保護地域にした時点では，国有林管理のあり方の問題ではあったが，世界遺産に登録されてからは白神山地のブナ林は，特別会計下にある従来の「国有林」では最早なく，本当の意味での国民の森であり，世界共有の財産としての管理のあり方の問題であると考えねばならない。

しかし，現実の規制は，連絡会議の名前で行われているものの国有林の入林許可そのものであり，許可・不許可の判断は，森林管理署長，事務所長等，国有林の現地管理組織の長に委ねられており，連絡会議の他の構成メンバーが関与する余地は全くない。

白神山地の保護を実現する原動力となり，今後それを国民の共有財産として保全していくために主体的に関与が求められる人々の間に生じた亀裂を埋めるものとしては，現行の管理計画はきわめて不十分なものである。

3. 評価および今後の課題

現行管理計画における問題点は，既存制度の枠組みを変更しないという前提で，森林生態系保護地域，すなわち国有林の管理という側面が強すぎることと，策定過程で民間団体や地元自治体の意見が十分に反映されていないことである。

国有林としての管理が前面に出ることにより，2.で指摘したように制度的矛盾が浮彫りにされるが，実質的にそうする方がより効果的であるならば，法制度としての安定性と規制の強弱との間の逆転現象は容認できないわけではない。しかし，けっして脆弱ではないブナ林にとって，最大の脅威は伐採やその前提となる林道の建設であり，その脅威が消失した現在，長いアプローチをフィルターとして働かせれば，徒歩を基本とする人間の諸活動は，それほど大きな脅威とはなり得ない。そこに生息する生物にとっても，少数の人間の入り込みよりも周辺地域により多くのブナ林が保全されることの方が重要であろう。遺産地域核心部への入り込み規制という問題に関心と議論が集中し，より広域なブナ林の保全への関心がそらされてしまうのは望まし

いことではない。

　白神山地にとっては，その保全と活用に関わりのあるあらゆる主体の参加を得て，管理方針を改訂し，それに基づく管理体制を確立することが，今後の重要課題である。利害も関心も異なる幅広い階層に意見を集約することは，本当の意味での議論の習慣がないこの国においては容易なことではないが，様々な意見の対立を超えてそれを実現しなければ，わが国自然保護運動史上にエポックを画した青秋林道建設阻止から世界遺産登録への歩みは画竜点睛を欠くことになる。

　環境庁は白神山地の自然環境保全地域への指定に早くから取り組みながら果たせず，それが実現したのは，森林生態系保護地域への指定という営林局（現・森林管理局）レベルの取扱いが決定した後で，白神山地の保全に関しては自然保護担当官庁としての主体性を発揮することができなかった。世界遺産登録後も十分な主体性を発揮し得ていない遠因はここに求められるだろう。

　しかしながら，国有林管理という発想を超えた「世界遺産の管理計画」の名に値するものを作り上げていくための要件の一つは，失った主体性を環境省が取り戻すことであることは疑いようがない。

◇　参考文献
1．環境庁『第2回緑の国勢調査』大蔵省印刷局（1983年）
2．梅原猛他『ブナ帯文化（新装版）』新思索社（1995年）
3．環境庁・林野庁・文化庁『白神山地世界遺産地域管理計画』（1995年）
4．井上孝夫『白神山地と青秋林道』東信堂（1996年）
5．井上孝夫『白神山地の入山規制を考える』（1997年）

5 ボルネオ島熱帯雨林の保護

［薄木三生］

1. 事件の概要

　ボルネオ島サラワク州，いわゆる東マレーシアは，合板材となるホワイト・ラワンなどフタバガキ科の樹木や家具に使われるマホガニー，チークなどの優良材を産出する世界でも最も豊かな熱帯雨林が残存する地域の一つである。そのサラワク州政府が日本の商社が出資する日系合弁企業に森林伐採権の発給を行ったことに反対する地域住民，すなわち先住民であり少数民族でもあるプナン族が，陳情活動を行うともに法廷闘争に持ち込もうとしたものの，受理されないなど成果が上がらなかったため，1987年には伐採道路の封鎖という実力行使に出て一部の人が逮捕され，逆に裁判にかけられる事態となり，世界的な関心を集めた。

　「伐採に追われた少数民族は，急激に変化した生活環境の下，栄養・健康面で危機的な状況に追い込まれ，その生存を脅かされている」とするプナン族の主張は，オピニオン・リーダーとしての"マレーシア地球の友"等の非政府機関（NGOs）の活動に，その多くを支えられていた。先住民が持続可能な形で利用し，共存してきた熱帯雨林の減少問題自体に加え，林道建設に伴う土壌や土砂の流出で河川が汚濁し，地域住民の貴重な蛋白源である魚の漁獲量が減少したこと等も問題にされた。

　1987年は，国際熱帯木材機関（ITTO）の本部が横浜に誘致されて初の国際熱帯木材理事会（ITTC）が開催された年のため，それに先だって"日本熱帯林行動ネットワーク（JATAN）"が主催した国際熱帯林シンポジウムには，マレーシア，インドネシアを中心とする東南アジアや欧米，オーストラリアの環境保護NGOsが集まり，世界の熱帯木材（丸太）貿易量の約4割，その2/3以上をサラワク州から輸入していた日本が恰好の標的となった。関

連して，サラワク州の一部の林道，橋梁およびダムが，政府開発援助（ODA）を使い，日本の建設業者が請け負って建設されたことなども問題にされた。サラワク問題は，日本問題にも転化され大きく取り上げられるようになった一方，問題の焦点は拡散の方向にも向かった。

すなわち，1987年のITTCを契機として"地球の友インターナショナル"とJATANは，日本の木材貿易業者と日本政府に対して，サラワク州などからの丸太輸入の自主規制を求めるアピールを行うとともに，サラワク州政府に対しても森林伐採をめぐる事態が改善の方向に向かうまでの間，同州での伐採停止などを求める要望書を提出した。

以上のような動きに呼応する形で，欧州の一部では，地球環境保護の観点から，地方自治体によるマレーシア産木材の輸入ボイコット決議にまで発展したところもあった。しかし，熱帯材の輸出を主要な外貨獲得手段にしているサラワク州政府は，持続可能な森林管理を行っている旨主張して，輸入ボイコットに反発し，マレーシア政府とともに国際的なロビー活動を展開していった。

2. 法的および政策的な争点

(1) 森林に関する国際法と先住民の地役権

1980年代後半から1992年のリオの地球サミットにかけては，"気候変動に関する国際連合枠組条約"と"生物の多様性に関する条約"の採択に加えて，熱帯雨林を中心とする世界の森林に対して何らかの法的な枠組みを設けようとする動きがあった。結果的に地球サミットでは，"すべての種類の森林の管理，保全及び持続可能な開発に関する世界的合意のための法的拘束力のない権威ある原則声明"が採択され，条約など何らかの国際法の策定に関する検討は先送りされることとなった。

このような地球サミットに向けた動きの中で，グラス・ルーツの市民の声を反映したNGOsが国連などの国際交渉に大きな影響を持ち始めることとなる。熱帯雨林という目に見える具体性は，地球温暖化や生物多様性にくらべて一般市民にも解りやすかったため，環境保護NGOsがリードするサラワク問題は，まさに時宜を得たものとなり，各種メディアを通じ世界的な関心を集めていった。なお，環境保護NGOsのこのような動きは，5年後の

II　自然保護および世界遺産

1997年末の"気候変動に関する国際連合枠組条約"第3回締約国会議（COP 3），いわゆる京都会議において更なる進展をみせ，京都議定書の採択に貢献したと見ることができる。

しかしながら，熱帯雨林の地球環境に与える公益性に注目してこれをグローバル・コモンズの一部とみなし，世界的な保護のための枠組みをさぐろうとする動きとサラワク問題の発端となった熱帯雨林に住む少数民族の権利の主張との間には，大きな溝と矛盾があったことも事実である。すなわち，総論としての熱帯雨林の保護問題ではなく，各論としてのサラワク問題の根底にあるものは，プナン族に代表される先住民であり少数民族でもある地域住民による彼らが伝統的に住み続けてきた森林に対する所有権，利用権もしくは地役権という権利の所在の問題であった。ここでは，たまたま開発に伴う生活環境の破壊が問題にされたわけであるが，いくつかの開発途上国にあっては，自然保護施策の結果，制限された地域住民による地役権の回復の主張という全く逆のケースを散見することができる。例えば，旧植民地政府の政策によって先住民の住む森林が国立公園等の保護（専用）地域に設定され，彼らが域外退去もしくは生態系からの生産物収穫の制限を受けたケースは少なくはなく，最近になって先住民による地役権などの回復の主張が見られるようになってきている国もいくつか見られる。

マレーシアの旧宗主国であるイギリスの1949年制定の"国立公園及び田園地方立入り法"に定められている「立入り権（Right of Access）」は，「積極的地役権」設定の代表例としてしばしば引用される。すなわち，ハイキングなどの特定の国立公園利用活動を指定するとともに，土地所有者に対してはその活動の許容を求める契約である。この契約によって，先祖伝来の土地の自然環境が改変されることなく，そこでの利用形態が将来にわたって保証されるため，見返りを求めることなく喜んで契約に署名する土地所有者が多かったといわれる。自然保護施策の目的と土地所有者の意図とが一致した契約ということができる。

これに対して，権利の制限などによって本来経済開発できたはずの予測利益に対する代償の支払いに関する契約が「消極的地役権」の設定であり，旧宗主国から州政府に所有権が移管されたサラワクにおける問題は，煎じつめれば，この地役権が先住民に対して何ら考慮されていなかったことに由来すると考えられる。しかし，先住民の権利をどこまで認めて，州政府による伐

5 ボルネオ島熱帯雨林の保護

採という開発行為が先住民に与える不利益に対し，どの程度の補償を行う責任があるのかという問題は，旧植民地政府による土地の一方的な占有にまでさかのぼり得るのかという重い課題を包含し，かつケース・バイ・ケースで異なる側面も多いため，まだ十分な検討はなされておらず解決の糸口は必ずしも得られていない。森林に関する条約などの国際法の策定が，地球サミットから10年近くを経過しても進展が芳しくない原因の一つがこの辺にあると考えられる。

(2) 環境と貿易

先住民の権利の主張というアプローチとの連携手法として，環境保護NGOsは，熱帯雨林保護という目的を達成するためには，木材生産と需要を減らす必要があり，そのための手段として貿易制限の枠組みの導入が不可欠とするアプローチを採った。この主張が，サラワク問題を日本問題にも転化し，欧州の一部では，地方自治体によるマレーシア産木材の輸入ボイコット決議にまで発展した。

この環境保護NGOsの主張に対してサラワク州政府は，1989年5月にコートジボアールのアビジャンで開催されたITTCに州知事を派遣し，乱伐が行われていないことを証明するため，ITTOによる国際調査団を受け入れることを表明した。これに対し，ブラジル，ペルー等を中心とする熱帯木材生産国からは「国際機関による内政ないし国家主権の領域への介入の前例になる」との反発があったものの，理事会では採択された。採択の背景には，ITTO事務局長に就いていたマレーシア出身のフリーザイラー博士の影響力が大きかったことがうかがえる。

世界から注目を集めたITTO国際調査団は，各国政府の関係者11名で編成され，日本からも専門家として神足勝浩国際協力事業団（JICA）参与が参加された。わが国は，この調査をはじめITTO活動に対する最大の資金提供国となっている。調査団はマレーシア政府の干渉を受けることなく，自由な調査ができることとされたが，調査の対象は環境・経済分野に限定し，サラワク問題の発端である少数民族問題などの政治問題には触れないこととされた。翌1990年5月にインドネシアのデンパサールで開催された第8回ITTCに提出された調査団報告書では，サラワク州の伐採量の30％削減や1987年の環境と開発に関する世界委員会報告書"Our Common Future"で

II 自然保護および世界遺産

も指摘された熱帯林の20％の保護地域設定化を念頭に置いた保護地域拡大の必要性などが指摘された（多くの専門家は，熱帯林の少なくとも20％を保護すべきだと提案しているが，今日まで5％にはるかに満たない森林が何らかの形で保護されているだけで，しかも熱帯林内の公園の多くは紙の上だけの存在である（"Our Common Future"））。

このように国際世論上は貿易制限のアプローチを採ろうとした環境保護NGOsの動きに対して，サラワク州政府は持続可能な森林管理・経営に関する議論の方向に持っていくことで応えたのである。

3. 評価および今後の課題

(1) 国際機関の役割と商品協定の目的条項追加

ITTOは，国際熱帯木材協定（ITTA）の規定を実施・促進するための国際機関であり，その本部が横浜に設置された。ITTAは，貿易と開発に関する国連会議（UNCTAD）の傘下で締結され，本来「非差別的な木材貿易慣行を促進するための協議の場を提供（第1条b）」，「国際市場の構造の改善により，持続可能な供給源からの熱帯木材の国際貿易の拡大及び多様化を促進（第1条e）」などの目的を有する商品協定である。

ITTOの総会にあたるITTCは，NGOsにも一部開かれたフォーラムを提供してきたため，加盟国には貿易の拡大などの各国の利益の主張ができる場として，環境保護NGOsにとっては国際世論を喚起する上での契機にする場として，多面的に有効活用されてきたと評価することができよう。サラワク州政府はITTO国際調査団を受け入れて持続可能な開発の正当性を主張しようとしたし，サラワクの先住民の代表はNGOsの資金援助によってITTCに参加する機会が得られた。

ITTAが1983年に採択されて以来，ITTCでの長年にわたるいわゆる西暦2000年目標の議論の結果，1994年の改訂版ITTAの目的には，「熱帯木材及び熱帯木材製品の輸出を，専ら持続可能であるように管理されている供給源からのものについて行うことを2000年までに達成するための戦略を実施するための加盟国の能力を高めること（第1条d）」という西暦2000年目標が盛り込まれた。熱帯雨林保護に対する国際世論の高まりを受けて，商品協定が環境保護・持続可能な開発のための目的条項を追加した貴重な例である。サ

ラワク問題に端を発した持続可能な森林管理の論議が結実したと見ることができよう。

　今後とも，森林に関する条約などの国際法の策定に向けて前進が見られる場合，このITTAを何らかのモデルもしくは核としての新しい枠組みが検討されるべきことに異論をはさむ者はなかろうと思われる。

(2) サラワク州の木材貿易量の減少

　サラワク州の州有林の伐採は，一定の条件を満たした民間事業者の申請に基づき，伐採権（1年から長いものでは数十年）を発給することで行われてきた。伐採権を得たいわゆるConcessionaireには，一般的に森林資源調査，森林管理および施業計画策定や関連のインフラストラクチャー整備等が割り当てられ，伐採権保有者およびこれから請け負った伐採業者には所定の計算式に従って伐採量に応じた伐採権使用料（Timber Royalty）が課せられる。また，森林資源保護の観点から，胸高直径50cm以上の樹木のみを伐採対象とする択抜方式が一般的に採られてきた。

　持続可能な森林管理を自負するサラワク州は，このような伐採方法は変化させてはいないものの，ITTO国際調査団による伐採量の30％削減勧告以降は，経済状況の変化や木材加工産業の育成などの諸状況への対応とあいまって，実質的な木材生産量の減少と丸太貿易量の減少が進行した。すなわち，アジア太平洋地域のITTO加盟の生産国による木材生産量は，1994年の9,200万㎥から1998年の7,800万㎥へと約15％減少しているが，これは経済低迷に伴う木材需要低下が原因で，木材の大生産国マレーシアとインドネシアの生産量減少が大きく寄与している。

　貿易量で見ればより顕著であり，マレーシアの丸太輸出量，すなわち半島マレーシアでは丸太輸出が禁止されているため東マレーシアからの丸太輸出量は，1981～1983年の年平均1,837万㎥から1991～1993の年平均1,568万㎥に，1997年には659万㎥へと半減以下となっている。これは木材生産量が減少する中で，国内産業育成の観点から製材，合板，合板用薄板等の木材加工製品の輸出シェアが伸びていることに由来する。

(3) サラワク州の保護地域設定

　ITTO国際調査団がサラワク州の熱帯林の保護地域を拡大設定（Establish-

II 自然保護および世界遺産

ment)する必要性を指摘した時点において，同州森林局は近い将来，国立公園9ヵ所と野生生物サンクチュアリー3ヵ所の新規設定計画を持っていた。これが実現すれば保護地域面積は約4倍の1万385km²に拡大し，サラワク州土面積12万4,450km²のおよそ8.3%になる計画であった。しかしながら，1997年末におけるサラワク州の国立公園及び野生生物サンクチュアリーは，12ヵ所，合計約2,900km²であり，州土面積のまだ2.3%の設定にしかすぎない。1990年代に入ってからの設定は3ヵ所と幾分頑張っているとも考えられるが，合計面積は361km²にすぎず今後の継続的な努力が待たれる（図1及び2参照）。

これら国立公園および野生生物サンクチュアリーの他にも，森林施業計画の中に位置付けながら森林の持つ公益性との調和が図られる保護林のような地域指定（Designation）の拡充は別途考えられるものの，国際的には今後一切の伐採活動を行わない国立公園のような保護地域設定の拡大が求められているのである。

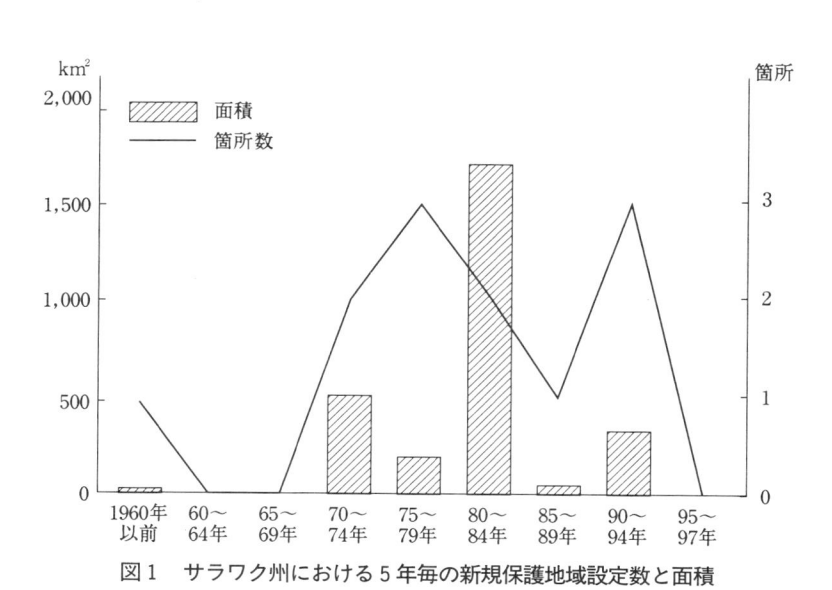

図1 サラワク州における5年毎の新規保護地域設定数と面積

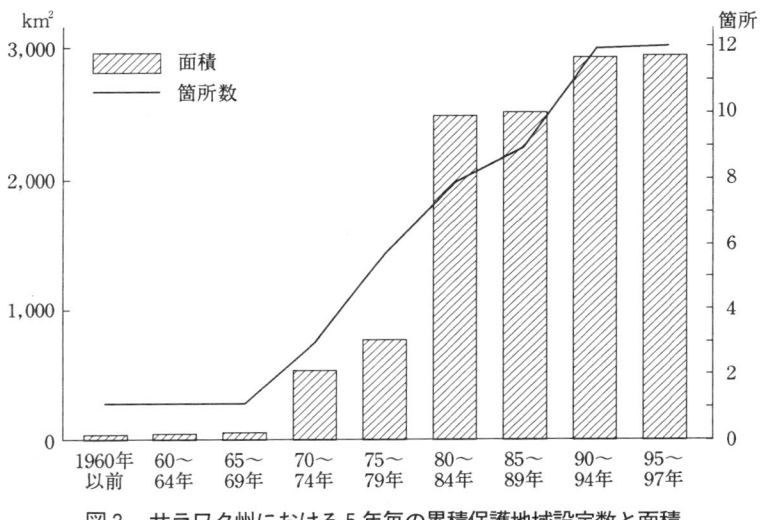

図2 サラワク州における5年毎の累積保護地域設定数と面積

(4) IPF・IFF における検討及び WTO 協定交渉

1995年に国連の持続可能な開発委員会(CSD)によって設立された森林に関する政府間パネル（IPF）及びこれを引き継いだ森林に関する政府間フォーラム（IFF）の成果が芳しくないのは，国際社会においていまだ土地と密着した資源である森林に関する伝統的な国家主権が色濃く容認されていると解釈できるからに他ならない。先進国等がよほどの継続的な資金投入等を誓約したとしても，アマゾンやサラワクの熱帯雨林が，グローバル・コモンズと認識されて国際管理の保護地域になることは，現行の世界の国際法の範疇では至難の業と言うことができそうである。

一方，サラワク問題で提起された貿易と環境という側面は，今や世界的な規模の WTO のテーブルにのるに至っており，わが国としても適切な対応が望まれる（「21 熱帯木材の貿易」の項参照）。

II　自然保護および世界遺産

◇　参考文献
1. ㈱メディア・インターフェイス『地球環境情報1990——新聞記事データベース』，ダイヤモンド社（1990年）
2. 薄木三生「自然環境と人間の間にひかれた境界」地理 Vol.37, No.3，古今書院（1992年）
3. 大来佐武郎監修：環境と開発に関する世界委員会『地球の未来を守るために』福武書店（1987年）
4. 環境庁地球環境部『環境と貿易に関わる調査報告書』（1999年）
5. 国際自然保護連合・IUCN：1997 UN List of Protected Areas.（1998年）

6 公共事業による自然破壊

[磯崎博司]

1. 問題とされた公共事業の概要

　湿地や自然環境の消失には公共事業が原因となっていることが多い。それらのうちラムサール条約および世界遺産条約に関係するものを取り上げる。

(1) 諫早干潟

　諫早干潟においては，農地造成および洪水調節を目的として1986年から干拓事業が行われている。環境影響評価も含めて国内法上の手続きは終了していた。1997年4月に潮受け堤防が閉め切られるにあたって，事業の目的に対する疑問とともに自然破壊であるとの批判が続出し，国際的な関心も集まった。ラムサール条約事務局長からは，国際的に重要とされる干潟をあえて破壊することについて懸念が示され，日本政府に対して説明を求める書簡が寄せられた。閉め切られた後は，堤防内外での水質の悪化および水産業生産高の減少などが報告され，干潟の価値と機能の見直しが指摘されている。特に，2000年から2001年にかけて，有明海全体で養殖ノリに赤潮による大きな被害が生じ，漁民等から干潟の消失による浄化機能の低下および堤防内の汚染の排出が原因ではないかと指摘された。2001年1月末には漁船による大規模な抗議行動が行われ，農水省は第三者委員会を設置し原因究明を委ねた。同委員会は，同年3月末に，潮受け堤防の水門を開放して調査を行うことと干拓工事の凍結を求める提言を行い，農水省はその提言を尊重することを表明した。

(2) 千歳川放水路

　千歳川放水路事業計画は，日本海に流出する千歳川に太平洋へ向かう人工水路を建設するものであり，石狩川水系工事基本計画に基づいて1983年に洪

II 自然保護および世界遺産

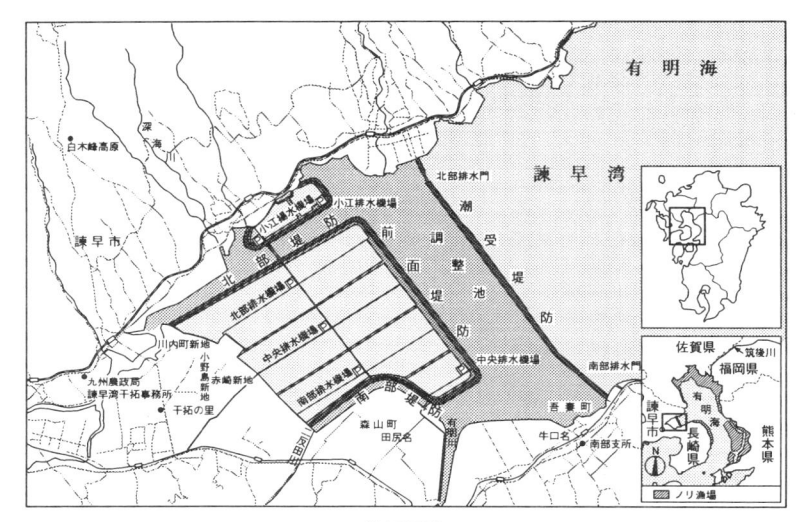

諫早干潟

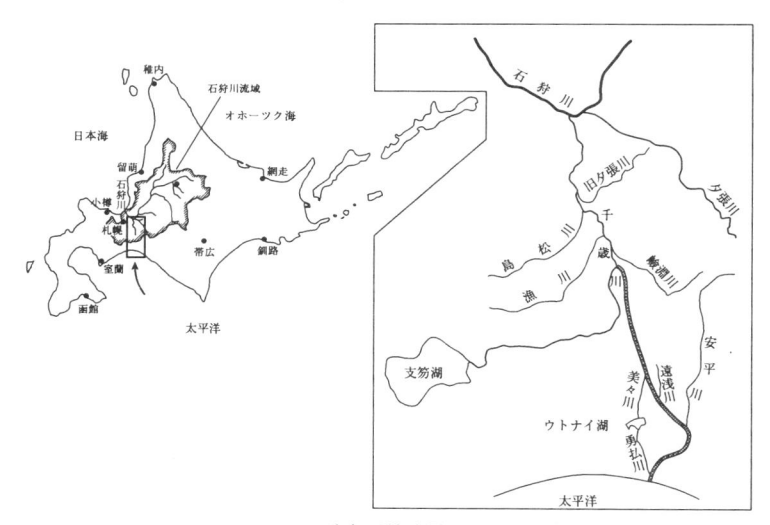

千歳川放水路

水対策として策定された。計画当初から，その目的効果の観点からも自然破壊の観点からも疑問が寄せられていた。特に，そのルートがラムサール条約登録地であるウトナイ湖に流入する美々川の源流部を通るために，ウトナイ湖の生態系に重大な影響を与えるとの批判が高まった。1993年に釧路で開かれたラムサール条約第5回締約国会議においては，この計画の妥当性が登録湿地であるウトナイ湖との関係で取り上げられ，説明が求められた。日本政府は十分な調査と環境影響評価を行うことを確認した。

その後，この事業は北海道によって再検討に付され，1997年9月に知事の私的諮問機関として千歳川流域治水対策検討委員会が設置された。この委員会は，1999年6月に，千歳川放水路計画は今後の検討対象にせず，千歳川および千歳川と石狩川の合流点を含めた地域における総合的な治水対策を実施すべきであるとの提言書を知事に提出した。同年7月末には，この提言に即して北海道としての意見が北海道開発庁および建設省に示され，それを受けて国も千歳川放水路計画に代わる治水対策を検討するとの方針を示した。

(3) 藤前干潟

藤前干潟は，名古屋市によりゴミ処理場として埋め立てが計画されていた。

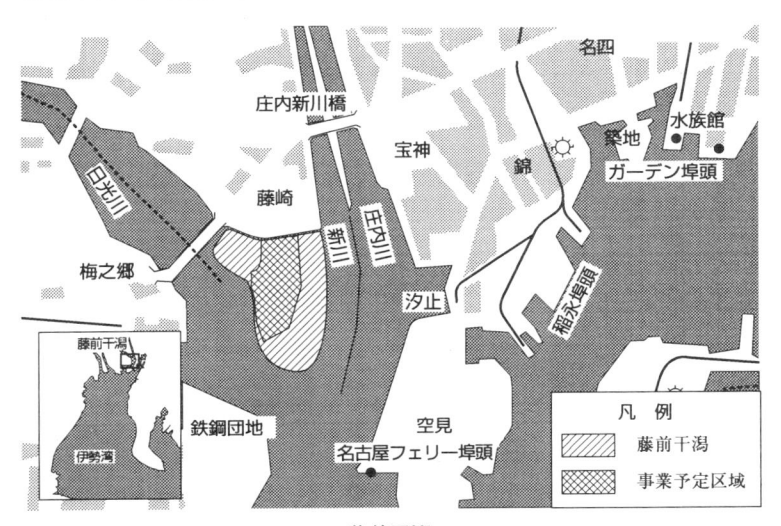

藤前干潟

II　自然保護および世界遺産

　当初の計画では100haが対象とされていたが，その後45haに縮小された。環境影響評価が行われ，環境への影響は小さいとの内容の準備書が縦覧に付された。これに対して，国外を含む60件の意見が寄せられた。その中には，藤前干潟の重要性に鑑み十分な調査と配慮がされるよう要請するラムサール条約事務局からの意見も含まれていた。その後補足調査が行われ，1998年3月に市環境影響評価委員会は，渡り鳥と干潟への影響は明らかと答申した。名古屋市は，8月に環境影響評価書をまとめて公表した。その中では，渡り鳥および干潟への影響は判断できないとされ，人工干潟の試行建設とともに二段階に分けて埋立て事業を実施することが認められていた。

　この決定に対しては，研究者やNGOから批判が寄せられた。環境影響評価の内容もラムサール条約の下の環境影響評価ガイドラインに即していなかった。その後12月になって，環境庁は人工干潟作成に対して否定見解を示し，運輸省もそのままでは埋立てを許可しない旨を表明した。1999年1月になって，名古屋市は人工島（ポートアイランド）を用いる代替案を提示し，藤前干潟の埋立てを断念した。

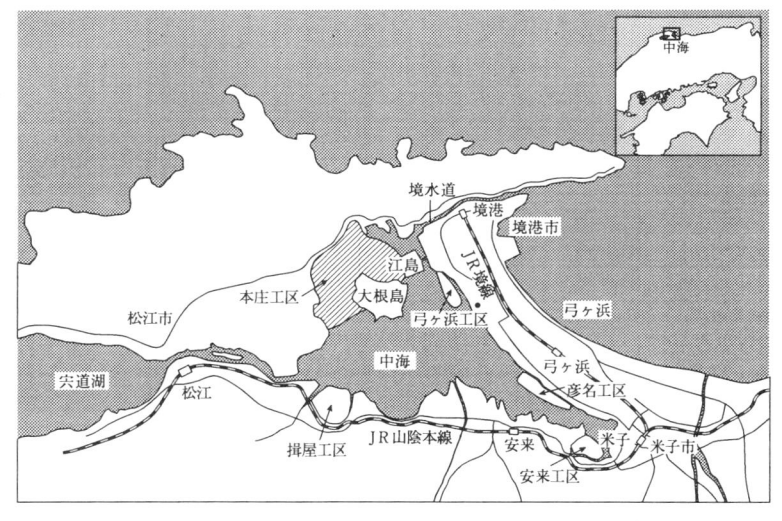

中　海

6 公共事業による自然破壊

(4) 中　海

　中海は，日本海に面した汽水湖で鳥取県と島根県の間に位置し，宍道湖につながっている。中海の5ヵ所を干拓して水田を造成するとともに，全体を淡水化して農業用水を確保することを目的とする事業が1963年から始められた。しかし，最後の本庄工区の干拓は，周囲の堤防の完成に至ったものの，他の工区の売れ残りという状況および水質悪化に対する地元の反対を受けて，淡水化事業とともに1988年に凍結された。

　1995年に島根県知事が干拓再開を表明したのを受け，政府は水質調査や干拓の必要性を審議するための「本庄工区検討委員会」の設置を決めた。同委員会は1999年から作業を始めたが，全面干拓，部分干拓および干拓中止の3案併記の報告書を2000年3月にとりまとめた。2000年8月の政府与党による公共事業見直し合意において中止とされたのを受けて，農水省は本庄工区の干拓および中海の淡水化事業を中止した。

(5) 三番瀬

　三番瀬は東京湾奥部に残されている最大の干潟・浅海域であり，湿地や渡り鳥のほか，生物多様性の観点からも重要な区域である。その約740haを住

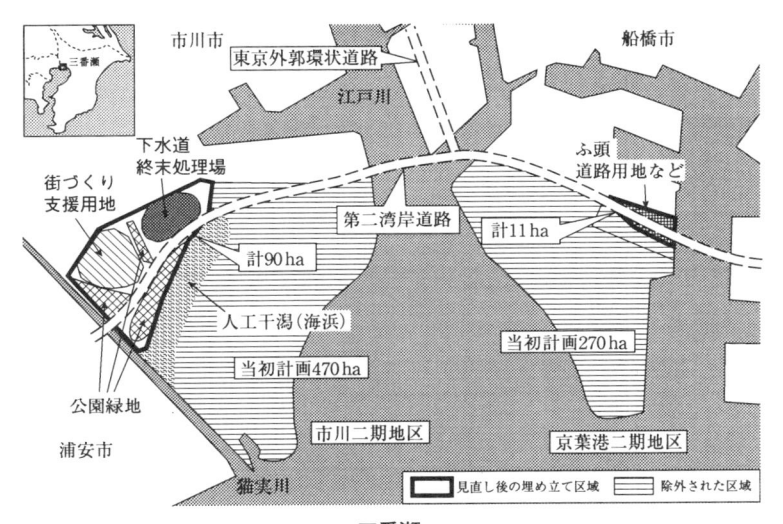

三番瀬

Ⅱ　自然保護および世界遺産

宅・企業用地およびゴミ処分用地などのために埋め立てることが千葉県によって計画されており，研究者やＮＧＯから批判が寄せられていた。

　1998年6月に，県は環境保全や財政難を理由に三番瀬干潟の埋立面積を縮小する意向を表明した。同年10月には，専門的・総合的な立場からの意見を聞くために懇談会が設置された。一方，同年10月および1999年1月には環境影響評価に関する報告書が公表され，埋立地の造成，航路の拡幅・浚渫によって浅海域の貧酸素化が進み，底生生物が半減し，魚類や鳥類にも大きな影響が及ぶ可能性のあることが明らかとなった。

　それを受けて，県は，1999年2月の懇談会において計画縮小の方針案を示し，埋立て面積を約100haに縮小する案を6月に公表した。1999年12月に，県は懇談会における検討を打ち切り，6月提示案に基づいて計画を実行することを決めた。その計画に対して，環境庁は，2000年2月に否定的な見解を示した。また，2001年1月には環境大臣が現地視察し，全面見直しの必要を表明した。

⑹　吉野川第十堰

　吉野川第十堰は，ラムサール条約の下のブリスベン・イニシャチブによる

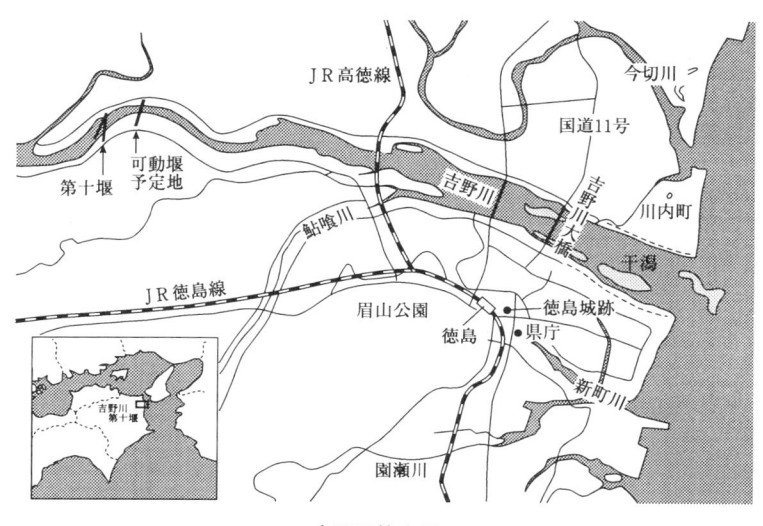

吉野川第十堰

6 公共事業による自然破壊

東アジア・オーストラレイシア・シギチドリ保護区ネットワーク（アラスカからニュージーランドまで，東アジア諸国とオセアニア諸国をつなぐネットワーク）に加入している吉野河口から13kmの地点にある。それを可動堰に改修する計画が立てられた。建設省が設置した「吉野川第十堰可動化及びダム事業審議委員会」は1998年7月に建設は妥当であると報告したが，委員の人選が偏っていること，事業地点および河口における自然生態系への影響に関する十分な議論がなされていないことなどの問題点が指摘された。

他方で，第十堰事業については，1999年6月21日に同事業の是非を問う住民投票条例が採択され，2000年1月23日に実施された投票においては圧倒的多数が反対投票を行った。建設省は，住民対話を重視するとしつつ建設計画自体は推進するとの意向を示していた。しかし，2000年8月に政府与党が計画を白紙に戻して可動堰以外の改修手法も考慮するよう要望したことを受けて，再検討されている。

(7) 西部林道

屋久島の西部地区には，生活道路との名目で，通称西部林道の拡幅事業計画があった。その道路には，観光業界からは，大型バスの周回ができるよう

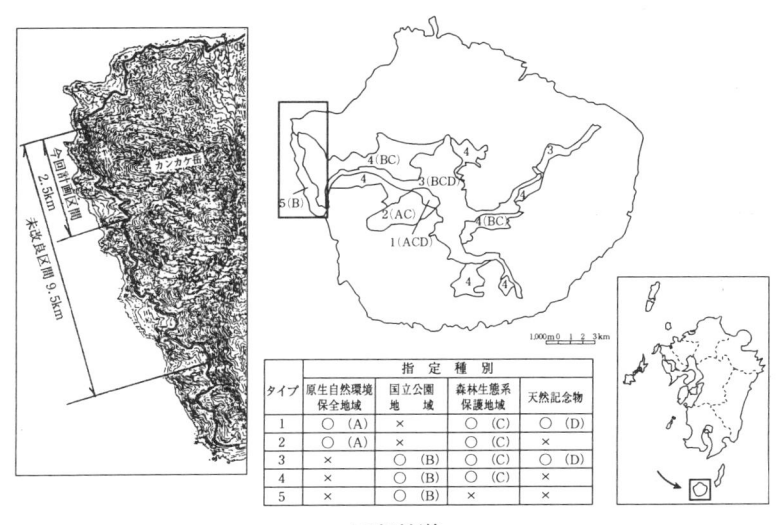

タイプ	指定種別			
	原生自然環境保全地域	国立公園地域	森林生態系保護地域	天然記念物
1	○ (A)	×	○ (C)	○ (D)
2	○ (A)	×	○ (C)	×
3	×	○ (B)	○ (C)	○ (D)
4	×	○ (B)	○ (C)	×
5	×	○ (B)	×	×

西部林道

II 自然保護および世界遺産

になるという期待も寄せられていた。

研究者や自然保護団体からは，この道路計画に対して，ヤクザル，ヤクシカなどの生息地および世界遺産としての指定理由となった垂直分布を分断するため学術的価値が失われることが指摘され，十分な影響評価が求められた。

そのような批判や世界遺産としての管理の確保に対応するために，鹿児島県は，モニタリングを行い，その後環境影響評価を再実施した。その手続きは1997年4月に終了し，公表されることとなっていた。また，同年の秋には世界遺産条約事務局によるフォローアップ現地調査が設定されており，その際にこれらの批判に対して適切な根拠とともに説明しなければならなくなる可能性があった。結局，鹿児島県は，1997年6月4日に，現時点で環境への影響を評価することは困難であるとして計画を白紙に戻し，生物学や生態学の研究者，地元および県の3者協議の場を設けて，計画中止も含めて検討し直すこととした。

2. 国際法上の論点

上記の各事例には，それぞれ，ラムサール条約および世界遺産条約が定めている枠組み的義務およびそれらの下のガイドラインなどに即していない事態が見られる。また，それらの事例は，同様なレベルで渡り鳥条約または生物多様性条約にも関わる。

(1) ラムサール条約

ラムサール条約は，湿原または渡り鳥保護のための条約と間違えられることも多い。正しくは，生命と文明のゆりかごといわれる湿地生態系そのものを対象としており，湿地の保全ならびに湿地およびその資源や機能の賢明な利用を目的としている。

ラムサール条約には国際的に重要な湿地の登録制度があり，締約国が登録指定する際の考慮条件が定められている。特に，第2条2項は，前段で選定の基準を定めており，後段で，水鳥にとって重要な湿地は，第一に登録指定すべきであると定めている。また，同条6項は，登録にあたって，移動性の水鳥の保護，管理および賢明な利用についての国際的責任を考慮するよう義務づけている。したがって，登録地の選定は全くの自由裁量ではなく，これ

6 公共事業による自然破壊

らの要素を考慮することが義務づけられている。なお，登録簿への掲載は当該国の排他的主権を害するものではないとの規定（第2条3項）があるが，それは，登録が国際管理などを意味するわけではないとの趣旨であり，上記の考慮義務を免れさせるものではない。

他方，第2条2項前段に基づく選定に関して締約国会議において定められている詳細な基準は，すでに1990年の時点から湿地生態系そのものの特質を基礎としていた（勧告C．4.2付属書，その後1999年に改正：決議Ⅶ.11付属書）。しかし，日本の国内基準としてはそのうちの水鳥に基づく特別基準しか用いてきていなかったため，水鳥に関わる湿地しか登録対象にされてこなかった。そのことも，国内における湿地の価値評価が不十分な一因となっている。

また，第4条1項は，登録地でない湿地についても，保護区の設置を通じた湿地および水鳥の保全，ならびに，保護区の十分な監視を義務づけている。第4条4項は，湿地の管理を通じて，特定の湿地において水鳥の数を増加させるよう努めると定めている。したがって，ラムサール条約の定義に該当するすべての湿地について適切な保全管理を行う必要がある。これらの条文に関連する決議や勧告も定められている。

以上の規定には特定の事項に関する考慮義務および特定の行動に関する努力義務も含まれているが，諫早干潟，藤前干潟または三番瀬干潟などのように登録選定基準に合致し国際的重要性が高い湿地においては，求められる考慮および努力の程度は高くなる。

さらに，以上の各規定や決議などについては単に考慮または努力すればよいのではなく，締約国会議で求められれば，考慮や努力の過程と結果について，科学的なデータと論理を提示することによって国際的に説明する責任を伴う。実際，第6条2項(d)は，「締約国会議は，湿地およびそこに関わる動植物の保全，管理，および賢明な利用に関して，一般的または個別的な勧告を行う」と定めており，締約国会議は，個別の国の個別の湿地（登録地に限らず）を議題にすることができ，水鳥だけではなく動植物一般について（絶滅のおそれのない種でも）検討し，勧告を出すことができる。また，第6条3項は，「締約国は，湿地の管理についてそれぞれの段階で責任を有する者が上の勧告を受け取り，考慮に入れることを確保する」と定めており，説明および根拠提示責任は補強されている。したがって，国際的重要性の高い湿地について登録指定を行わない場合または埋立てなどの正反対の行為を行う

II　自然保護および世界遺産

場合は，締約国会議において明確な説明責任が求められる可能性が高い。

ところで，藤前干潟に関して提案されていた人工干潟の建設は，二重の湿地破壊になる危険性を有している。実際，韓国，釜山のナクドゥン河口において，埋め立てた干潟の代償として埋立地の沖の浅海域に盛り土をして人工干潟を建設したが元の生態系を再生できずにいる事例がある。もちろん，人工干潟の成否にかかわらず，盛り土をした浅海域の湿地生態系は破壊されている。このように，人工干潟の建設により自然の干潟の破壊を代償させようとする行為は，二重の破壊をもたらす。

(2)　世界遺産条約

世界遺産リストに掲載される遺産は，世界遺産委員会によって定められた運用ガイドラインに基づいて選定されており（第11条5項），委員会における審査に先立って専門家による実地調査が行われる。世界遺産条約は，近年，世界遺産リストへの追加審査を厳しくするとともに，すでに掲載されている遺産の確実な管理を重視している。そのため，上記のガイドラインには管理手法も示されており，また，掲載された遺産に対して事後調査が行われている。十分な管理が行われず，危険な状態にある遺産は，危機にさらされている遺産リストに掲載される（第11条4項）。したがって，登録遺産については運用ガイドラインに沿った確実な管理が必要とされる。

ところで，一般的には，世界遺産リストに掲載されているものだけが世界遺産と呼ばれることが多い。しかし，世界遺産条約の第6条1項は，第1条および第2条の定義に合致する文化遺産および自然遺産は世界遺産であると述べている。第5条も，それらの文化遺産および自然遺産を認定し，保護し，保存し，整備し，また，活用するために，総合的な基本政策を定め，行政機関を整備し，研究調査を奨励し，必要な法的および財政的措置をとることを締約国に義務づけている。国外の世界遺産に対する悪影響の回避を定めている第6条3項も，それらを対象にしている。同様の趣旨で，第12条は，世界遺産委員会において登録申請が却下されたとしても，世界遺産条約の下の文化遺産または自然遺産としての地位，また，その顕著な普遍的価値が否定されるわけではないと定めている。

したがって，世界遺産条約は，ラムサール条約と同様に，世界遺産登録地以外の文化・自然区域についても保全管理義務を定めている。その義務は，

6 公共事業による自然破壊

本稿で取り上げた公共事業が計画されている区域を含めて国内の多くの区域に適用しうる。ただし，登録されていない遺産についての保全管理措置については必ずしも具体的には定められていないため，国内での積極的な対応策が必要とされている。

3. 今後の展開と課題

　千歳川放水路事業または藤前干潟埋立事業が中止された背景としては，その事業および行われた環境影響評価がラムサール条約のガイドラインに適合していないとの批判が研究者やNGOから寄せられたこと，締約国会議の場で説明が求められたことまたはその予定であったことが大きい。西部林道建設事業については，その事業および行われた環境影響評価が世界遺産条約のガイドラインに適合していないとの批判が研究者やNGOから寄せられたこと，さらに，ちょうどその時期に条約によるフォローアップ現地調査が設定されており，その際にこれらの批判に対して適切な根拠とともに説明しなければならなくなる可能性があったことが挙げられる。

　自然環境の保全に関する条約においては，近年，必ずしも法的な義務としては設定されていないことも含めて締約国に積極的な行動をとるよう支援し，促していくこと，すなわち，条約の背景，精神および目的に沿うような結果を得られるように，当該条約の積極的な実施を図ることが求められるようになっている。それらは，ガイドラインなどに従った行動の要請，NGOなどによる情報提供や疑わしい事態の通報，締約国会議における検討，十分な環境影響評価の要請，専門家による現地調査，根拠提示と説明責任の要請などの手法によって促進されている。千歳川，藤前干潟および西部林道の事例においては，これらの手法が有効に機能した。

　また，科学的に悪影響が立証できない場合であっても，悪影響の蓋然性があれば，当該悪影響を防止するために事業の中止などの措置をとるという予防原則も強く主張されるようになってきている。以上の事例のうち，藤前干潟および西部林道に関する環境影響評価書は現時点では環境への影響を判断できないと結論づけており，予防原則に沿った対応がとられたことになる。

　しかしながら，当初計画事業の撤回に至った千歳川，藤前干潟，中海および西部林道の事例の場合においてもこのような国際法上の論点は十分には活

II　自然保護および世界遺産

用されておらず，その他の事例においては有効に援用されていなかった。これらの論点を組み合わせることによって，上記の三番瀬や吉野川，または類似の問題を有するその他の公共事業に対して，ラムサール条約のさらに積極的な実施を図ることが可能となろう。それらの湿地には，渡り鳥条約，世界遺産条約および生物多様性条約も関わる。これらの条約においても個別的な義務的措置は明確ではないが，上記の手法を用いることによってラムサール条約と同様に積極的な実施を図ることが可能である。

　なお，埋め立て事業がとりあえず中止された藤前干潟および中海については，ラムサール条約の下で登録指定し，確実な管理を行うべきである。

　一方，1999年6月には環境影響評価法が発効し，その評価ガイドラインにおいて生物多様性の保全が項目に明記されている。国および地方自治体ともに公共事業の再評価制度を導入しており，そこでも自然環境保全は評価項目とされている。それらの評価手続きにおいて上記のような関連条約による要請に沿った判断が行われるよう監視していく必要がある。なお，ナキウサギ裁判において指摘したように，国内裁判という厳格な場を通じて国際法上の論点についての検討ならびに根拠提示および説明責任を求めることは，環境条約の遵守およびその積極的な実施の確保という観点からも重要である。

◇　**参考文献**
1.　磯崎博司「ラムサール条約の現状と課題」『季刊環境研究』82号（1991年）
2.　日本湿地ネットワーク『ラムサール条約と日本の湿地』（1993年）
3.　藤前干潟を守る会『藤前干潟アセスメント準備書への意見』（1996年）
4.　鹿児島県土木部『主要地方道上尾久永田尾久線環境影響評価調査報告書』（1997年）
5.　『週間金曜日』編集部『環境を破壊する公共事業』緑風出版（1997年）
6.　諫早干潟緊急救済本部『諫早干潟の再生と賢明な利用』（1998年）
7.　自然の権利セミナー報告書作成委員会『自然の権利』山洋社（1998年）
8.　諏訪雄三『公共事業を考える』新評論（2001年）

7 自然保護債務スワップ

[薄木三生]

1. 事件の概要

　自然保護債務スワップ（Debt for Nature Swaps：以下DNS）は，アメリカの自然保護に関する法人であるコンサーベーション・インターナショナル（CI）とボリビア政府間の協定が締結されるということで，1987年7月に大々的に発表されたのが世界初の事例である。CIが，ボリビアの債務の一部を民間金融機関から割引価格の外貨（米ドル）で買い取るが，CIはこれをもとに決して借金の取り立てに回ることはしない。CIがこの債務を帳消しにする代わりに，ボリビア政府は相応する現地通貨，実際には6.8倍もの現地通貨を手だてして，アマゾン河流域の熱帯林の保護地域の拡大と管理の充実を図るという内容であった。DNSは，開発途上国の累積債務を削減しつつ自然保護プロジェクトの財源確保が可能になるという革新的な政策手段として世界の注目を集めたのである。

　すなわち，資金提供者が寄付した資金は，国際的な非政府機関（NGOs）が債権を買い取る場であるセカンダリー・マーケットで額面比で割安な債権を購入することを通じて，額面に近いかまたはそれ以上の額の現地通貨による自然保護プロジェクト資金を捻出するといういわゆるレバレッジ（梃子）効果を生む特徴がある。

　そこに至るまでには，世界自然保護基金米国委員会（WWF-US）に所属していたT・ラブジョイ博士が，1984年10月のニューヨークタイムズ紙への寄稿の中で，開発途上国が累積債務と自然保護の両面で危機的な状況にあると指摘したことから，米国のNGOsを中心としてDNSの検討が活発化したという背景があった。その指摘とは，累積債務支払いのための，①歳出削減政策では自然保護がその対象にされ，②外貨獲得政策においても農業

II　自然保護および世界遺産

生産拡大のための大規模な土地利用の変更が自然保護に大きな影響を与えているというものであった。開発途上世界の自然環境の劣化などの環境問題は，社会的・政治的な不安定をもたらし，ひいては先進各国の生活に関わってくる問題であるとも指摘され，逆に債務を環境問題の解決のために利用すべきであることが提案されたのである。

　中南米諸国を中心とする開発途上国では，主に米国の金融機関に対する延滞債務が累積して，1980年代には危機的な状況を呈するに至っており，開発途上国の環境問題の深刻さが増していた。さらに世界最大の熱帯林を保有するブラジルにおいて開催された1992年の地球サミットに向けて環境に関する世界的関心が高まる中で，DNSは開発途上国内企業の株式購入の際にレバレッジ効果を活かして投資を行う債務・企業株式（エクイティ）スワップをモデルとして応用・実施されるに至ったものである。

　このようにDNSについては，米国のNGOs主導であったが，開発途上国の累積債務問題全般にわたる解決に向けての取組みの必要性については，政治面からも1980年代半ばから米国政府が提唱している。すなわち，1985年のベーカー財務長官提案によって，開発途上国の経済調整などによって経済成長力を高める必要性が再認識され，1987年発表のメニュー・アプローチ以降は，累積債務問題解決には債務の削減が不可避という見解が強まった。1989年のブレイディ財務長官による新債務戦略においては，債務削減が前面に押し出され，公的資金による債務削減支援を認めるという新たな視点も打ち出され，そこには債務・エクイティスワップの推進提案なども含まれている。

　これら米国のNGOsと政治両面にわたるおそらくグローバル・ストラテジーに基づいた動きを受けて，先進国首脳会議においても1989年のアルシュ・サミット以降，経済宣言の環境の項目中にDNSについて，有用な役割と言及されるようになり，1991年のロンドン・サミットでは特に熱帯林破壊の防止に重点を置いた債務・環境交換の普及を歓迎する旨言及された。1992年のミュンヘン・サミットではDNSは累積債務国問題の項目中に記載され，単に自然保護の手段のみならず債務の削減手段としても期待されるようになった。時は流れ，1999年のケルン・サミットでは，アフリカを中心とした重債務開発途上国が抱える国際累積債務の問題が中心課題の一つとなり，680億ドルのODA債務の大幅削減のアイデアが打ち出されるに至った。

2. 法的および政策的な問題点

DNS の実施に関しては，複数の関係者，機関が関与しそれぞれの役割を担っているが，その主たるものは国際的 NGOs，債務国政府，ローカル NGOs，民間金融機関および資金提供者の五者である（図１参照）。総論的には，複数の関係者・機関が利益を得ることができるといういわゆる Win-win アプローチとして認識された DNS ではあるが，各論的には各主体がそれぞれ違った側面の問題をかかえており，概ね以下のとおり整理することができる。ただしこれらは法的な事項よりも，一般的に金融政策手段としての問題の比重の方が高い。

(1) 国際的 NGOs を通した地球環境植民地主義

各方面におけるファンド・レイズィング能力にたけており，複雑な DNS の仕組みを円滑に構築，運営するとともに開発途上国に対して自然保護に関する適切なノウハウを提供できるという面において，国際的 NGOs こそが DNS 遂行上の中核的な位置にいることは間違いない。DNS には，複雑な金融取引，債務国との交渉や自然保護プロジェクトの策定などにおいて，金融取引手法，法制度，生態学分野など多方面にわたる高度な経験，能力と情報力が必要となるからである。言い換えればこのような経験と力のある国際的 NGOs なしには，DNS は機能しないと言っても過言ではない。

ところがコスタリカ，エクアドル，ドミニカ共和国などで自然保護債務スワップの実績を持つ，アメリカの自然保護協会（TNC）によれば，債務国側の現地において自然保護プロジェクトの実施にあたるローカルな NGOs の役割を最も重要視しているという。すなわち，国家主権はあくまでも尊重されなければならないので，国際的な NGOs が自然保護プロジェクトを，100％直営で実施するわけにはいかないのである。現地での受け皿となる優良な NGOs を確定し，その機能を強化し，場合によってはそのような NGOs を創ることこそが，国際的な NGOs にとっての大きな仕事となっている。また，他の競合する施策に優先して自然保護プロジェクトの実施を開発途上国に要求する DNS の仕組みそのものが主権国家への政策介入，すなわち主権の侵害であるとする厳しい見解もある。

DNS の一連の複雑な手続きには多くの関係者が介在するため，国際的 N

II 自然保護および世界遺産

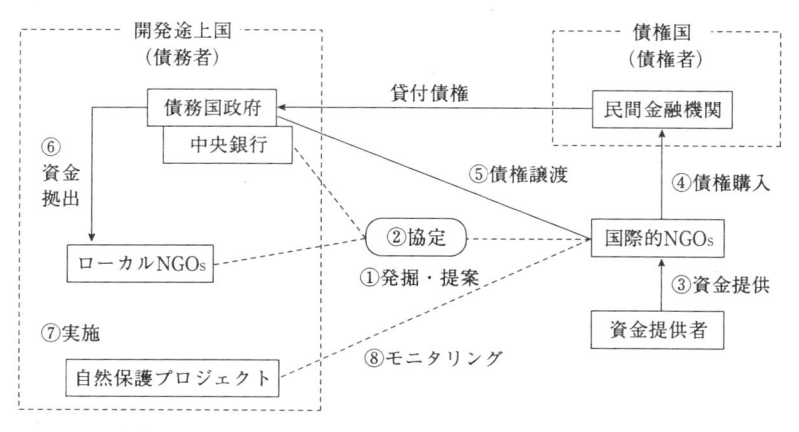

図1 自然保護債務スワップの概念図

（図中の要素）
- 開発途上国（債務者）：債務国政府、中央銀行、ローカルNGOs、自然保護プロジェクト
- 債権国（債権者）：民間金融機関
- 国際的NGOs、資金提供者
- 貸付債権、⑤債権譲渡、④債権購入、③資金提供
- ⑥資金拠出、①発掘・提案、②協定、⑦実施、⑧モニタリング

凡例：
→ 資金の流れ
─ 法律（債権・債務）関係
---- 法律（協定）関係

① 国際的NGOsが債務国政府、途上国で自然保護活動を行っている団体（ローカルNGOs）と協調しつつ、実施すべき自然保護プロジェクトを発掘または提案する。
② 削減する債務内容、自然保護プロジェクト内容及び財政支出額等について、債務国政府、国際的NGOs、ローカルNGOsがDNS協定を結ぶ。
③ 国際的NGOsは寄付を募り、DNSに必要な資金を調達する。
④ 国際的NGOsは民間金融機関等の保有する当該債務国向け債権をセカンダリーマーケットを通じて民間金融機関等から市場価格あるいはさらに割り引いた価格で買い取る。または寄付を受ける。
⑤ 国際的NGOsは、DNS協定に基づき債務国政府に債権を譲渡する。債務国にとっては、これによって当該債務が消滅したことになる。
⑥ 債務国政府は、協定に定められた金額の自国通貨で財政支出を実施し、自然保護プロジェクトの資金の財源とする。
⑦ ローカルNGOs、債務国政府によって自然保護プロジェクトが実施される。
⑧ 国際的NGOsは必要に応じてプロジェクト推進状況をモニタリングする。

GOsが単独で事業を実施する場合に比べて、より多くのトランザクション・コスト、すなわち利害調整、情報収集や法律関係の調整コストなどの手続き自体にかかる費用がかさむため、必然的に高額のDNS志向となる傾向がある。しかしながら従来、累積債務国は国内の自然資源に対する主権の主張をしながらも、自然保護に対して財政支出する余裕はなく、地球サミットにおいて"生物の多様性に関する条約"が採択されるまでは国際的なNGOs

7 自然保護債務スワップ

といえども小規模のプロジェクトを地道に実施した経験しかなかったのも事実である。また地球サミット以降も，そこで採択されたリオ宣言の第2原則「各国は，国連憲章及び国際法の原則に則り，自国の環境及び開発政策に従って，自国の資源を開発する主権的権利及びその管轄又は支配下における活動が他の国，又は自国の管轄権の限界を越えた地域の環境に損害を与えないようにする責任を有する」において，自然資源に関する伝統的な国家主権が色濃く容認されていると解釈できる。

1990年代に入るとDNSは，当初のものと比べて金額が大きく，件数は少なくなってきている。これは基金運用益で自然保護プロジェクト資金をまかなうため，基金を大型にする必要があり，一件あたりのDNSトランザクション・コストが高額なためである。最近の世界的な低金利傾向も大きく影を落としている。一方，債権の買取りは一回で決済する必要があり，このような高額のDNSを実施するには，多額の資金を集めなければならないため，国際的NGOsにとっても，容易に実現できる規模のものではなくなりつつあるのが現状である。

(2) 債務国政府のインフレ対策

DNSの実施に関する債務国政府の最大の関心事項は財政政策であり，DNSによって国内への財政支出が増額されるために懸念されるインフレである。このため，既に急速なインフレに悩まされている開発途上国においては，DNSが財政支出に大きな比率を占めるような金額ではなく，単独ではインフレ要因になり得ない程度の金額であるにもかかわらず，実施には消極的な国もいくつかある。

また，開発途上国がインフラ整備や外貨獲得のための輸出増を目的に自然資源の開発を推進するなど自然保護よりさし迫った問題に直面している場合には，自然保護には高い優先順位が与えられず，自然資源開発に関する伝統的な国家主権およびインフレ懸念を理由にDNSが受け入れられないこととなる。

他の債務転換プログラム，例えば開発途上国内企業の株式購入の際にレバレッジ効果を活かして投資を行う債務・エクイティスワップ等は，債務削減に加えて，転換後の資金が開発途上国の経済利益に活用されるという二重の経済効果が期待できるのに対して，DNSの転換後の資金は開発途上国の直接的な経済的利益につながらないように見えるのもマイナス要因である。開

II 自然保護および世界遺産

発途上国の政策決定者レベルにおける環境と自然保護への認識の向上プログラムも，時にはDNSの仕組みの中に組み込まれるべき所以である。

なお，債務・エクイティスワップをはじめとする債務転換プログラムを制度として確立している開発途上国の方が，DNSを円滑に推進する上で有利であることは間違いない。

一方，地球サミット以降は"生物の多様性に関する条約"をはじめ地球サミットで採択された取決めや地球環境ファシリティー等を通して，先進国や国際機関による国際協力によって自然保護プロジェクトを実施する動きが加速されたがために，かえって開発途上国にとっては自然保護プロジェクト推進のオプションが増えて，複雑な手続きを要するDNSによって自然保護を優先実施するインセンティブが減少することとなった。

(3) ローカルNGOsの能力

DNSの実施に関する協定は，開発途上国，国際的NGOsおよびローカルNGOsの三者によって結ばれる。その際のプロジェクト策定において，一方的な押しつけを回避する上で，現地の住民の意見を吸い上げる窓口としてのローカルNGOsの役割が重要である。また，自然保護のための取組みは，その効果の計測的な把握が難しく，時間もかかるために地道な活動を継続できるローカルNGOsの育成は喫緊の課題である。

従来，財源確保が難しかったローカルNGOsには，DNSのプロジェクトを通じて破格の活動資金が入ってくることになるため，国際的なNGOsにとってはローカルNGOsの対応可能性等を十分に吟味し，その機能を強化する必要がある。国際的なNGOs職員が，特にプロジェクトの初期段階において現地に常駐して協力指導が行われるケースも多く，自然資源を管理する自然保護ナショナル・プロジェクトとしてのアイデンティティーの確保と維持という課題もローカルNGOsにはつきつけられている。

(4) 民間金融機関の投資効果

民間金融機関にとってDNSは，延滞している累積債務国向けの債権売却に関する選択の幅が増えるとともに，地球環境保全に対する企業のPR効果が期待できる。ただしこの場合，債権の売却あるいは寄附という処理が経営上適切かどうかという商業的な判断が働くのは当然のことである。特に小規

模な金融機関にとって，債権の保有額も小さく，債務履行を求めるための各種交渉にかかる費用を考えると，売却によってこのような交渉の場から完全に撤退する方が損失を最小限にできると判断されること等が債権売却のインセンティブになる。

なお，1989年のブレイディ財務長官による新債務戦略発表以降は，民間金融機関における開発途上国向けの延滞債務は整理の目途がついたため，開発途上国政府としても債務問題の緊急性が減少し，DNSによる債務削減のインセンティブは低下した。これに呼応して開発途上国向け債権のセカンダリー・マーケットにおける価格も上昇し，DNSのレバレッジ効果が低下し，民間金融機関にとっては，値上がり期待のために債権を保持しようとする傾向が出るなどの状況変化が起きている。

(5) 資金提供者のための仕組み作り

DNSは自然保護プロジェクトそのものではなく，自然保護プロジェクトの資金調達の手段の一つであると解釈できる。

欧米では従来からその傾向があったように，新しい世紀においては，ちょっとした国家よりも資金力を有する個人が増加すると考えられるため，これらの篤志家による自然保護プロジェクトへの資金還流が期待される。米国をベースにした国際的NGOsがDNSの主たるプレーヤーになっている背景には，米国の篤志家と寄附金に関する法的な仕組みの存在があるからに他ならない。21世紀のアジアおよびわが国の課題がここにもあると言えよう。

3. 評価および今後の課題

(1) 自然保護プロジェクトの実施面での評価

従来は開発中心の政府開発援助（ODA）では十分に手が届かなかった自然保護分野における協力がDNSによって実施されてきたこと，さらにはDNSの動き等が発端となり，地球サミットで採択された取決めや地球環境ファシリティ等を通じた新たな国際協力によって自然保護プロジェクトを実施する動きが加速されたこと等が高く評価できる点である。また，DNSの実施によって経済問題の解決と自然保護を結びつけるという，非常にユニークなアイデアと手法が世界に示されたという面においても大きな意義があっ

II 自然保護および世界遺産

た。

　しかしながら，実施主体や実施国に関してはかなり限定された範囲でしか行われなかったという実態がある。1987年7月から1993年末までの6年半の間に中南米諸国を中心にして31件のDNSが成立し，約1億5,000万米ドルの債務が消去された。うち18件は中南米のボリビア（2），エクアドル（2），コスタリカ（6），ドミニカ共和国，メキシコ（3），ジャマイカ，グアテマラ（2），ブラジルの8ヵ国で実施され消去債務総額は約1億1,000万米ドル，全消去額の73％にのぼっている。

　アフリカにおいては，マダガスカル（6），ザンビア，ナイジェリアの3ヵ国で8件が実施され約1,000万米ドルの債務が消去された。アジアでは，フィリピン1ヵ国の4件で約3,000万米ドルの債務が消去された。残りの1件は，東欧ポーランドにおける5万米ドルの債務消去である。

　1987年のボリビアでの第1号のレバレッジ効果（プロジェクト支出額／債権購入額）は6.8倍あり，1989年のエクアドル案件では8.4倍にものぼったのに，3年後の1990年半ば以降は早くも3倍を越えるレバレッジ効果の案件は見られなくなった。1993年末までの31件の平均レバレッジ効果は2.5倍にとどまっており，この数字を大きいと見るか小さいと見るかについては議論があろうが，第1号案件からの落ち込みが大きく，年を経るにつれて1倍台が増えていることを考慮すれば，DNSプロジェクトの魅力が急激に低下したことがうかがわれる。

　上記のような限定されたDNS実施国に加え，実施した国際的NGOsに関しては欧米のわずか3機関を中心にもっと大きな偏りがあり，1993年末までの31件のうちCI（8），TNC（9）およびWWF（13）が87％の27件を実施しているのである（TNCとWWF合同プロジェクトが3件）。WWFプロジェクトの内のほとんどにWWF-USがかかわっていることに鑑みれば，DNSは米国のNGOsによって中南米を対象に実施されたと見ることも可能である。わが国としては，これら米国主導の国際的NGOsに匹敵するNGOを育成できていなかった事実が最大の反省点と言えよう。

(2) 重債務国に対するODA債務救済

　DNSで削減された債務額は，ほとんどの国で対外債務合計の0.1％にも満たない数字であり，DNSは累積債務問題解決面での効果よりも，自然保護

プロジェクトの資金調達のために債務を活用したと見ることができる。今後DNSの更なる発展を図るには，開発途上国政府の受入れの可能性を高めるため，DNS対象プロジェクトに開発の要素や経済発展プログラムを盛り込んだり，手続きを簡素化する仕組みを開発してトランザクション・コストを低減するなど，内外の状況変化に伴う資金と対象事業の流動化に柔軟に対応できるような工夫が必要である。

一方，DNSは重債務国問題をより一般化したという面で評価できよう。昨今においては，「Jubilee 2000」等キリスト教系NGOsを中心とした債務帳消し国際キャンペーンに呼応する形で，1999年のケルン・サミット議長国ドイツは，大幅な政策転換を行い，G7各国によるODA債務の100%帳消し等の提案を行った。その結果，ODA供与各国で構成されるパリクラブ・国際金融機関を通じた重債務貧困国に対する既存の国際的な債務救済措置の枠組み（HIPCsイニシアティヴ）をさらに前進させたケルン債務イニシアティヴが採択された。その中には，民間企業の参入によるミレニアム・ファンドの設置，重債務貧困国の基準となる債務‐歳入比の緩和，債務と重債務国評価をスピード・アップして2000年までに3/4を完了する等の提案が盛り込まれるに至った。

なお，世銀・IMFが重債務貧困国として認定している41ヵ国中の83%にのぼる34ヵ国がアフリカにあって，中南米ではガイアナ，ボリビア，ホンデュラス，ニカラグアの4ヵ国，アジアではベトナム，ミャンマー，ラオスの3ヵ国が認定されているにすぎない。これらの国が二国間ベースで負っているODA債務総額約680億米ドルの内，G7諸国の占める額は約30%の203億米ドルであり，その内の実に44%の約90億米ドルを日本が，25%の50億米ドルをフランスが占めている一方，本件問題を当初から主導した米国は11%の約22億米ドルでしかないという現実がある。

◇　**参考文献**
1. 環境庁熱帯雨林保護検討会『熱帯雨林をまもる』NHK　ブックス（1992年）
2. 環境庁地球環境部『債務環境スワップ等研究会報告書――債務環境スワップの現状と課題』（1994年）

III 海洋生物資源

8 日韓・日中の漁業問題　児矢野マリ
9 ミナミマグロ事件　髙村ゆかり
10 捕鯨問題　児矢野マリ

8 日韓・日中の漁業問題

［児矢野マリ］

1. 事件の概要

　オホーツク海，日本海及び東シナ海を含む日本の沿岸海域は，かつてより豊富な漁場として，沿岸諸国による漁業が盛んに行われてきた。相対的に高い漁業技術を有していた日本は，特に韓国や中国の沿岸において活発に漁業活動を実施していた。その結果，1951年の韓国の李大統領による自国沿岸漁業水域の設定等を背景として，日本漁船の拿捕等の衝突事件が頻発した。ゆえに，漁業資源をめぐるこれら二国との競合利益を調整し，更なる紛争の発生を回避するために，日本は韓国との間で1965年に，また中国との間でも1975年に，それぞれ政府間漁業協定を締結した。

　他方，1970年代後半以降の国際社会では，第三次国連海洋法会議での動向も受けて，多くの諸国が自国領海より外側の一定幅海域を自国の漁業水域と定め，自らの排他的な漁業権を主張するようになった。その中で日本も，領海法の制定により領海の幅を12カイリと改め，その外側に200カイリの排他的経済水域（以下，EEZ とする）を設定する「漁業水域暫定措置法」を制定した。しかし，既存の各漁業協定を配慮し，韓国や中国との関係ではこの法律は適用されない。その結果，各協定に基づく12カイリ沿岸漁業水域より外側の日本の沿岸海域は，韓国と中国にとっては公海として位置付けられ，従来通り格好の漁場のままであった。ただし，韓国との間では，1980年以降は漁業に関する自主規制措置がとられ，競合利益の調整が図られていた。他方，当時まだ中国は，日本沿岸でそれ程活発に漁業活動を実施していなかった。

　1982年には国連海洋法条約（以下，LOSC とする）が成立した。その第5部は EEZ に関する規定を含み，締約国に対して，自国沿岸200カイリ EEZ を設定する権利，および，同海域における漁業資源の管理と保存に関する広

範な規制権能と，自国の決定する漁獲可能量について最適利用を促進する義務を明示的に認める。なお，EEZをめぐる規則は，条約採択当時，既に国家実行を通して慣習法上確立していたとされる。こうして，海洋生物資源をめぐる国際法は，単なる漁業者の利益の優先から，漁業資源の保存管理を主眼とするものへと移行した。

　ところで，日本は1996年に，LOSCの批准に伴い関連国内法を整備した。すなわち，接続水域の設定と直線基線の部分的採用を含む「領海及び接続水域に関する法律」（以下，新領海法とする），200カイリEEZを全面的に設定する「EEZ及び大陸棚に関する法律」（以下，EEZ・大陸棚法とする），EEZにおける日本の漁業資源の保存と管理の義務と権限を定める「EEZにおける漁業等に関する主権的権利の行使等に関する法律」（以下，漁業主権法とする），および，漁船ごとの個別割当をしない「オリンピック方式」の漁獲制限を基本とする「海洋生物資源の保存及び管理に関する法律」（以下，TAC法とする）の制定である。但し，韓国と中国との間では，既存の協定が改定されるまでの特例措置として，EEZ・大陸棚法と漁業主権法は適用されない。そして，1996年に始まるこれら漁業協定の改定交渉では，当事者間の主張が激しく対立し，合意作成は極めて難航した。

　こうした状況の下，日本の沿岸漁業をめぐる事態は，これら両国との関係において緊迫化した。それは一つには，日本の漁業者がTAC法の規律により，自国200カイリEEZで漁業が制限される一方で，韓国と中国の漁業者は，漁業主権法の特例措置により規制を受けることなく，日本の沿岸12カイリ以遠の海域で従来通りの活発な漁業を継続したことに起因する。その結果，TAC法に基づく漁業資源の適切な管理は事実上困難となり，一定魚種については資源の減少が危ぶまれた。また，韓国や中国の漁業者との規制上の格差について，日本の漁業者は大きな不満を募らせた。もう一つの事情とは，新領海法が部分的に直線基線を採用した海域では，かつての領海外に領海が張り出すこととなり，全体で13％領海が拡大したことである。その結果，韓国漁船は約5万平方キロの漁場を喪失した。そして，日韓漁業協定では操業可能だが，新領海法によって日本の領海となった海域で操業する韓国漁船について，日本による拿捕事件が頻発した。

　困難な交渉の末，中国との間では1997年11月11日に「漁業に関する日本国と中華人民共和国との間の協定」（以下，新日中漁業協定とする）が成立した。

III　海洋生物資源

　それは，前文14ヵ条と二つの附属書から成り，「合意された議事録」，「漁業に関する日本国と中華人民共和国との間の協定第6条(b)の水域に関する書簡」および「中国のいか釣りの実績に関する日本側書簡」(以下，イカ釣り実績書簡とする）も同時に公表された。この協定は，幾つかの積み残し問題の解決や，具体的な操業条件に関する協議と合意作成を受けて，2000年6月1日に発効した。

　他方で韓国との関係では，交渉決裂の深刻な危機に直面しつつも，1998年11月28日に「漁業に関する日本国と大韓民国との間の協定」(以下，新日韓漁業協定とする）が締結された。これは，前文17ヵ条と二つの附属書から成る。同時に，「合意された議事録」(協定第9条2項の東シナ海の暫定水域に関連する合意）(以下，合意議事録とする），「協定の規定に反する操業が行われた場合の措置に関する書簡」及び「大韓民国の国民及び漁船に対する漁獲割当量に関する日本側書簡」(以下，一方的意図表明の書簡とする）も公表された。これに至るまでには，1998年1月の日本政府による当該協定に基づく協定終了の通告と，それに対抗した韓国政府による従前の操業自主規制の無制限中断という激しい対立もあった。そして，この新協定は1999年1月23日に発効した。しかし，両国のEEZにおける具体的な操業条件に関する合意作成は難航し，1999年2月5日以降ようやく実施されることになった。

2.　改定交渉における争点とその決着

(1)　改定交渉及び締結後の協議における争点

　日本と韓国ないし中国との間の協定改定交渉は，いずれも困難を窮めた。その根底には，EEZの境界画定について，算定の基礎となる基線と，画定のための基準に関する立場が，日本と他の二国との間で異なっていたとの事情がある。

　日本は，韓国との間では竹島，中国との間では尖閣諸島について領有を争っている。ゆえに，韓国ないし中国との間でEEZの境界を画定する際には，これらの島を含む海域の基線をめぐる合意の作成は極めて困難である。また，EEZの境界画定基準について，日本はかつてより等距離中間原則の立場に立ち，双方の基線から算定して中間点を基準とする立場をとっていた。他方で韓国と中国は，全ての関連事情を考慮した上での衡平な解決を主張し

ていた。第三次国連海洋法会議の席上においても，こうした立場の違いは明白であった。

　結局，交渉の前提として，竹島ないし尖閣諸島の領有問題は棚上げにして，漁業に関する観点からのみ問題を処理することとなった。そして，日韓および日中のいずれの関係においても，境界画定の困難な水域については，両国漁業者が共に操業し得る暫定水域とすることで合意された。

　その後の本格的な交渉における争点は，そうした暫定水域の具体的な範囲や法的性格，暫定水域以外の水域に関する処理，及び，各国のEEZにおける既存の漁獲実績を現実面でどの程度配慮すべきかという点である。すなわち，暫定水域の具体的な範囲とは，実質的に両国間で好漁場とされる水域を，いかに暫定水域に含めるかという問題であり，両国間の漁業資源配分の調整問題と直結する。日本が相対的に狭い範囲の暫定水域を唱える一方で，韓国や中国はより広い範囲を主張した。特に日韓交渉では，能登半島北西の日本海中央部の「大和堆」と呼ばれる好漁場の扱いが最大の焦点となった。日本は暫定水域からの除外を強く主張したが，韓国は激しく反対した。

　また，暫定水域は，日本，韓国及び中国のいずれも締約国であるLOSCの趣旨に沿えば，漁業資源の管理が適正に実施される水域とされる。ゆえに，そこでの取締りは旗国主義によるとしても，資源管理のためには二国間で何らかの共同作業が必要となる。厳格な資源保存のための措置の導入を主張する日本と，現状の漁業活動をできる限り維持したい韓国及び中国との間で，その調整のあり方をめぐって意見が対立した。

　さらに，暫定水域以外の水域に関する処理については，日韓及び日中の双方の交渉で，東シナ海北部の日本，韓国および中国の境界線についての主張が複雑に錯綜し得る水域をどう扱うかが，大きな焦点となった。加えて日韓関係では，竹島周辺の暫定水域より南西に下り対馬西海峡を通って東シナ海に入る部分に関する，境界画定問題もあった。

　最後に，各国のEEZでは，沿岸国の管轄の下で相手国漁船の一定枠内の操業を認めるという，相互入会の制度が採用される。しかし，相手国に認める捕獲枠の設定に際して，当該国の伝統的漁業実績をどの程度配慮するかが問題となった。特に，日本のEEZにおける韓国と中国の漁業実績の扱いで対立した。韓国と中国は，前もって向こう数年間の割当てを確保することを主張した。他方で日本は，LOSCはあくまでも余剰原則の下で伝統的漁獲の

Ⅲ　海洋生物資源

尊重を言うに過ぎず，日本漁業の厳しい状況を考慮すればそうした主張は認めるわけにはいかないし，TAC法の趣旨からも，毎年の漁獲割当量はその都度の資源状況を適切に判断して基本計画で定めるのであって，前もっての設定は合理的ではない，と反論した。

(2) 新漁業協定における決着とその後の展開
① 新日韓漁業協定

協定は日韓両国のEEZを適用対象とし（1条），そこでは沿岸国の管轄の下で相互入会が実施される（2‐6条）。この海域での相手国の漁獲割当量やその他の具体的な操業条件の決定に際しては，日韓漁業共同委員会の協議の結果を尊重する（3条）。但し，以上の規律の適用が除外される暫定水域として，竹島周辺の日本海における北部暫定水域と，東シナ海の一部に位置する南部暫定水域の2つが設定され（8条），これらには附属書Ⅰが適用される（9条）。なお，好漁場である前述「大和堆」については，両国間の妥協により40％が北部暫定水域に含まれることとなった。そして附属書Ⅰによれば，暫定水域では各締約国は日韓漁業共同委員会の協議を尊重し，自国漁船と自国民について，漁業種別の漁船の最高操業隻数を含む適切な資源管理に必要な措置をとる。また，違反の取締りは旗国主義によるが，両国は，相手国漁船の違反を発見した場合には直ちにその本国に通報できる。さらに，北部暫定水域から南西に下り対馬西海峡を通って東シナ海に入る部分については，境界暫定線が設定され，各締約国はその自国側の水域を自国のEEZとみなす（7条）。そして，この協定のいかなる規定も，漁業以外の事項の国際法上の問題に関する両国の立場を害するものではない（15条）。このように，この協定が特に竹島の領有問題には何ら予断を与えるものではないことを明確にした。なお，合意議事録は，この協定が日中間の漁業関係を損なわないように配慮すべきことを，各締約国に求める。そして，一方的意図表明の書簡によれば，日本のEEZにおける一定魚種に関する韓国の漁獲割当量は，当初は従来の実績を考慮するものの，段階的に削減することとなった。韓国の主張のように法的拘束力のある合意として，漁業実績に対する配慮を規定するのではなく，日本側の一方的な宣言という形で明記された。

この協定締結後1年以上に及ぶ協議を経て，暫定水域における資源管理の内容や，両国のEEZにおける漁獲割当量や具体的な操業条件等が確定した。

協議の最大の対立点は，日本の EEZ，特に北陸及び山陰沖における従来からの韓国漁船の底刺し網漁とかご漁の扱いであった。結局，底刺し網漁は全面的に禁止されたが，東シナ海の一部における流し網漁と，山口及び九州沖の日本の EEZ における特定魚種のかご漁は認められる。こうして，困難を極めた協議は終結し，公式の発効日より遅れて協定は実施されることになった。

② 新日中漁業協定

この協定の基本的な枠組は，新日韓漁業協定と類似する。すなわち，日中両国の EEZ を協定の適用水域としつつも，境界画定が困難な水域については，暫定水域や従来の規律の適用水域の設定という形で，その適用を排除する（1条）。暫定水域は，両国の EEZ をめぐる主張が重複する水域に設定される（7条）。その以南水域は尖閣諸島と台湾周辺海域を含み，ここでは既存の漁業秩序が維持される。両国の EEZ では，沿岸国主義の下で相互入会が実施される（2－5条）。暫定水域では日中漁業共同委員会の下で共同資源管理が行われ，違反の取締りは旗国主義による。但し，日韓の場合とは異なり，相手国漁船の違反を発見した場合には，当該漁船の本国への通報と共に，当該漁船への直接通報が可能である（7条）。そして，この協定のいかなる規定も，海洋法に関する諸問題についての両国の立場を害するものではない（12条）。具体的に何がそうした諸問題に当たるのかは明記されていないが，その一つは尖閣諸島をめぐる領海主権の問題であろうことは推測される。なお，日本の EEZ における中国の漁獲割当量については，イカ漁に関する中国の漁業実績を一定程度考慮し，イカ釣り実績書簡において協定発効後5年間は割当を認めた。これは中国側の強い意向との妥協として，法的拘束力のある協定上の規定としてではなく，一方的な宣言という形で中国の漁業実績を考慮したものである。また，安定した漁業秩序の確立のために，両国は第三国と協力する意思を有する旨も明記された。

さらに，協定締結後2年以上に及ぶ困難な協議の結果，日本，中国及び韓国間で EEZ の境界が画定していない，暫定水域の以北水域が，中間水域とされた。その範囲は当初の日本の主張よりも広く確保された。ここでは日中両国の漁船は各々相手国の許可を得ずに操業できるが，中国による現状維持の主張に反して，双方漁船隻数の制限等により資源の維持が図られることとなった。また，中間水域の外側の両国漁船の操業条件も，具体的に設定され

III 海洋生物資源

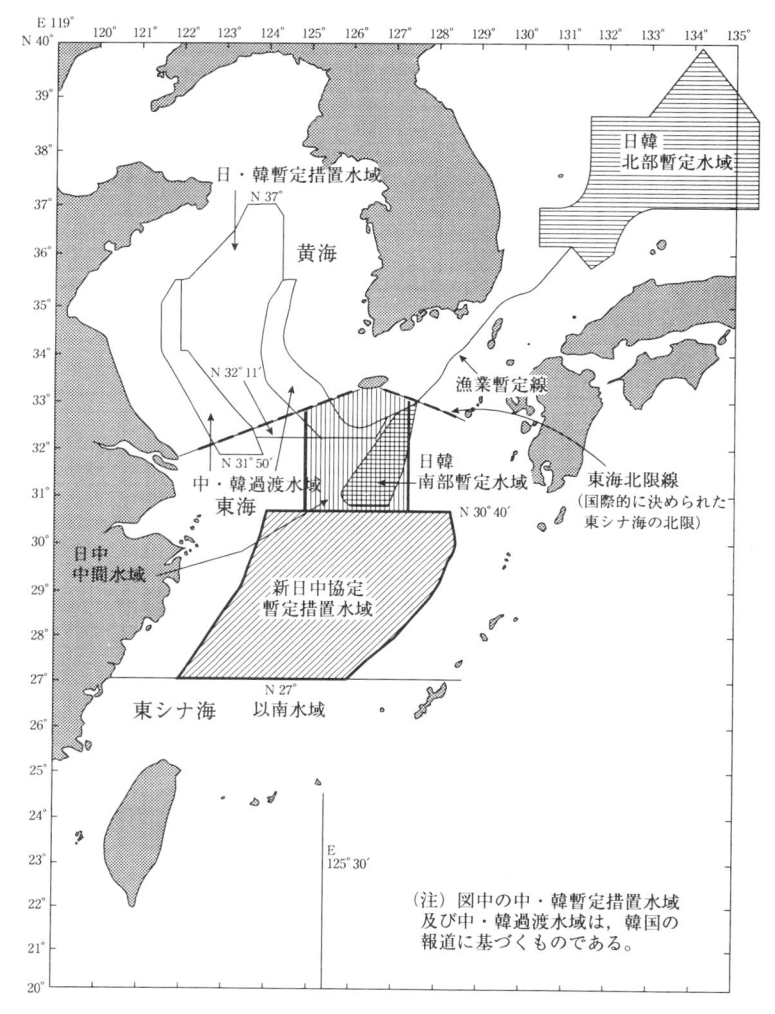

日韓・日中協定に基づく暫定水域等の設定図

出所　杉山晋輔『新日韓漁業協定締結の意義』に掲載されたものに筆者が加筆して作成した。

た。日本のEEZでは，中国の主張する従来の底流し刺網漁は全面禁止され，底引き網漁とまき網漁のみが認められ，漁業実績の考慮に関する中国の主張は大幅に縮小された。その他の操業条件も協議を経て合意され，協定は現実に実施されることになった。

3. 評価および今後の課題

　様々な紆余曲折を経て締結された新日韓・日中漁業協定は，前述のように相互に類似する。これらはいずれも，関係諸国間の領土問題のゆえに暫定的な性格をもち，LOSC上の海洋生物資源の保存管理と最適利用の原則に沿って，200カイリEEZ時代に適合する関係諸国間の漁業秩序を定める。中国と韓国間でも，LOSCに沿う二国間合意が達成された。こうして，これら三国間の海域では，LOSCに基づく生物資源の保存管理に適合した，新しい漁業秩序の枠組みが確立された。

　その締結は，関係問題における相当の妥協の産物であった。ゆえにいずれの国の漁業者も，その内容に不満を残している。例えば，日本側は，日韓暫定水域や日中中間水域が広範囲であり，大和堆等の好漁場とされる水域を広く含む点を不服とする。他方，韓国や中国側にとっては，日本のEEZにおける自国の操業条件に関して，伝統的な漁業実績の考慮が法的合意とならなかった。日本側の一方的宣言としてのその内容や，各協定の締結後の協議で合意された具体的な操業条件の内容も，相当日本側に譲歩した。しかし，これらは，現実の法的枠組みの整備にとって不可欠な妥協であった。

　これらの協定は，EEZの境界画定が困難な場合に，境界線の明確化は避け，暫定的な共同管理水域の設定により実際的な解決を図る。暫定的ではあるが，関係国間で極めて微妙な問題を回避したがゆえに，当該問題に関して合意が達成が可能された。このような現実的な解決方法は，実際的な観点から高く評価される。これは，LOSC第74条3項にいう「暫定的な取極め」の好例である。このような例は，現段階では世界でごく稀であるが，一つの先例となる。

　なお，関係国間では，今後EEZの境界画定問題の交渉が継続する。但し，関係国間にある領土問題の解決の困難さを考慮すると，この暫定的な取極めが，実際には長期間，関係諸国間のEEZ境界画定の代替的機能を担うこと

III 海洋生物資源

も予想される。ともかくも，これら協定の実施実績が最終的な決着への布石となることに期待したい。

その一方で，これらの協定は，国際法の観点から幾つかの問題も残している。例えば，各暫定水域及び中間水域における漁業資源管理措置のあり方である。日韓協定では，「漁業種類別の漁船の最高操業隻数」に基づく「入口規制」のみが例示されている。日中協定上の中間水域についても，漁船隻数の制限の有効性が合意された。このような漁獲能力による規制は，LOSCの特徴とされる「魚種別の漁獲量」による「出口規制」とは異なり，技術の進歩による過剰漁獲を招き得る。TAC の合意には至らなくても，操業区域や操業期間等の別の規制との組合せによる管理が必要であろう。今後の動向如何では，資源の最適利用が危うくなり得る。さらに，これらの協定により設定された広範囲に及ぶ各暫定水域内の違反操業船の取締りについても，旗国主義のゆえの困難さが予測される。それへの対処のためには，関係国間の監視体制に関する具体的な協力の実現が必要である。また，特に第三国の国民及び漁船による無許可操業への対応については，取締り権の行使をめぐって関係国間で争いが生じ得る。これらの問題への対応には，各漁業共同委員会が積極的な役割を果たすことが期待される。

ともかくも，これら協定の締結により，長年争いの激しかった当該海域で，LOSC に基づく安定した漁業秩序の構築が図られた。これは，地域秩序の安定に資すると同時に，海洋生物資源の保存管理をめぐる国際法の観点から高く評価される。今後の展開に期待したい。

◇ 参考文献
1. 日韓・日中漁業協定の双方に関するもの
 (1) 芹田健太郎『島の領有と経済水域の境界画定』有信堂高文社（1999年）
 (2) Nobuhiro Kanehara & Yutaka Arima, New Fishing Order—Japan's New Agreements on Fisheries with the Republic of Korea ad with the People's Republic of China, 42 *Japanese Annual of International Law* 1 (1999) pp. 1-31.
2. 日韓漁業協定に関するもの
 (1) 坂元茂樹「新日韓漁業協定の意義——資源管理の国際協力を目指し

て——」関西法学49巻4号（1999年）1-29頁
　(2)　杉山晋輔「新日韓漁業協定締結の意義」ジュリスト1151号(1999年)98-105頁
　(3)　田中則夫「韓国漁船拿捕獲事件——日本の領海基線の変更と日韓漁業協定」龍谷法学31巻4号（1999年）97-134頁
　(4)　坂元茂樹「新日韓漁業協定の暫定水域をめぐる諸問題——資源管理と取締りをめぐって」『EEZ内における沿岸国管轄権をめぐる国際法及び国内法上の諸問題（海洋法制研究会・第二年次報告書）』日本国際問題研究所（2000年）1-17頁
3.　日中漁業協定に関するもの
　(1)　Masahiro Miyoshi, New Japan—China Fisheries Agreement : An Evaluation from the Point of View of Dispute Settlement, 41 *Japanese Annual of International Law* 30（1998）pp. 30-43.

9 ミナミマグロ事件

[髙村ゆかり]

1. 事件の概要

(1) 公海の漁業資源の現状

1960年代に，日本を初めとする遠洋漁業国の操業地域とその規模が急速に拡大したのに伴い，海洋先進国が公海における漁業資源を独占的に捕獲してしまうのではないかという懸念が沿岸国，とりわけ発展途上国のなかで広がった。その結果，「天然資源に対する恒久的主権」原則を根拠にして，領海の外側の水域に沿岸国の排他的な漁業水域または経済水域を設けることを主張する国が増えた。1982年の国連海洋法条約は，200カイリの排他的経済水域（EEZ）制度を設置し，EEZ 内の生物資源について，沿岸国が，探査・開発・保全・管理のための主権的権利を有する（第56条1項(a)）ことを認めた。そのため，遠洋漁業国は，EEZ よりも自由に漁業を行うことができる，200カイリ以遠の公海での大規模漁業に力を入れるようになり，公海における漁業資源の減少を招いた。とりわけ，公海に隣接する EEZ を有する沿岸諸国は，公海における漁業資源の減少とそれが自国の漁業資源に与える影響に対して懸念を増大させ，その結果，公海の漁業資源に関する数多くの条約が締結されるに至った。その意味で，現在では，伝統的な公海における漁業の自由は大幅に制限されていると言える。

(2) 公海の漁業資源の保全に関する国際的規制

国連海洋法条約は，まず，サケ・マスなどの溯河性魚種については，魚種が発生する母川国が第一義的利益と第一義的責任を有するとし，公海での溯河性魚種の採捕を原則として禁止している。アメリカ，カナダ，ロシアおよび日本は，シロザケ，ベニザケ，カラフトマスなど7魚種について，北太

9　ミナミマグロ事件

平洋の公海上で採捕することを禁止し，こうした溯河性魚種を保全するために，1992年，北太平洋溯河性魚種条約を採択した。

　次に，マグロなどの広範な海域を回遊する高度回遊性魚種や，EEZとEEZに隣接する公海とにまたがって存在するストラドリング魚種について，国連海洋法条約は，EEZ内における沿岸国の漁獲に対する規制権限を認めた上で，二以上の沿岸国のEEZ内に同一の漁業資源が存在する場合には，関係沿岸国間で資源の保全・開発を調整・確保するために必要な措置について合意するよう努力し，ストラドリング魚種については，関係沿岸国および漁業国により資源の保全に必要な措置について合意するよう努力するとしている（第63条）。さらに，国連海洋法条約が附属書Ⅰに掲げる高度回遊性魚種については，沿岸国と漁業国は，その種の保全と最適利用の促進のために直接または適当な国際機関を通じて協力しなければならない（第64条）。これらの規定に基づき，1995年8月4日，ストラドリング魚種及び高度回遊性魚種の資源保全及び管理に関する国連海洋法条約の実施協定が採択された。また，高度回遊性魚種として国連海洋法条約が附属書Ⅰに掲げているミナミマグロについて，日本，オーストラリア，ニュージーランドの三ヵ国の間で，1993年5月10日，南太平洋地域におけるミナミマグロに関する条約が採択された（後述）。

　1991年12月20日には，1992年末までにすべての公海において大規模流し網漁業を凍結する国連流し網漁業モラトリアム決議（国連総会決議46/215）が，国連総会で採択された。これをうけて，日本を含む主要国は，大規模流し網漁の操業を停止した。流し網規制は，乱獲防止と混獲（漁獲対象種の幼魚，ウミガメなどを含む漁獲対象外の生物の漁獲）防止に重点が置かれている。1989年には，南太平洋流し網漁業禁止条約も締結された。

2.　ミナミマグロ事件の概要

(1)　ミナミマグロの現状

　ミナミマグロは，主として南緯30度から60度の南半球の海洋に広く生息している。日本では，クロマグロに次ぐ高級魚で，93年に約2,700トンであった輸入量は，98年には約1万トンに急増している。

　ミナミマグロは，30年ほど前には南半球に約1,000万匹いたとされるが，

III 海洋生物資源

乱獲などで一時はその5分の1ほどに急減した（国際自然保護連合（IUCN）は，96年，ミナミマグロを「絶滅寸前」の種としてレッドデータブックに掲載した）。日本は最盛期の1960年代には年4～7万トン，オーストラリアも70年代後半には年1万トンを超える漁獲を行っていた。1980年代半ばになると，ミナミマグロが枯渇するおそれがあり，漁獲量の制限が必要であると認識されるようになった。オーストラリア，ニュージーランド，日本は，1985年から，国別漁獲割当量を定め，ミナミマグロ資源の回復をはかってきた。このような自発的な合意を正式な法的取極めとしたのが，先述のミナミマグロ保全条約である。

(2) ミナミマグロ保全条約の概要

条約は，ミナミマグロの保全と最適利用を適切な管理を通じて確保することを目的とし（第3条），そのためにミナミマグロ保全委員会を設置している（第6条1項）。保全委員会は，ミナミマグロだけでなく，生態学的に関連する種の保全に関する科学的情報を収集し，総漁獲可能量（TAC）や各国の漁獲割当量などの管理措置を決定する（第8条1～3項）。管理措置の決定は，委員会に出席する締約国の全会一致により行われ，締約国に拘束力を有する（第8条7項）。この割当量決定に際しては，委員会は，関連する科学的証拠，ミナミマグロ漁業の適正で持続可能な発展の必要性，歴史的漁業従事国などを含む回遊沿岸国及び漁業国の利益や，ミナミマグロの保全やミナミマグロに関する科学的調査への寄与などを考慮しなければならない（第8条4項）。委員会の諮問機関として，科学委員会が設置され，ミナミマグロの個体数の現状と傾向の評価と分析，調査研究の調整，ミナミマグロの保全・管理・最適利用に関する問題についてコンセンサスで委員会に勧告を行う（第9条）。また，締約国は，条約の目的達成を促進するために，非締約国の条約加入のために協力する（第13条）とともに，条約の目的達成に悪影響を及ぼすような非締約国のミナミマグロ漁業に自国民が関与しないように奨励し，条約の規制を回避するための登録移転の未然防止のための措置をとり，非締約国の国民や船舶によるミナミマグロ漁業を抑止するための措置をとる（第15条）。条約の解釈や実施に関する紛争が生じた場合，平和的手段により解決するために協議し，それでも解決されない場合は，紛争当事国間の合意により，国際司法裁判所または仲裁に付託する（第16条）。この条

約のもとで，三ヵ国は2020年までに1980年レベルまで親魚資源を回復させるために，繁殖地域での漁業や幼魚の採捕の制限などいくつかの措置について合意している。このように合意された措置の一つとして，1989年以来，総漁獲可能量は，11,750トン（日本6,065トン，オーストラリア5,265トン，ニュージーランド420トン）に据え置かれている。

(3) ミナミマグロ事件の概要

98年1月の保全委員会会合で，日本は，90年代になって資源の回復傾向が見られるとして総漁獲可能量の拡大と調査漁業の開始を求めたが，オーストラリア，ニュージーランドは，「資源量の算出には不確実性が多く，回復しているとは言えない」と主張し，98年の総漁獲可能量が決まらなかった。そのため，98年5月，正式の合意はなされないまま三ヵ国が従来の枠を自発的に守って操業することとなった。98年7月，日本は，漁獲割当量を決める材料にするため，オーストラリア，ニュージーランドの同意を得ないで，インド洋南東部での約1,400トンの調査漁獲実施を決定した。これに対して，オーストラリアとニュージーランドは，条約違反として反発し，緊急の場合を除き日本漁船の両国の港への寄港を禁止する措置を発表し，オーストラリアは，自国ＥＥＺ内での日本漁船の操業を禁止した。98年12月には，99年から調査漁獲を共同で実施する方向で99年4月までに計画を立てることについて三ヵ国間で合意したものの，調査計画の内容など合意にいたらず，99年5月，日本は，98年に続き調査漁獲を6月から自主的に開始することを決定した。この決定に対して，オーストラリアとニュージーランドは，「限られた資源を守ろうとする国際的取組みを無視するもの」と批判し，両国の港への日本漁船の立寄りを拒否することを発表した。さらに，日本による調査漁獲の実施について，99年7月16日，オーストラリアとニュージーランドは，紛争の解決を国連海洋法条約附属書Ⅶのもとでの仲裁に付託し，続いて，7月30日，国連海洋法条約第290条5項に基づいて，日本による調査漁獲の即時中止などを定める暫定措置を求めて，国際海洋法裁判所に提訴した。

Ⓐ 紛争当事国の主張

オーストラリアとニュージーランドは，暫定措置として，①日本によるミナミマグロの一方的調査漁獲の即時停止，②1998年と1999年の一方的調査漁獲中に日本が漁獲したミナミマグロの漁獲量をミナミマグロ保全委員会が最

III 海洋生物資源

後に合意した国家割当量から差し引いて，日本の漁獲量を制限すること，③最終的な紛争解決に至る間，予防原則にしたがって，ミナミマグロ漁業を行うこと，④仲裁裁判所に付託された紛争を悪化させ，拡大させ，その解決をより困難にする可能性のある行動をとらないように確保すること，⑤仲裁裁判所が下すであろう決定の遂行について各国の権利を侵害しうるような行動をとらないことを確保することを求めた。

このような要請に対して，日本は，国連海洋法条約附属書Ⅶの仲裁裁判所の管轄権がないので，海洋法裁判所には暫定措置を定める権限がないとして，両国の暫定措置の要請が却下されるよう主張した。そして，主張にもかかわらず，管轄権が認められる場合には，調査漁獲計画の合意や2000年の総漁獲可能量と国家割当量の決定を含む問題についてコンセンサスに達するよう，オーストラリアとニュージーランドが，6ヵ月間日本と緊急かつ誠実に交渉を再開し，合意に達しない場合には，意見の不一致の解決のために独立した科学者からなるパネルに付託される，という暫定措置を決定することを求めた。

Ⓑ 暫定措置命令（1999年8月27日）

「構成される仲裁裁判所が紛争について管轄権を有すると推定し，かつ，事態の緊急性により必要と認める場合」，国際海洋法裁判所が第290条の規定に基づき暫定措置を定めることができるとする国連海洋法条約第290条5項に基づき，裁判所は，仲裁裁判所が，一見して管轄権を有すると認定し，その後，事態の緊急性について検討した。裁判所は，「紛争当事国のそれぞれの権利を保全しまたは海洋環境に対して生ずる重大な損害を防止するため」暫定措置を定めることができるとする第290条1項を引用した後，海洋生物資源の保全が，海洋環境の保護と保全の一要素であり，ミナミマグロ資源の枯渇が生物学上重大な関心の原因であることについて，紛争当事者間で意見の不一致はないとした。そのうえで，日本の調査漁獲の実施がミナミマグロ資源の存続に脅威を与えるかどうかについて，利用可能な科学的証拠によった紛争当事国の評価がそれぞれ異なっているが，ミナミマグロの商業的漁獲が今後も継続すると予想され，非締約国の漁獲量も1996年以降相当に拡大していることから，この状況において，締約国は，実効的な保全措置がミナミマグロ資源に生じる重大な損害を未然防止のためにとられることを確保するよう慎重にかつ注意を払って行動すべきであり，ミナミマグロ資源の保全のためにとられるべき措置について科学的不確実性があり，締約国間で意見の

一致がないので，締約国の権利保全とミナミマグロ資源のさらなる悪化の危険を避けるために，緊急の問題として，措置がとられるべきであると裁判所は判じた。そして，仲裁裁判所の裁定が下されるまでの間，紛争当事国が，(a)仲裁裁判所に付託された紛争を悪化させ，拡大させるような行動をとらないよう確保すること，(b)仲裁裁判所が下すであろう決定の遂行について各国の権利を侵害しうるような行動をとらないよう確保すること，(c)当事者間で別の合意がなされない限り，最後に合意された年間割当量を年間漁獲量が超えないよう確保し，1999年と2000年の年間漁獲量の算定の際に，調査漁獲計画として1999年に採捕された漁獲量を考慮すること，(d)調査漁獲が，年間国家割当量に計算されない限り，ミナミマグロを採捕する調査漁獲計画を行うことを慎むこと，などの暫定措置を決定した。なお，設置された仲裁裁判所は，2000年8月4日，当該事件について管轄権がないとの判決を下した。

3. 評価および今後の課題

(1) 暫定措置命令における予防原則／アプローチ (Precautionary Principle/Approach)

「予防」の観念は，海洋汚染に始まり，今では，生物多様性，気候変動など広く環境保護分野の条約や国家実行の中に登場している。1992年のリオ宣言原則15は，予防アプローチが環境保護のために各国の能力に応じて適用されなければならないとし，「重大または回復不可能な損害の脅威が存在する場合は，完全な科学的確実性の欠如が，環境悪化を防止するための費用対効果の大きな対策を延期する理由として使用されてはならない」とした。また，気候変動枠組条約第3条3項，生物多様性条約バイオセイフティ議定書第10条6項も，科学的不確実性の存在を理由に，一定の損害のリスクがある場合，環境保護措置またはリスク軽減措置をとることを妨げてはならないと定めている。

本件の審理において，オーストラリア，ニュージーランドは，予防原則が，一般国際法の規則の一つであり，この原則は「行動の影響について科学的不確実性があっても，環境に重大なまたは回復不可能な損害を与えるおそれを伴う行動について決定する際に，国家が適用しなければならない。予防原則は，かかる不確実性に直面して意思決定における注意と警戒(vigilance)を要

III 海洋生物資源

求する」と主張した。これに対して，裁判所は，「実効的な保全措置がミナミマグロ資源に生じる重大な損害を未然防止するためにとられることを確保するよう，締約国は慎重にかつ注意を払って（with prudence and caution）」行動すべきである（should）（パラグラフ77）としたものの，判決が予防原則／アプローチの何らかの適用であるかどうか明言しなかった。また，予防原則／アプローチの内容，立証責任の転換などその適用の帰結，その一般国際法性についても判断していない。他方で，Laing, Treves 両裁判官は，それぞれの個別意見において，暫定措置の決定にあたって，裁判所は，明らかに，予防（原則ではなく）アプローチを採用したと述べている。

また，裁判所は，暫定措置決定の要件である「緊急性」について検討する際，国連海洋法条約第290条1項の定める①紛争当事国の権利保全，②海洋環境への重大な損害の防止という2つの要件について言及しながら，②により大きく依拠して決定を行ったように思われる。しかし，裁判所は，日本の調査漁獲により海洋環境に対して重大な損害が生じるのかどうかについて科学的不確実性があるとしつつも，そのような場合に，科学的不確実性を前になぜ裁判所が暫定措置を定めることができるのかについて明確な理由づけをしなかった。この点につき，Treves 裁判官は，その個別意見において，判決は，締約国が将来の行動において予防アプローチが必要であると述べているが，かかる予防アプローチは，暫定措置の緊急性の評価においても必要と考えられるのに，その点について判決はふれていない，とする。そのうえで予防アプローチは，仲裁裁判所が判決を行う際に事実状況が変化していないことを確保する必要性の論理的帰結として考えられ，すなわち，予防アプローチは暫定措置の観念そのものに固有のものであると述べている。

(2) 条約外漁獲の問題

ミナミマグロの効果的保全という観点から見た本件裁判が有する限界は，命令も示唆しているように，台湾，インドネシア，韓国などの条約の非締約国によるミナミマグロの漁獲（条約外漁獲）が増大し，条約の締約国による保全措置が行われてもミナミマグロの保全という条約の目的が達成されないおそれがあることである。97年には，条約の適用地域における非加盟国による漁獲量は，合計で約4,500トン，条約の定める総漁獲可能量の約4割に達した。なかでも，近年の資源保全のための漁獲規制を逃れるために，条約の

非締約国や漁獲規制の緩い国に船籍をおいて漁業を行う便宜置籍船の存在は大きな問題である。便宜置籍船は，船舶を所有する船主と船舶の旗国との間に真正な関係がなく，従来旗国が行うべき船舶への規制が十分に行われない場合が多い。水産庁の推計では，マグロの便宜置籍船は，世界に200～240隻あり，その約8割が台湾の民間資本による所有とされ，また，98年に便宜置籍船からのマグロが約4万トン日本に輸入されているとされる。このような便宜置籍船からのマグロ輸入により便宜置籍船を事実上支えてきたとの批判を受けて，日本の大手商社や大手水産会社は，99年末便宜置籍船が漁獲したマグロを一切取引きしないと決定した。しかし，便宜置籍船が採捕したマグロかどうかの確認は取引相手に任されており，この措置の実効性については疑念も表明されている。水産庁は，資源管理を遵守した船がとった魚であることを示すラベリングの導入を検討していると伝えられる。

　1998年10月，世界食糧機関（FAO）が開催した漁業資源保護のための国際会合で，減少するマグロ資源を保護するため，全世界でマグロ漁船の2－3割減船が決定され，それを受けて，日本でも663隻の遠洋マグロ延縄漁船のうち2割にあたる132隻が解体された。しかし，日本が，いくら減船し漁獲量を減らしても，条約外での漁獲とマグロの輸入が増大するならば，資源は保全されないおそれもある。

　この問題は，ミナミマグロ保全条約そのものの問題というよりも，いずれの国も自由に利用できる公海での漁業の規制を，同意した国だけしか拘束されない条約により規制することの本質的限界に起因する。かかる非締約国を条約に加入させ，または，事実上条約の定める規則を遵守させるようなメカニズムの構築が今後の課題となろう。

◇　参考文献
1. 磯崎博司『国際環境法』信山社（2000年）
2. 磯崎博司「自然環境に関する国際法」『ジュリスト増刊　新世紀の展望2　環境問題の行方』有斐閣（1999年）
3. "Symposium：Southern Bluefin Tuna Case Preliminary Measures" in *Yearbook of International Environmental Law,* Volume 10(1999), p. 3-47（2000）

10 捕鯨問題

国際捕鯨条約と日本の立場・現状

［児矢野マリ］

1. 事件の概要

(1) 背　景

現在地球上には，大きく髭鯨類と歯鯨類に分けられる約80種の鯨が存在する。その形態や生態は種ごとに多様であり，現段階では不明な点も多い。但し，寿命，自然死亡率，妊娠・哺乳期間，一回の出産頭数等の点から，一般に魚と比べて減り易く増えにくいと言われる。

捕鯨は世界中で古くから行われてきた。その目的は食用，鯨油の採取等諸国間で様々であり，方法，程度，対象鯨種等も時代により異なる。日本は貴重なタンパク源の入手手段として，17世紀より小型鯨種を中心に沿岸捕鯨を続けてきた。他方，多くの欧米諸国は鯨油の採取を主目的に，産業革命以来今世紀半ば頃まで捕鯨に従事した。特に米国による広範囲に及ぶ大規模な捕鯨は，19世紀前半に最盛期を迎え，19世紀後半からは英国，ノルウェー，オランダ等欧州諸国による捕鯨も本格化した。

しかし，諸国による乱獲の結果，特に南氷洋における鯨資源の激減が懸念された。これを受けて1946年に，鯨資源の適切な保存と捕鯨産業の秩序ある発展を可能にするべく，国際捕鯨条約（以下，ICRWとする）が捕鯨国間で締結された。なお，供給過剰による鯨油の値崩れの結果，1940年代に英国やオランダの捕鯨産業は衰退した。

(2) IWCを中心とする国際的な規制制度の発展

ICRWに基づき，1948年に国際捕鯨委員会（以下，IWCとする）が設立された。ICRWは，附表で漁期や捕獲数制限等の捕鯨に関する具体的な規則を明記する。これはICRWの不可分な一部として，法的拘束力をもつ。

IWCは投票数の4分の3の多数決により附表を随時修正できるが，各締約国は異議申立てにより，当該修正には拘束されない。また，科学専門家から成る科学委員会が，IWCの下部機関として設置されている。
① 第Ⅰ期（1946‐1972年）：初期鯨資源管理の失敗から反捕鯨運動の台頭へ

IWCは当初，南氷洋の髭鯨類のみについて鯨資源管理方法を設定した。その本来の目的は，欧米諸国間の鯨油生産調整である。この「シロナガス換算方式」は総捕獲枠制である。全ての鯨種を含む年間捕獲許容頭数の総枠を，シロナガスクジラを基本単位に設定する。その結果，効率の良い大型鯨種が競って捕獲の対象となり，1950年代の南氷洋における乱獲と大型鯨資源の枯渇を招いた。

これに対処するために，1960年代以降IWCはさらに，南氷洋の国別捕獲枠や稀少鯨種の捕獲禁止措置を実施した。その結果，英国，米国，オランダ，豪州等の主要捕鯨国は，経済的に採算がとれないことを理由に捕鯨産業より撤退した。IWCでの捕鯨国は，日本，ノルウェー，アイスランド，ソ連，韓国等となった。

他方，1972年の国連人間環境会議では，米国提案による10年間の「商業捕鯨モラトリアム」決議が採択された。これは，当時の欧米社会における，環境問題への世論の高揚と連動した生態系保護のための反捕鯨運動を背景とする。しかし，同様の提案は同年のIWC会合では否決された。多様な鯨種の一括モラトリアムには科学的正当性がないとの，科学委員会の判断に基づく。
② 第Ⅱ期（1973‐1982年）：資源利用と生態系保護の対立から商業捕鯨モラトリアムへ

1974年にIWCは，新たな鯨資源管理方式として「新管理方式」（New Management Procedure：NMP）を採用した。捕鯨反対国の主張に応えるためである。これは鯨種別規制であり，各鯨種を保存の必要性の程度に応じて3種に分類し，各々捕獲制限枠を設定する。その機能は大きく期待された。しかし，ＮＭＰは鯨資源に関する多くの科学データを必要とする。結局，基礎データをめぐる科学者間の意見対立により，稀少鯨種以外の合意の作成が困難であり，運用は容易ではなかった。

1979年のIWC本会議では，ICRW5条に基づき「インド洋サンクチュアリ」の設定が決定された。5年後の再検討を条件に10年間，南緯55度以南の

商業捕鯨を禁止する。科学委員会はこの提案の科学的正当性に留保していたが、本会議では賛成多数で採択された。これは、欧米の捕鯨反対国の戦略を背景とするIWCへの非捕鯨国の大量加盟により、1970年代末に反捕鯨票が増大したことによる。

　1982年にIWCは、1990年までの各鯨資源の包括的評価の実施という付帯条件付で、1986年より実施される「商業捕鯨モラトリアム」（以下、モラトリアムとする）を決定した。これはNMPの不成功に起因する。不十分な科学データを前提に鯨資源の安全を確保するためには、捕鯨の一時中止以外にはないと、非捕鯨国である多数の加盟国が判断したからである。その根底には、南氷洋ミンク鯨と北西太平洋マッコウ鯨の資源評価をめぐる、加盟国間の鋭い見解の相違があった。捕鯨推進国はその採択に激しく抵抗したが、賛成多数で押し切られた。これは、1982年までに再び非捕鯨国がIWCに大量加盟し、捕鯨反対票がさらに増大したことによる。但し、北米イヌイット族のように、元来生存を続けるために捕鯨に依存し生活してきた人々の捕鯨は、「原住民生存捕鯨」として許容される。日本は決定に異議を申し立てたが、米国による自国200カイリ排他的経済水域からの日本漁船の排除という圧力を受け、最終的に撤回した。

　③　第III期（1983年‐）：モラトリアムの下における捕鯨論争の硬直化

　モラトリアム発効を受けて、捕鯨国はひとまず商業捕鯨を停止した。同時に、付帯条件としての各鯨種資源の包括的評価のために、ICRW 8条に基づき調査捕鯨を開始した。日本も、1987年より16年間計画で南氷洋ミンク鯨について捕獲調査を始め、1994年からは北太平洋ミンク鯨についても実施している。他方、IWCは頻繁にその自粛を要請する決議を採択している。その背後には、調査捕鯨は実質的には商業捕鯨の隠れ蓑であるとの捕鯨反対国側の疑念がある。しかし、IWC決議には法的拘束力はなく、日本は調査捕鯨を継続している。これに対抗して、米国は1988年に自国の排他的経済水域から日本漁船を排除した。

　また、1990年以降、捕鯨国は科学的データに基づき、資源の豊富さが推定されるミンク鯨を含む一定鯨種について、IWCで商業捕鯨の部分的な再開を提案してきた。科学委員会も1990年には、南氷洋ミンク鯨資源の豊富さと頑健性について合意した。しかし、IWCは1991年以来、再開提案を否決し続けている。その過程でノルウェーは反発し、モラトリアムへの自国の異議

申立てに基づき，1993年に小規模商業捕鯨を再開した。アイスランドは1992年にIWCを脱退し，それ以来積極的な捕鯨推進加盟国は日本とノルウェーのみとなった。日本はミンク鯨の小型沿岸捕鯨の暫定枠設定を提案し，否決され続けている。

ところで，科学委員会は1980年代半ば以降の作業の結果，1992年にNMPに代わる「改定管理方式」（Revised Management Procedure：RMP）を開発した。これは，入手可能なデータに基づく合理的な鯨資源管理方法であり，髭鯨類にのみ適用される。捕獲データに加えて，5年に1度義務づけられる資源推定調査の結果をフィードバックさせ，徐々に理想的な捕獲枠に近づけていく手法である。知識の誤り等の悪影響を防ぐために，様々な安全措置も伴う。科学委員会ではその有効性が大きく期待され，IWCも1994年の本会議でこれを正式に受理した。しかし，その監視取締制度について合意ができず，それに基づく「改定管理制度」（Revised Management Scheme：RMS）は実施の見通しが立っていない。

さらに，IWCは1992年に「インド洋サンクチュアリ」の10年延長を決定し，1994年には「南大洋サンクチュアリ」を設定した。後者により，南緯40度以南における全ての捕鯨が長期的に禁止された。捕鯨推進国は激しく反対したが，多数決で決定された。日本はミンク鯨について異議申立てを行っている。その不当性を主張して見直し提案も行っているが，受容れられていない。さらにIWCでは，南大西洋及び南太平洋のサンクチュアリ設立についても議論されている。

なお，近年IWCの加盟国数は減少傾向にある。欧米の積極的な反捕鯨国以外の非捕鯨国が，徐々にIWCを脱退しているからである。その結果，最近は反捕鯨票も，附表修正に必要な絶対多数を占めることは容易ではない。その結果，加盟国間の対立も硬直化し，IWC自体が機能不全に陥っているとの指摘もある。こうした事態の打開を図るべく，1997年会議ではアイルランドから具体的な妥協案も提示されたが，建設的な討議は進まず問題解決の見通しは暗い。

他方で日本は，捕鯨に反対していない第三国のIWC加盟を促進して賛成票を獲得すべく，諸国間の経済的格差を考慮する国連方式のIWC分担金比率決定方法や，加盟国への外的な政治的圧力を防ぐための無記名投票方式の導入を提案している。こうして，手続的な面で捕鯨推進国側の立場の強化を

III 海洋生物資源

図っている。

なお、野生動植物保護ワシントン条約の下でも、鯨類の国際取引規制のあり方をめぐって活発な議論がある。より厳格な規律に服する鯨種の範囲を拡大しようとする捕鯨反対国と、ミンク鯨等一定の鯨種について規律を緩めようとする捕鯨推進国間の争いである。2000年4月の締約国会議では、後者の主張は以前よりは多くの支持を得たものの、最終的には否決された。

2. 争　点

(1) 捕鯨をめぐる諸国間の基本的な立場の相違

捕鯨推進国は、鯨資源をめぐる現段階の科学的不確実性を考慮しても、持続可能な鯨資源の利用は可能であり、科学的に適切な捕獲制限を前提に捕鯨を認めるべきと主張する。ICRW の目的は鯨資源の保存と共に、捕鯨産業の秩序ある発展を可能にすることであり、むしろ最適利用を奨励するものであると言う。さらに、鯨は海洋生物資源の食物連鎖の頂点にあるために、その最適利用による適正管理は、他の海洋生物資源の保存にも繋がるとする。また、鯨肉の利用は、途上国で深刻な食料不足にも貢献し得ると主張する。

他方、多くの欧米諸国から成る捕鯨反対国は、科学的不確実性を払拭し得ない以上、鯨資源全体の保存を最優先させるべきであると反論する。少なくとも有効な監視制度を伴う、十分な科学的根拠に基づく実効的な資源管理制度が実施されるまでは、予防的アプローチにより、「原住民生存捕鯨」以外のいかなる捕鯨も許容されるべきではないとする。ICRW の目的は、近年の IWC の実行に基づき鯨類保護重視の方向で捉えられるようになってきており、捕鯨禁止は ICRW に反しないと主張する。

さらに、倫理・道徳的な理由で、鯨種の資源状況とは無関係に捕鯨を否定する立場もある。鯨は人間に準じる知能をもつ哺乳動物であり、消費のために捕獲すべきではなく、ホエール・ウオッチング、教育又はその美的価値の対象として完全に保護すべき「特別な動物」であると主張する。これは特に欧米の環境保護団体が提唱し、豪州等を含むその政府が採用する。1990年代後半以降の IWC では、こうした価値論的な立場に基づく主張が徐々に顕著になってきている。

(2) 今日の IWC における具体的な主要争点
① 調査捕鯨の正当性

中心的な捕鯨推進国である日本は以下のように主張する。モラトリアムでは包括的資源評価に基づく早期の見直しが求められており，その基礎となる科学調査にとって，捕獲調査は目視調査と共に必要不可欠である。IWC 科学委員会も，捕獲を伴う日本の科学調査の質を高く評価している。RMS の継続的な実施にとっても，調査捕鯨は必要である。ICRW 8 条 1 項は締約国の権利として，科学調査のための鯨の捕殺と処理に関する特別許可を自国民に発給することを認める。また 2 項は，当該締約国はそれにより捕獲された鯨を実行可能な限り処理すべきことを定める。ゆえに，日本の捕鯨調査は条約上認められた締約国の権利の行使であり，鯨肉の消費も条約上の義務の履行である。したがって，日本の捕獲調査は ICRW 上の権利に基づく正当かつ必要不可欠なものである。その自粛を求める一連の決議は，ICRW の目的に反して政治的な主張を持ち込む不当なものである。

他方，捕鯨反対国は次のように批判する。日本の調査捕鯨は ICRW 8 条の下では合法であるが，殺害は決定的に重要な情報が他の方法では入手できない場合にのみ行われるべきである。管理のために不可欠な全ての情報は，非致死的技術を用いて入手でき，捕獲調査は不要である。また，調査捕鯨では大量の鯨が捕殺されており，鯨肉も市場に流通している。こうした調査の規模と性格は，モラトリアムとサンクチュアリを破壊する。鯨類調査は道徳的尺度から倫理上検討されるべきであり，捕獲調査は直ちに中止されるべきである。

② 南大洋サンクチュアリ設定の合法性

日本をはじめとする捕鯨推進国は，以下のように主張する。南大洋サンクチュアリの設定は科学的根拠を欠く。そればかりか，科学委員会は南氷洋ミンク鯨資源の豊富さと頑健性には合意しており，これは不当である。また，モラトリアムの下で現在商業捕鯨はなされておらず，RMS の完成を目前にした今日，サンクチュアリの設定は不要であり，逆に RMS の実施を不可能にする。これは根本的に，ICRW の基本目的と適合しない。消費者と捕鯨産業の利益を適切に考慮してもいない。ゆえに，この附表修正は ICRW 5 条に反して IWC の権限を超えた違法なものであり，無効である。さらに，1992 年の国連環境開発会議で合意された，生物資源の持続可能な開発の原則

にも逆行する。少なくとも，科学的根拠に基づく見直しと一部廃止が妥当である。

それに対して，捕鯨反対国は以下のように反論する。サンクチュアリ設定は，十分な多数票で採択され，鯨類と生態系の保護のための会議参加国の意思として合法である。ICRW の採択以降半世紀を経て，鯨類の利用を排除してでもその保護を重視してきた近年の IWC の実行により，ICRW の目的や科学的認定の解釈は変化している。これを前提にするならば，南大洋サンクチュアリは ICRW の目的に反せず，これを設置した IWC の決定は正当かつ有効である。

③　小型鯨種・生存捕鯨の取扱い

日本は次のように主張する。科学的データから資源の安定性が推定される小型ミンク鯨の沿岸捕鯨については，暫定的な措置として一定の捕獲枠が認められるべきである。特に，ミンク鯨，ツチ鯨，ゴンドウ鯨を含む小型鯨の沿岸捕鯨は，日本の伝統的漁業であり，地域社会と文化的つながりが深い。ゆえに，この種の捕鯨は「原住民生存捕鯨」と同様，例外的取扱いが認められるべきであって，現在中止しているミンク捕鯨は暫定的にせよ許容されるべきである。

捕鯨反対国はこれに対して，日本の小型捕鯨も鯨製品を売る限り商業捕鯨として禁止されるべきであると反論する。さらに，従来 ICRW の規律対象とされていなかったイルカを含む小型鯨類の捕獲も，ICRW の趣旨に鑑みて IWC の管轄下に置くべきとする。

3.　評価および今後の課題

(1)　ICRW の解釈と実行

ICRW を含む現行国際法の解釈としては，捕鯨推進国側の主張が妥当である。なぜならば，ICRW の目的は鯨資源の保存のみではなく，捕鯨産業の発展を可能にすることも含む。そして，ICRW 5 条は附表の修正の条件として，条約の目的遂行と鯨資源の保全・開発・最適利用にとって必要であること，科学的認定に基づくこと，及び，鯨生産物の消費者と捕鯨産業の利益を考慮に入れるべきことを明記する。科学的認定の中心となるのは，制度上科学委員会であり，その合意によれば，一定海域における特定鯨種について

は資源の豊富さと頑健性が推定される。ゆえに，現段階における科学的不確実性を考慮しても，科学的に合理的な枠内の捕鯨は可能である。そうであるとすれば逆に，捕鯨の全面禁止は，条約の目的遂行と鯨資源の保全・開発・最適利用にとって必要であるとは言えないだろう。また，消費者や捕鯨業者の利益を適切に考慮したものとも言えない。ICRWは，科学的不確実性の要素が否定できない限り生態系の保護を最優先させるという意味での，予防的アプローチを採用してはいない。したがって，現段階における捕鯨の全面禁止を内容とする附表修正は，ICRWの目的と規定に反する。モラトリアムも早急に見直すべきである。いわんや，倫理・道徳的観点から捕鯨を全面的に否定する主張は，ICRWとは明確に相容れないものと言わざるを得ない。

　また，IWCの実行の蓄積により，ICRWの採択以後その目的や科学的認定のあり方等が変化したという捕鯨反対国の主張も，法的には妥当ではない。条約目的は当該条約の本質であり，その変更は，正式な手続きにそった締約国の明示的な合意なくしてはあり得ない。少なくとも変更を否定するような主張を継続している締約国が存在する限りにおいては，黙示的に推定されるべき性質のものではない。科学的認定のあり方についても同様である。ICRWの実施において，これは決定的とも言える重要な役割を担うこととされている。ゆえに，その変更に関しては条約目的と同様のことが該当する。

(2) **予防原則の適用**

　さらに，海洋生物資源の保存に関する一般原則に照らしても，捕鯨反対国の主張は正当性に欠ける。それは，資源の再生可能な最適利用の促進であって，保存の最優先を求めるものではない。近年，汚染防止と同様に生物資源の保存に関しても，一般に予防原則の適用が主張されるようになってきた。その内容は論者によってまちまちであるが，現段階の一般的な理解では，科学的不確実性の存在は保存のために適切な措置を講じないことの理由としてはならない，ということを意味する一般的な概念とされる。ゆえに，鯨資源の保存に必要な措置を講じつつ，科学的に許容性が推定される範囲での捕鯨は，このような予防原則に反するものとは言えない。むしろ，鯨資源の保存に必要な措置を講じつつ，科学的に合理的な範囲での捕鯨は，資源の最適利用に適うものとして，国際法上の一般原則に適合する。

III 海洋生物資源

　こうして，日本の捕鯨推進行為は国際法上正当化される。ゆえに，米国による自国の排他的経済水域からの日本漁船締出しという一方的な対抗措置は，適法行為に対する対抗力を欠くものと言わざるを得ない。

　なお，政策論的にも，科学的根拠に基づく適正な捕鯨は肯定されるべきである。日本が主張するように他の海洋生物資源の保存に資すること，良質のタンパク質を含む鯨肉の利用は，世界の深刻な食料不足に貢献し得ること等による。また，日本やノルウェーで長年育まれてきた伝統的な鯨文化の尊重は，現代の国際社会における文化的多元主義の立場からも望ましい。

(3) ICRW の機能不全とその解決

　しかし，今日の捕鯨問題の難しさは，それが厳密な法的議論では実質的に処理され難い状態に陥っている点にある。ICRW は締約国間の紛争解決手続を明記せず，ICRW の規定の解釈・適用をめぐる問題も，結局 IWC 本会議で事実上決着することとなる。IWC 本会議での議論は，捕鯨自体をめぐる価値論も絡み，全体として噛み合っていない。

　IWCにおけるこうした状況は，国際法の観点から決して好ましいものではない。ICRW の創造的な適用・解釈は，当該規則の法規範性を危うくしかねない。また，今後も加盟国間の硬直状態が続けば，IWC 自体の事実上の崩壊をも招きかねない。当面，日本やノルウェーが IWC を脱退することはなかろうが，IWC が機能不全に陥っている間に第三国への捕鯨技術の移転が進み，将来，実質的に IWC の規律を超えたところで無制限な捕鯨が展開されないという保証もない。結局，捕鯨をめぐる国際的な法秩序全体を危険に曝すこととなる。

　こうした事態を打開するためにはどうすべきか。政策論としては，捕鯨推進国側は，長期的な戦略に基づく様々な方法を試みることが肝要である。一般論として，捕鯨推進国は粘り強く法的な主張を続けると共に，相対的に中立的な立場にある加盟国の理解を広げる。それと並行して，早急に実効的な RMS を完成させ，合理的な資源管理の可能性を科学的に，より明確に実証する。そして，こうした IWC における科学的論拠に基づく主張や法的議論に加えて，「政治化」したとされる捕鯨問題の本質を見極め，類似の立場にある諸国政府との組織的な協働および連携や，幅広い分野における学術専門家との協力，諸国の捕鯨者間の協調関係等を IWC 内外で促進する。このよ

うに，捕鯨推進の立場を多面的に強化し，国際社会の理解を求めることも有効であろう．

◇ **参考文献**
1. ㈶日本鯨類研究所『捕鯨と21世紀』（1996年）
2. 田中昌一「鯨の資源，その利用と管理の過去と現在」山本・真道編『世界の漁業第1編——世界レベルの漁業の動向』海外漁業協力財団（1998年）311-336頁
3. 田中昌一「提言：水産資源学研究は今何をなすべきか」『月刊海洋』号外第17号（1999年）210-215頁

IV 海洋汚染

11 ナホトカ号重油流出事故　一之瀬高博
12 放射性廃棄物の日本海投棄事件　一之瀬高博
13 タンカー衝突事故と海峡通航　一之瀬高博

11　ナホトカ号重油流出事故

［一之瀬高博］

1. 事件の概要

　ロシア船籍のタンカー・ナホトカ号（ロシア法人所有，13,157総トン）は，C重油約19,000klを積載し，上海からカムチャッカ半島のペテロパブロフスクに向けて荒天の日本海を航行していたところ，1997年1月2日午前2時40分ごろ，島根県隠岐島北北東約106kmの公海上で，船体中央から船首よりの部分で船体が二つに折損して遭難した。後部主船体は，乗組員が午前7時過ぎに救命ボートに退避した後に沈没し，船首部分は漂流を続けた。当時の事故現場海域付近の気象状況は，西の風毎秒22m波の高さは8mであった。

　午前2時51分ごろナホトカ号の遭難信号が，舞鶴にある第8管区海上保安本部によって受信され，救助活動が開始された。巡視船やヘリコプターによる捜索の結果，同日午前9時半ごろナホトカ号の救命ボートが発見され，午後1時半ごろまでに，乗組員32名のうち31名が救助された。残る1名は船長で，後に遺体が福井県越前海岸に漂着した。

　この事故により，①船体の折損部分，②漂流した船首部分，および③沈没した後部主船体から積荷のC重油が流出した。①船体の折損部分の破断したタンクからは，約6,240klの重油が流出したと推定されている。流出油は季節風と海流により，本州沿岸方面に向かって浮流し，その一部は日本海側の一府八県（島根県，鳥取県，兵庫県，京都府，福井県，石川県，新潟県，山形県，秋田県。富山県を除く）の沿岸に漂着し，深刻な環境被害を引き起こした。②船首部分は，その内部に推定約2,800klのC重油を残したまま，流出油とともに本州沿岸方面に漂流した。そのため，沿岸への漂着を阻止すべく船首部分の曳航が試みられたが成功しなかった。船首部分は，7日午後福井県三国町安東岬の沖合いに着底し，そこから流出した重油の一部が付近沿岸

に漂着した。③後部主船体は推定約9,960klの重油を残したまま水深約2,500mの海底に沈没した。沈没地点の海上には，後部主船体からの湧出油が認められたが，本州沿岸への直接の影響はなかったため，海上保安庁の監視のもとにおかれた。

　流出した浮流油および漂着油は海水と攪拌され高粘度のムース状となっており，また，冬の日本海の寒さと荒天も加わり，その回収作業には多大な困難が伴った。海上の浮流油については，清龍丸をはじめとする油回収船やその他の艦船により，約8,700klの油水が回収された。沿岸への漂着油については，関係機関，地方自治体，地元住民，民間ボランティア等が，人海戦術や機材を用いて8月末までに約59,000klの油水を回収した。なお，この事故に関して活動したボランティアの数は3月末までで，延べ27万人に上った。

　また，船首部分は，海岸から約200mの沖合いに着底していたため，重油の抜取り作業は，船舶によるものと，海岸から船首部分まで仮設道路を建設して行なうものとが計画された。いずれも荒天のために困難な作業となったが，まず，船舶により2450klの油水が，次いで仮設道路を用いて381klの油水が回収された。沖合いに残された船首部分は，4月に撤去され，仮設道路も後に撤去された。

　船体折損の原因については，当初，水中漂流物と衝突した後，爆発がおきたとする見方（ロシア）と，事故当時ナホトカ号は建造から26年経っており，老朽化による船体の強度不足が原因であるとする見方（日本）とがあった。運輸省の事故原因調査委員会は，①事故当時の海象はナホトカ号クラスの船舶にとっては危機的なものではなかった，②ナホトカ号の構造部材が腐食衰耗して（外板や甲板で20〜35%）強度が大幅に低下していた結果，波浪による外力により折損が起きた，また，③貨物の標準的な積載方法を示したローディング・マニュアルと異なる貨物の積載をしていたことにより，船体に作用した加重が増大したことも副次的要因である，との調査結果を公表している。

2. タンカー油濁事故と事後救済制度

(1) 油濁民事責任条約および補償基金条約の概要

　油濁事故が発生した場合の最大の焦点は，被害の事後救済である。1967年

Ⅳ　海洋汚染

に英国の南西大西洋上で座礁し大量の油を流出したトリー・キャニオン号事故を契機に，タンカーによる油濁事故損害に関して民事的な救済を定める条約制度が整備された。つぎに，その概略に触れておきたい。

その柱となる条約は，①1969年の「油濁民事責任条約」と1971年の「油濁補償基金条約」(69/71条約)，および，②それらを改正した1992年の「油濁民事責任条約」と「油濁補償基金条約」(92条約) である (改正後も①は存続するため，①と②は別個に並行して存在する)。①，②ともに，「責任条約」(CLC条約) と「基金条約」(FC条約) がセットになっている点に特色がある。

「責任条約」は，船舶の所有者に，油濁損害の被害者に対する私法上の無過失の損害賠償責任を課す一方，賠償責任の限度額を定め，その範囲での保険への加入などの金銭上の保証を義務づけることにより，一定の賠償能力を確保している。「基金条約」は，責任条約による賠償では不十分な場合に，基金が補償を行なうことを定めている。責任条約にもとづく賠償は，原因者，すなわちタンカーの所有者 (またはその保険) によりなされるが，基金条約にもとづく補償は，油の海上輸送の受益者，具体的には，年間15万トン以上の油を受け取る業者による拠出金が基礎になっている。これらの条約では，国家は直接の責任主体とはされていないが，船舶の登録国は，自国船舶につき保険等の上記金銭上の保証がなされていることの証明書を発行し，証明書のない自国船舶の運航を許してはならないとされており，民事賠償責任のしくみへの国家の間接的な関与が定められている。

責任条約と基金条約は，ばら積みの油を輸送する船舶 (タンカー) からの持続性の鉱物油の流出を対象とする。持続性の油とは，原油，重油等の流出した際に蒸発しにくい (揮発性の低い) 油を指す。流出油は貨物油だけでなく燃料油も対象とする。92年改正条約ではバラスト航海 (油輸送後の貨物油を積んでいない状態での航海) 中の流出も対象に加えられた。

両条約にもとづく賠償や補償は「汚染損害」に対してなされる。「汚染損害」とは，①「船舶からの油の流出又は排出 (その場所のいかんを問わない。) による汚染によってその船舶の外部において生ずる損失又は損害」とされる。これには，②防止措置によって生ずる費用，損失または損害も含まれる。防止措置とは，汚染損害を防止しまたは最小限にするため事故の発生後にとる相当の措置をいう。さらに，③92年条約では，(利益の喪失に関わらない) 環境の悪化を回復するための合理的措置の費用も，汚染損害に含まれ

るとされた。

　汚染損害の地理的な適用範囲については，締約国の領域または領海において生じた汚染損害を対象としている。92年改正条約では，締約国の排他的経済水域内において生じた汚染損害も追加された。ただし，防止措置については，措置の取られた場所のいかんを問わないとされている。

　船舶の所有者の賠償責任限度額に関しては，例外がある。69年責任条約は，「事故が所有者自身の過失によって生じた場合には」責任制限を援用することができないと定め，この場合，船舶の所有者は無限責任を負う。92年責任条約ではこの点が，所有者の，意図的な行為，または，無謀に発生のおそれを認識しつつなされた行為（故意・重過失）により汚染損害が生じたことが証明された場合には，所有者は責任制限を援用できない，と改正された。

　基金条約は，責任条約の下で十分かつ適正な賠償を受けることができない場合に補償を行なう。具体的には，①責任条約にもとづき賠償が免除される場合（ⅰ例外的に重大な自然災害，ⅱ第三者の意図的な行為，ⅲ航行援助施設の設置管理の瑕疵，による事故の場合），②所有者が責任条約の義務を履行する資力がなくかつ金銭上の保証も不十分な場合，および，③損害が責任条約または他の同種の条約の責任制限額を越えた場合，である。なお，戦争等の行為または軍艦もしくは非商業的役務につく政府船舶に起因する事故は，責任条約の賠償の対象にも基金条約の補償の対象にもにならない。

　賠償および補償の限度額は，69年責任条約では船舶のトンあたり133SDR（最高1400万SDR），71年基金条約では6000万SDRであったが，巨大事故への対応の必要性から，92年責任条約では船舶のトン数に応じ300万SDRから5,970万SDRに，92年基金条約では1億3,500万SDRに改正された（基金条約の限度額は責任条約の額を含む）。

　責任条約および基金条約に関する請求の訴えは，汚染損害が生じまたは防止措置がとられた締約国の裁判所の管轄に服する。また，これらの請求の権利は，損害が発生した日から3年以内に賠償または補償請求の訴訟を提起しないと消滅する。

(2) ナホトカ号事故への責任条約と基金条約の適用

　ロシアは69/71条約の当事国であり，わが国は92条約の当事国であった。事故当時は92条約の経過期間であったため，わが国には69/71条約と92条約

IV 海洋汚染

の双方が適用された。その結果，69年責任条約に基づき，ナホトカ号の所有者は，責任制限を援用できる場合には158万8,000SDR（約2億6,500万円）の限度で責任を負い，他方，71年および92年基金条約に基づき，両条約の基金は，被害者に1億3,500万SDR（約232億円）を限度に補償を行なうものとされている（なお，賠償・補償の請求額は，すでに基金の補償の上限を超え，350億円に達しているいわれている）。

　本件の場合，前述のように，所有者が過失により運航に耐えない船舶を航行させ事故が起きたのであれば（69年責任条約），船舶所有者は責任制限を援用できず無限責任を負う。このとき，責任限度額を越える部分について，基金による補償との関係が問題となりうる。この点については，基金は，実務上，被害者との関係では責任制限に関わりなく補償を行ない，その上で船舶所有者やその保険者等に対し責任制限を争い求償する，とされている。

　条約上賠償や補償の対象となるのは，前述の汚染損害，防止措置および92年改正で加わった環境回復措置にかかる費用である。被害がこれらに該当するかどうかは，最終的には裁判所の判断にゆだねられるが，基金は，独自に請求承認の方針を定める「国際油濁補償基金請求の手引」を作成している。それによれば，一般的基準として，補償の対象となる費用または損失は，①実際に発生したものであること，②合理的で必要のある措置に要したもの，③油汚染により生じたと認められるもの，④油流出による汚染との間に相当因果関係のあるもの，⑤逸失利益は金銭的に算定できるもの，および，⑥証拠により金額が証明されるもの，とされている。「手引」はさらに，財産損害には毀損・汚染された財産の代替，修理，清掃にかかる費用が該当し，防止措置費用には海上・海岸での清掃作業，海上での油処理や調査に係る費用が含まれる，とする。また，経済的損失（逸失利益）には，財産損害を受けたために収入を得られなくなった場合（魚網の汚染等）と，財産損害は受けなかったが収入が減少した場合（漁場の汚染，宿泊客の減少等）とがある，としている。

　本件との関係では，ボランティアについては，人件費は性格上費用には該当しないが，ボランティアに関連して要した費用のみならず，清掃作業による死亡や傷病も相当因果関係の範囲内で，補償の対象になってしかるべきものと考えられる。判断の微妙な問題としては，仮設道路の建設が合理的な防止措置といえるかどうか，また，観光客の減少や風評被害についてどこまで

相当因果関係のある損害と認められるか，といった点が指摘されている。

3. 評価および課題

タンカー油濁事故は，船舶に起因する海洋汚染の一種であるが，事故により引き起こされ地域的に甚大な被害をもたらすという点で，通常の航行や意図的な排出による汚染とは区別される必要がある。油濁事故に対処する制度的な取組みの方法は，以上で見てきた①損害に対する事後救済のほかにも，②事故発生時における緊急事態への対応や，③油濁事故の防止体制といった側面がある。以下，それらの特色に簡単に触れておきたい。

(1) **事後責任**

まず，油濁事故の事後責任について，前述の条約制度の適用がない場合，すなわち国際法および国際私法の一般論の観点から整理しておきたい。

国際法上，国家は，自国領域の使用から他国領域に重大な環境損害を引き起こしてはならない慣習国際法上の義務を負うと解されている（領域使用の管理責任）。しかし，この環境損害防止義務は，領域の使用と結びついて構成されているため，タンカーの運航のような領域外の私人の行為には適用がない。

また，国連海洋法条約は，いずれの国も自国の管轄又は管理の下における活動が他の国及びその環境に対し汚染による損害を生じさせないように行われることを確保するためにすべての必要な措置をとると規定し（194条2），旗国の自国船舶に対する義務を定める。しかし，この規定は慣習法を確認したものではなく，条約上の義務にすぎないため，海洋法条約に加盟していないロシアに対してこの規定の適用はない。なお，かりにこの規定が適用される場合でも，船体の老朽化に対して船舶の本国が必要な措置をとらなかったのかどうか，また，そのことと船体の折損事故との間に因果関係があるのかどうかについては，その判断は必ずしも容易ではない。

他方，民事法上の損害賠償請求においては，国際私法にもとづき準拠法が決定される必要がある。油濁損害は通常，不法行為とされ，その場合の準拠法は一般に不法行為地の法による。ナホトカ号の場合は，事故の発生した公海上（行動地）と損害の発生したわが国（結果発生地）のいずれもが不法行

IV 海洋汚染

為地となりうる（隔地的不法行為）。公海上は不法行為地法が存在しないので法廷地法あるいは旗国法の選択も考えられ，結果発生地法も含めいずれを準拠法として選択すべきかが問題となる。このほかにも，裁判所の民事裁判管轄権や加害者の過失の認定の問題，さらには加害者の賠償能力といった事実上の問題も存する。

油濁民事賠償・補償条約は，以上のような国際法または国際私法に基づく油濁損害の解決の難点を克服する重要な制度であると位置づけられる。

事後救済に関する新しい動きとして，1996年には「有害物質および有毒物質の海上輸送に起因する損害の賠償および補償に関する条約」（HNS 条約）が採択されている。この条約の賠償と補償のしくみは，前述の油濁賠償・補償条約制度に基本的に類似する。この条約の特徴は，対象物質を持続性油以外の物質としている点である。対象となる有害物質・有毒物質は，広範に定められており，マルポール条約（MARPOL 73/78），国際海上危険物規則(The International Maritime Dangerous Goods Code) および「油，ばら積みの有害液体物質，容器に収納した状態で海上において輸送される有害物質及び船舶からの廃物による汚染の防止のための規則」などに定められる石油類，可燃性液体物質，液化ガス，有害・有毒液体物質などである。

(2) 緊急対応

1967年のトリー・キャニオン号事故で，英国は自国沿岸への油濁被害を防ぐために，同船を公海上で爆撃し沈没させたが，この措置の法的根拠は必ずしも明確ではなかった。これを契機に1969年に，沿岸国は船舶の油濁事故による自国への重大で急迫な危険を避けるために，旗国と協議するなど一定の手続きを経た上で，公海上で損害と均衡を失しない範囲で必要な措置をとることができるとする，油濁事故公海措置条約が採択された。1973年には同条約議定書が，対象物質の範囲を油以外の有害物質や液化ガスにも拡大している。

油濁事故の際に迅速かつ効果的な措置がとられ損害が最小にとどめられるためには，事故への準備，対応および協力が必要となる。これについて定めるのが，1990年の油濁事故対策協力条約（OPRC 条約）である。締約国は，油濁事故に対処する国家的な緊急時計画を作成しなければならず，汚染に関し通報，影響評価，情報提供につき一定の義務を負うほか，汚染への対応に

関し国際協力が求められている。また，締約国は，自国船舶に，油汚染船内緊急計画を備えさせるとともに，事故発生時には沿岸国へ通報させるよう要求されている。この条約にもとづき，わが国は1995年に閣議決定で国家緊急時計画を定めており，ナホトカ号事故においてもこの緊急時計画により対応がなされた。

(3) 油濁事故の防止

油濁事故を未然に防止するためには，船舶を十分に管理・規制し航行の安全性を確保しておくことが重要となる。

国連海洋法条約によれば，旗国は，自国船舶に起因する海洋環境の汚染を防止・軽減・規制するために，国際的な規則・基準と同等の効果をもつ法令を制定し，その違反には場所のいかんを問わず執行できるものとし，事故防止についても船舶の旗国に大幅な権限が与えられている。他方，沿岸国もまた自国領海や排他的経済水域の船舶に対して法令を制定することができ，その執行が一定の限度で認められている。また，入港国についても，船舶の堪航性が国際的な規則や基準に満たさない場合でかつ海洋環境に損害をもたらすおそれがある場合には，船舶の出港を停止できる。

また，1973年のマルポール条約と1978年の改正議定書（MARPOL73/78）は，船舶に起因する油および有害物質による海洋汚染の規制を目的とするが，1992年に付属書Ⅰを改正し，事故時の安全性を高めるためタンカーの船体を二重構造にする構造規制を導入している。

◇ **参考文献**
1. 谷川久「ナホトカ号流出油事故と法的問題点」ジュリスト1117号，有斐閣（1997年）
2. 海上保安庁編『平成9年版海上保安白書』大蔵省印刷局（1997年）
3. 運輸省海上交通局監修『最新油濁損害賠償保障関係法令集』成山堂（1998年）
4. 海洋工学研究所出版部編『重油汚染・明日のために「ナホトカ」は日本を変えられるか』海洋工学研究所出版部（1998年）
5. 海上保安問題研究会編集『海上保安と環境』中央法規（1999年）

12　放射性廃棄物の日本海投棄事件

［一之瀬高博］

1. 事件の概要

(1) 放射性廃棄物の日本海への投棄

　1993年10月17日，ロシア海軍の液体輸送専用タンカー「TNT27」は，解体された原潜の冷却水など900㎥の液体放射性廃棄物を，ウラジオストク南東約200km，北海道奥尻島西約440kmの日本海（公海上）に海洋投棄した（以下，本件投棄という）。

　TNT27は，前日にパブロフスクの原潜基地（ウラジオストクの東約50km）を出港したが，当初より国際環境保護団体グリーンピースがその動きを追跡しており，海洋投棄の現場の模様はグリーンピースにより発表され，メディアがその映像をテレビを通じ一般に公表した。これにより本件投棄はにわかに注目を集め，わが国では，日本海とその沿岸および日本海海産物の放射能汚染に対する不安が広がった。

　18日夜になり，ロシア政府は日本政府に本件投棄についての正式な説明を行ない，液体廃棄物の総量は1,700㎥（放射能量806億6千万ベクレル）であること，一回目に900㎥（399億6千万ベクレル）を投棄したこと，および二回目に800㎥（407億ベクレル）を投棄する予定であることを明らかにした。これに対して，わが国は，ロシアに抗議を行なうとともに投棄の停止を求めた。その結果，二回目の投棄は結局中止されるに至った。

　本件投棄について，ロシア環境天然資源省は国際機関と外国政府に事前通告を行ったとするが，IAEAには通告がなされていたものの，わが国は事前通告を受けていなかった。また，ロシア海軍は，環境天然資源省から1,700㎥の投棄の許可を受けていると説明した。

(2) 事件の背景

1993年4月には、ロシア政府は放射性廃棄物の海洋投棄に関する報告書（ヤブロコフ報告書）を公表し、その中で、ロシアが従来から北方海域および極東海域において放射性廃棄物の海洋投棄を行ってきたことを明らかにした。これを受けてわが国は、日本海の海洋環境放射能調査を行ない、8月末に国民の健康に影響は及んでいないとの調査結果を公表した。この問題は、同年5月にモスクワで開催された日ロ合同作業部会で取り上げられ、また、同年10月の本件投棄の直前に開かれた日ロ首脳会談でも、東京宣言でこの問題に言及がなされるとともに、細川首相はエリツィン大統領に投棄の中止を申し入れていた。本件投棄には以上のような経緯が存在しており、突如として行われたものではなかった。

ロシアは、経済危機や財政難などのために、原潜等の維持管理や廃棄に伴う放射性廃棄物（とりわけ液体廃棄物）の処分については、処理施設の不足などから、海洋投棄以外の適切な処理は困難であり、海洋投棄を停止するためには国際的な経済的・技術的援助が必要であると表明してきた。この点は、日ロ合同作業部会でもロシア側により触れられており、また、本件投棄の直後にはロシアはわが国に海洋投棄早期停止のための技術協力を要請してきた。これに関連して、わが国は、すでに同年4月にロシアなど旧ソ連4カ国に対し1億ドルの核兵器廃棄援助資金の提供を公約していた。

他方、わが国は、本件投棄までは、低レベル放射性廃棄物の海洋投棄の禁止には賛成してこなかった。国土の狭さといった事情から海洋投棄という選択肢を残してきたのである。実際、わが国は、1969年まで相模湾や房総沖などで医療用などの放射性廃棄物（ドラム缶約1600本）の海洋投棄を行なった。わが国はまた、80年代初めに、原発から出る低レベル放射性廃棄物を太平洋に投棄することを計画したが、南太平洋諸国の強い反発により中止された、という経緯がある。

2. 放射性廃棄物の日本海投棄と国際法

(1) 1972年ロンドン条約

放射性物質を含め廃棄物等の海洋投棄に関しては、1972年のロンドン海洋投棄条約（以下、ロンドン条約とする）が存在する。わが国もロシアもこの

IV 海洋汚染

条約の当事国であるので，ロシアの本件投棄がこの条約に照らして許容されるかどうかが問題となる。

　この条約は，廃棄物等の海洋投棄に関して，投棄される物質の有害性に応じて三つの区分を設けている。すなわち，①附属書Ⅰ（ブラック・リスト）に掲げる物質は投棄が禁止され，②附属書Ⅱ（グレイ・リスト）に掲げる物質は投棄に事前の特別許可が必要とされ，③それ以外の物質（ホワイト・リスト）は投棄に事前の一般許可が必要とされる（ちなみに，ブラック・リストには，有機ハロゲン化合物，水銀とその化合物，カドミウムとその化合物，浮遊性の持続性合成物質（プラスチック製の網・綱など），油とその混合物，高レベル放射性物質，および，生物・化学兵器関連物質が，また，グレイ・リストには，ひ素・鉛・銅・亜鉛とその化合物，有機けい素化合物，シアン化合物，ふっ化物，駆除剤，ベリリウム・クロム・ニッケル・バナジウムとその化合物，コンテナー・金属くずなどの巨大な廃棄物，および，低レベル放射性物質，が掲げられている）。放射性物質については，高レベルがブラック・リスト，低レベルがグレイ・リストに分類されており，本件で投棄された液体廃棄物は，低レベル放射性物質であったことから，本件投棄は，条約上は必ずしも禁止されないことになる。

　ただし，低レベル放射性物質の投棄には一定の手続的要件が課せられている。すなわち，①事前に特別許可がなされ，許可に際しては，②IAEAの勧告が十分に考慮され，③一定の事項（附属書Ⅲ）につき慎重な考慮が払われることである。したがって，本件投棄については，ロシア環境天然資源省の投棄の許可が特別許可に該当するかどうかをはじめ，これらの点で解釈上の問題が残る。しかしまた，他方，特別許可の手続き上の瑕疵がいかなる効果をもたらすのかについては，条約上明確な定めはない。なお，グレイ・リスト物質の投棄に関しては，影響を受けるおそれのある国への事前の通知は規定されていない。

　ロンドン条約の締約国会議は，1985年に，放射性廃棄物の海洋投棄による人の健康や海洋環境に対する影響の研究・評価が完了するまで，低レベルを含むすべての放射性廃棄物の海洋投棄を一時停止する，モラトリアム決議を採択している。しかし，この決議にはソ連も日本もともに棄権しているため，この決議に本件投棄を禁止する根拠は求められない。

　ロンドン条約はまた，軍艦や非商業目的の政府船舶など，他国の主権の及

ばない船舶・航空機にはその適用がないとするが，他方において，締約国に，適当な措置をとることによりそれらの船舶・航空機が条約の目的に沿うことを確保するよう求めている。この点，ロシア海軍の液体廃棄物運搬船TNT 27が直ちに他国の主権の及ばない船舶に該当すると言えるかどうか，また，主権が免除される船舶について，締約国は条約の目的に合致させる一定の義務を負っているが，その際，条約の主要な規定の内容が実質的にどのように及ぶのかについては，検討の余地があろう。

(2) 1993年ロンドン条約改正

本件投棄の翌月である1993年11月に，ロンドン条約締約国会議は，72年ロンドン条約の附属書を改正し，低レベル放射性物質をブラック・リストに移し，すべての放射性物質を投棄禁止とした。ただし，IAEAの定めるデ・ミニミス（免除）・レベル以下の放射性物質は除かれる。また，この改正では，新たに，産業廃棄物が投棄禁止物質とされ，産業廃棄物と下水汚泥の洋上焼却が禁止されたほか，毒性がなくも投棄量によって有害となりうる物質が特別許可の対象とされた。

この改正が，本件と同種の投棄の停止に有効であるかどうかについては，適用除外の規定との関係で問題が残る。適用除外の規定は改正前から存在しているが，そこには，①荒天による不可抗力などから人命や船舶等の危険を回避する場合の投棄と，②「緊急の場合」の投棄が定められている。②については，締約国は，「人の健康に対し容認し難い危険をもたらし，かつ，他のいかなる実行可能な解決策をも講ずることができない緊急の場合においては，……（投棄禁止の）例外として特別許可を与えることができる」とされる。この場合には，締約国は，特別許可に先立ち影響を受けるおそれのある国および機関と協議を行なうとともに，自国がとる措置を機関（IMO・国際海事機関）に通報することが要求されている。したがって，93年改正のもとでも，「緊急の場合」に該当することになれば，低レベル放射性廃棄物の投棄は，条約上許容されることになる。

(3) 一般国際法と本件投棄

本件投棄は，一般国際法上，許容されるであろうか。廃棄物の海洋投棄も公海の利用の一形態とされてきた。1982年の国連海洋法条約は，1958年の公

IV 海洋汚染

海条約とともに，慣習国際法を確認する「公海の自由」の規定を置く。すなわち，公海はすべての国に開放されるとともに，公海の自由は無制限ではなく，他国の利益に妥当な（合理的な）考慮を払わなければならないとする（海洋法条約87条1，2，公海条約2条）。したがって，他国に有害で（利益を害し），かつ，妥当な考慮すなわち合理性を欠く海洋投棄が違法ということになる。しかしながら，本件では，わが国に放射能汚染による具体的な被害（不利益）が発生していないこと，また，「妥当な考慮」（合理性）の基準は，一般的，抽象的であるために，何をもって妥当な考慮が尽くされたとするかが必ずしも明らかではないことからすると，本件投棄を一般国際法上違法なものと位置づけることは難しいであろう。

3. 評価および今後の課題 ——1996年ロンドン条約改正議定書をめぐって

1996年にロンドン条約を大幅に改正する議定書が採択されている。この議定書は現在，未発効であるが，ここでは，その内容を整理することを通じて，放射性廃棄物をはじめとする海洋投棄についての今後の国際ルールの方向性を探ることとしたい。

(1) 投棄の禁止と許容

1996年ロンドン条約改正議定書もまた，投棄から海洋環境を保全することを基本目的に掲げる。その上で，議定書は，新たに一般的義務として，投棄と影響との間の因果関係が明白に証明されなくとも適切な防止措置をとるとする「予防的アプローチ」の採用を締約国に求めている。この考え方のもとに，議定書は，廃棄物等の海洋投棄を原則禁止としつつ，例外的に投棄が許容される場合を特定する（リバース・リスト）。ここでは，72年ロンドン条約が，許可を前提に投棄を許容しつつ，投棄が禁止される場合を特定していたのとは，原則と例外が入れ替わっている。

投棄が許容されるのは，附属書1の物質につき附属書2に基づいて許可が与えられた場合である。附属書1には，しゅんせつ物，下水汚泥，魚類残さ等，船舶・人工海洋構造物，不活性な無機地質物質，天然の有機物質，および，鉄・コンクリート等の無害な粗大ゴミが列挙されており，これら以外の

物質の投棄は禁止される。したがって，放射性物質の投棄も当然，禁止されるが，93年改正条約同様，IAEAのデ・ミニミス・レベル以下のものは投棄が許容される。

この他，新たに，締約国には，①廃棄物等の洋上焼却の禁止，②廃棄物等を海洋投棄および洋上焼却の目的で他国に輸出することの禁止，および，③内水での投棄に対する，議定書の適用あるいは効果的な許可・規制措置の採用，が義務づけられている。

適用除外の規定はこの議定書にも置かれている。その内容は，前述の従前のロンドン条約とほぼ同様であるが，おもに二つの点で改正されている。一つは，洋上焼却の禁止も適用除外の対象としたことである。二つめは，投棄の許可を与えることができる「緊急の場合」の要件に，人の健康のほか，安全や海洋環境に危険のある場合が加えられたことである。96年議定書では投棄禁止が全面的に強化されているが，放射性物質の処理ができず，その結果，自国民に危険が及ぶような場合には，なおも，条約上，投棄に許可が与えられる可能性を残すものとなっている。

(2) 投棄の許可と環境影響評価

以上のように，投棄は，附属書1の物質につき，あるいは「緊急の場合」に，許可されうるのであるが，議定書は，その許可に関してつぎのような手続的要件を定め，投棄を強力にコントロールしようとしている。

第一に，締約国は，投棄の許可を与え，投棄物質の性質や量などを記録し，海洋の状況をモニタリングする当局を指定しなければならない。

第二に，締約国は許可を与える前提として，附属書2の定める詳細な環境影響評価手続を実施することが求められている。すなわち，①廃棄物をその種類・量・危険性，生成プロセス，削減・防止の技術の観点から評価すること（廃棄物防止監査），②廃棄物に再利用・リサイクル・処理等のいずれの管理方法が適切かを検討すること，③廃棄物の化学的・物理的・生物的な特性（毒性・持続性・生物濃縮性など）を明らかにすること，④廃棄物が締約国の有害性の基準（アクション・リスト）を超えるかどうかを判定すること，⑤諸情報を基礎に投棄場所を選定すること，⑥予想される結果（「環境影響の仮説」）に基づき潜在的影響を評価するとともに，許可をなすべきか否かの結論を示すこと，および，⑦許可条件が守られているかをみる「遵守

モニタリング」と，許可プロセス時の仮定が正しかったかどうかをみる「フィールド・モニタリング」を行なうこと，である。

第三に，締約国は，影響評価の結果が不適切な場合には，許可を与えるべきではないとされる。許可には，投棄される物質の種類と発生源，投棄地点，投棄の方法，およびモニタリングと報告の要件が特定される。許可はまた，モニタリングの結果を考慮し，定期的に検討されるべきものとされる。

第四に，締約国は，許可に関して，許可の発給とモニタリングにかかる情報，とられた行政上・立法上の措置，および，その措置のもたらす効果や問題を，定期的に機関（IMO）および適当な場合には他の締約国に報告をすることが義務づけられている。「緊急の場合」には，これに加えて前述のように，締約国は許可の前に潜在的被影響国および機関と協議を行ない，機関は当該締約国にとるべき措置につき勧告を行ない，また，当該締約国は自国のとる措置を機関に通報するものとされている。

(3) 責任，遵守手続きおよび紛争解決

責任，遵守手続きおよび紛争解決に関する規定は，広い意味で議定書の実効性を支えるものと位置づけられる。

議定書は，その違反に対する責任につき，「締約国は，他国の環境又はその他の区域の環境に与える損害の国家責任に関する国際法の諸原則に基づき，廃棄物その他の物の海洋投棄又は洋上焼却から生ずる責任に関する手続を作成することを約束する」と定め，責任の規則の発展を促している。

また，その一方で，議定書は，その遵守を促すために，遵守手続きについて規定を置く。議定書の発効から２年以内に，締約国会議は，議定書の遵守を評価・促進する手続きとしくみを創設することを定めている。責任も遵守手続きも，その内容は将来に先送りされているが，遵守手続きの準備に具体的なタイム・テーブルが用意されている点は重要であろう。

議定書は紛争解決につき，新たに詳細な規定を設けている。それによれば，紛争が当事国間で一年以内に解決されない場合に，司法的な紛争解決に付される。すなわち，紛争当事国が国連海洋法条約の紛争解決手続き（国際海洋法裁判所，国際司法裁判所，仲裁裁判所，特別仲裁裁判所，287条１）に合意している場合にはそれに従い，その合意のない場合には，紛争の一当事国の請求により，紛争は議定書（附属書３）の定める仲裁裁判所により解決される，

とする。ここでは明確な紛争解決手続きの道が予定されている。

(4) 国際協力による海洋投棄の防止・減少

以上のような法的な方策に加え，投棄による海洋汚染を防止し減少させるための締約国間の国際協力についても議定書は規定を設けている。そこには，① 一定の地域における締約国間の協力や，② 職員の訓練，および，廃棄物の減少や投棄による汚染防止に関する情報と技術についての協力のみならず，③ 途上国や市場経済移行国への環境上健全な技術の利用や移転についての協力や援助の促進が盛りこまれている。議定書は，一般的義務として汚染者負担の原則に言及しつつも，投棄による汚染から海洋環境を保全するためには，援助も含めた協力もまた重視しており，柔軟な問題解決の方向を目指していることがうかがえる。

本件投棄との関係では，2000年9月に森首相とプーチン大統領により署名された「日ロ貿易経済分野の協力プログラム」にも，ロシアの退役原潜の解体処理や，ロシア極東の液体放射性廃棄物処理施設の完成などに，わが国が協力してゆくことが盛りこまれている。ただ，このような経済的・技術的援助は，放射性廃棄物の処理，ひいては海洋投棄の防止には確かに有効な手段であり，また，核兵器等の軍備の削減に役立ちうるものであるが，他方，原潜の修理や維持管理等にも資する，つまり，軍事協力となりうる側面もある。したがって，このような協力・援助については，本来の目的に合致させるための，慎重な検討，制度的な保障および十分な監視が必要とされる。

◇ **参考文献**
1. 磯崎博司『国際環境法』信山社（2000年）
2. 海上保安問題研究会編集『海上保安と環境』中央法規（1999年）（水上千之「第2節 海洋投棄規制条約の1996年議定書」）
3. 大沼保昭編著『資料で読み解く国際法』（1996年）（児矢野（池）マリ「第8章 地球環境と法」）
4. 山本草二『海洋法』三省堂（1992年）
5. 原子力安全白書（平成5年版，平成7年版）
6. 岩城成幸「旧ソ連による放射性廃棄物の海洋投棄 ――『ヤブロコフ報告書』を中心に ――」レファレンス1993年11月号

13　タンカー衝突事故と海峡通航

［一之瀬高博］

1.　事件の概要

　1993年1月21日未明，マラッカ海峡の西方，インドネシア・スマトラ島北端から北西に約100km，インド領ニコバル諸島との中間のアンダマン海（公海上）で，タンカー「マークス・ナビゲーター」（255,312トン）の左舷に，タンカー「サンコー・オナー」（96,545トン）が，突っ込むかたちで衝突した。事故当時，現場海域はスコールと霧に見舞われ，視界は2マイル程度であったとされている。「M・ナビゲーター」は，4番タンクが破損し，その部分から火災が発生するとともに積荷の原油が流出した。同船は漂流を開始し，24日には，流出油は，同船から長さ約10km，幅数十から100mの帯状となり，また，その先さらに約40kmにわたり蛇行あるいは斑点状の油層となって付近の海域に漂った。両船の乗組員は幸い無事であり，また，救援活動の結果，火災は26日に鎮火し，原油の流出も29日に停止した。この事故により流出した原油は約27,000トンと推定されているが，そのかなりの部分が炎上または気化したものとみられた。流出油の沿岸への漂着はなかった模様である。
　「M・ナビゲーター」は，シンガポール船籍で，デンマークのAPモーラー社に所属していたが，出光興産の子会社がチャーターしたものを，ゼネラル石油の子会社がスポット用船し，オマーンから日本へ向けてマラッカ海峡を経由し原油約30万klを運ぶ途中であったとされる。また，「S・オナー」は，リベリア船籍で，同国にある三光汽船の子会社に所属しており，タイで原油をおろし，三光汽船がチャーターして日本向けの原油をペルシャ湾に取りに向かう途中であり，空荷の状態であったとされる。
　この事故で，日本政府は，両船舶とも日本船籍ではなかったことから，

「両タンカーをチャーターしたのは日本の船会社だが，事故の一義的な責任は，船主にある。日本側にはない」（越智運輸大臣）としていた。しかし，中東から日本への原油の運搬にかかわる船舶同士の衝突事故であっただけに，日本との関係が注目された。また，衝突地点はマラッカ海峡の西側出入口付近の公海上であり，正確には海峡内の事故ではなかったが，狭い海峡にタンカーが密集するマラッカ海峡の通航と密接な問題ととらえられた。

マラッカ海峡は，インドネシア，マレーシア，シンガポールに囲まれ，長さが約1,000kmに及ぶ海峡であり，狭いところでは幅は約40km，水深はわずか約20mほどしかないが，そこに，総トン数75トン以上の船舶は年間10万隻以上（1日およそ300隻以上），タンカーは年間2万隻が通航していると推計されている。さらに，大型船は喫水が深くなる満潮時に集中するとされる。

2. タンカーの衝突と油濁被害

(1) 公海上での船舶の衝突と責任

本件のように公海上で船舶が衝突した場合，衝突それ自体につき法的責任が問われる場合がある。

刑事責任に関しては一般国際法上，公海上の船舶の衝突事故において船長や船舶に勤務する者に対する刑事裁判権は，もっぱら当該船舶の旗国またはこれらの者の本国にある，とされている（国連海洋法条約97条1，公海条約11条，1952年の「船舶衝突事故の刑事裁判権に関するブリュッセル条約」1条）。1927年のローチュス号事件判決のように，衝突された側である被害船舶の旗国に刑事裁判権を認めることには，異論が多い。したがって，犯罪に該当する行為を行った船長・乗組員の乗船する船舶の旗国，またはそれらの者の本国が，衝突についての刑事裁判権を有することになる。

民事上の事後責任については，1910年の「船舶衝突ニ付イテノ規定ノ統一ニ関スル条約」がある。締約国の船舶同士の衝突は同条約により規律され，過失のある側の船舶が他方に対して賠償責任を負うものとされる（3条）。この条約の適用がない場合は（本件ではシンガポールは加盟しているがリベリアは未加盟），国際私法にもとづき準拠法が決定される必要がある。公海上の衝突では，不法行為地法は存在しないため，法廷地法，加害船舶の旗国法

IV 海洋汚染

あるいは被害船舶の旗国法等を準拠法とする考え方もあるが，加害船舶と被害船舶の旗国法を累積適用する立場が有力である。民事裁判管轄権は，一般に，被告の常居所または営業所の所在地の裁判所に認められる。なお，領海内の衝突に関しては，不法行為地としての沿岸国の裁判所に管轄権が認められ，準拠法は不法行為地主義により沿岸国法が考えられる。

(2) 船舶の衝突防止のための条約

船舶の安全な航行と衝突の防止を目的として，1972年に「海上における衝突の予防のための国際規則に関する条約」とそれに附属する「国際規則」が作成されている。同条約は，公海とそれに通じる水域でのすべての船舶に適用され，そこにおける船舶の遵守すべき航法や灯火・形象物・信号等を定める。また，同条約は，締約国も多く（1997年7月現在で130ヵ国），国際海上交通に関する基本的なルールを形成するものと位置づけられる。

この「国際規則」は，船舶の航法に関してはつぎのような項目を規定している。すなわち，①「あらゆる視界の状態における船舶の航法」として，見張り，速力，衝突のおそれとその回避動作，狭い水道の通航および分離通航方式を，②「互いに他の船舶の視野の内にある船舶の航法」として，追い越し，すれ違い，横切りなど船舶相互の位置関係にもとづく動作を，また，③「視界制限状態における船舶の航法」として，レーダー使用時等の動作を，定めている。

「国際規則」にはまた，その違反が法的責任と結びつく内容の規定が置かれている。それによれば，国際規則の不遵守または一定の注意義務違反により生じた結果につき，船舶，船舶所有者，船長または海員の責任を免除するものではない，とする（2条）。この点を本件についてみると，「S・オナー」が「M・ナビゲーター」の左舷に衝突している。「国際規則」によれば，船舶の横切り関係においては，他の船舶を右げん側に見る船舶が回避義務を負うこととされている（15条）。事実関係の詳細は明らかではないが，かりにこの規定の適用があるとすると，「S・オナー」の側に，何らかの法的責任に関連して衝突回避義務違反が認定される余地も考えられなくはないであろう。

(3) 公海上の衝突と沿岸国の被害

本件では問題とならなかったが，公海上の衝突により沿岸国に油濁被害が及ぶ場合がありうる。

油濁被害に対処するための沿岸国の管轄権に関しては，それが船舶衝突に起因するか他の原因に起因するかについて区別はない。1982年の国連海洋法条約は，1969年の油濁事故公海措置条約と同様に，「著しく有害な結果をもたらすことが合理的に予測される海難又はこれに関連する行為の結果としての汚染又はそのおそれから自国の沿岸又は関係利益を保護するため」，沿岸国に，損害に比例する措置を領海を越えてとることを認めている（221条1）。

民事責任に関しては，1910年の「船舶衝突ニ付イテノ規定ノ統一ニ関スル条約」は，船外の第三者に対する損害の定めがないので適用がない（1条）。国際私法による解決においては，準拠法，責任主体，過失の立証などが問題となりうる。準拠法は，不法行為地法としての被害の発生した沿岸国法（結果発生地法）あるいは法廷地法などの適用が考えられる。また，責任の主体については，衝突の加害船舶あるいは流出油を積載していた船舶などが考えられるが，被害者が誰に対して請求するべきかという点で，複雑な状況が生じうる。この点について油濁民事責任条約は，無過失責任を定めるほか，「二以上の船舶が関係する事故が生じ，それによって汚染損害が生じた場合には，それらのすべての船舶の所有者は，……合理的に分割することができない汚染損害の全体について連帯して責任を負う」（4条）と定め，いずれの船舶に対する請求も認めている（油濁民事責任条約については「10　ナホトカ号重油流出事故」を参照）。

3. 評価および課題

つぎに，国際海峡制度とマラッカ海峡におけるタンカーの航行について環境保全の観点から検討を加えたい。

(1) 国際海峡制度と通過通航権

国際海峡とは，いずれかの国の領海に含まれる海峡で，国際航行がなされるものをいう。ところで，ある国の領海を他国の船舶が航行することは，その沿岸国の平和，秩序または安全を害しない限りにおいて認められており，

IV 海洋汚染

　このことは無害通航権と呼ばれているが，国際海峡には，この無害通航とは別の航行制度が設けられている。

　国連海洋法条約においては，国際海峡には三種類の定義がある。第一は，特別の条約によってその通航制度が規律される海峡であり（35条(c)），ダーダネルス・ボスポラス，デンマーク，マジェラン海峡がその例とされる。第二は，公海または排他的経済水域の一部分とそれらの他の部分とを結ぶ国際海峡であり，これには後述の通過通航制度が適用される（37条）。マラッカ海峡は一応この種類に該当する。第三は，①海峡が島と本土から構成され，島の外側に航行上便利な公海の航路があるもの，および，②公海又は排他的経済水域の一部分と領海との間にある海峡であり，これらには無害通航権が認められている（45条1）。ただし，この場合の無害通航権は，船舶の海峡内の通航を停止することが禁止されているので，「強化された無害通航権」と呼ばれている（45条2）。

　第二の種類の国際海峡における通過通航制度は，自由通航には及ばないが無害通航を越える通航権を保証するものである。この制度は，領海の幅の拡大に伴い（12カイリの一般化）国際海上交通に用いられてきた主要海峡が沿岸国の領海となり，その管轄権が及ぶようになってきたことと，そのような海峡における自由な通航を維持したいと望む海軍大国や海運国の要請とを，調整する必要から設けられたものといわれる。通過通航権とは，国際海峡の継続的かつ迅速な通過のための通航の自由をいうものとされ（38条2），沿岸国が通過通航を停止することは禁止される（44条）。

　通過通航権は，無害通航権とは異なり，通航の無害性という沿岸国の利益を重視していない点に特徴がある。そのもとでは，一方において，通過通航中の船舶は，海洋汚染に関する国際的な規則を遵守する義務を負う（39条）。他方において，国際海峡の沿岸国は，国際的な規則に適合する航路帯や分離通航帯を設定したり（41条），そのための国内法令や海洋汚染に関する国際規則を実施するための国内法令を制定したりすることができる（42条）。しかしながら，通過通航中の船舶が，たとえこれらの規則や制度に違反したとしても，海峡沿岸国はそれをもって，その船舶の通過通航権を否認し，あるいは，通過通航を停止することはできないと解されている。ただ，海峡沿岸国は，船舶が法令に違反しかつ海峡の海洋環境に著しい損害をもたらすか，またはそのおそれのある場合に，適当な執行措置をとることができるとされ

ているにとどまる (233条)。その結果，沿岸国の通過通航中の船舶に対する管轄権は，つぎにみるように無害通航権の場合と比べてかなり制約されることになる。

(2) マラッカ海峡の船舶航行と油濁被害の防止

マラッカ海峡については，沿岸国であるインドネシアとマレーシアは，1971年に共同で，同海峡が国際海峡ではないこと，および，同海峡の航行は領海内の無害通航原則のもとに認められること，を宣言して以来，その立場を維持しつづけていることが指摘されている。

領海内の無害通航権のもとでは，一方で，通航中の船舶は，沿岸国の定める法令や海上の衝突予防に関する国際的規則を遵守する義務を負う。他方で，沿岸国は，船舶からの汚染の防止，軽減および規制のための法令や，航行の安全および海上交通の規則を制定し，船舶にその遵守を求めたり（国連海洋法条約21条），自国の設定する航路帯や分離通航帯の使用を船舶に要求したりすることができる (22条)。さらに，沿岸国は，船舶からの汚染の防止，軽減および規制のための沿岸国の法令または国際規則に違反する場合には，通航船舶の物理的検査をすることができ，また，証拠のある場合には船舶の抑留を含め国内手続きを開始することができる（220条2）。航行船舶に対する沿岸国の管轄権は，たしかに無害通航権のもとでも制限されているが，通過通航権に比べより強力なものとなっている。

このように，環境保全の側面に限ってみても，無害通航権か通過通航権かにより，通航船舶に対する沿岸国の管轄権の内容に相当な差異が生じることになる。このことを背景に，マラッカ海峡における船舶航行の国際法上の性格については，関係国の立場の相違が未解決のまま残されている。

(3) マラッカ海峡の事故防止とわが国の対応

マラッカ海峡の沿岸国は，海峡通航の安全確保や事故防止，衝突事故時の緊急対策，および油濁被害の回復措置などの観点から，通航税，海峡の通航維持システムあるいは通航制限等の措置の導入が必要であると，かねてより主張してきた。沿岸国はまた，通航の安全や環境保全のためのインフラ整備の責任を海峡沿岸国のみが負担するのは公平ではなく，海峡沿岸国，利用国，IMO（国際海事機関）などからなる資金拠出制度が必要であり，その際には

IV 海洋汚染

「利用者負担」を前提とすべきである,との主張も行っている。

これに対して,中東からの原油の輸入をほとんどマラッカ海峡経由に依存しているわが国は,海峡の通航税をはじめ,通航制限にしても,ジャワ島東側のロンボク海峡への迂回(日数3日増,運賃1割増)にしても,海峡通航に制約が加わるような措置の導入には,石油の円滑な輸入への支障やコスト上昇への懸念からはなはだ消極的である。しかしながら,他方で,わが国も対策を講じており,ASEAN 諸国(6ヵ国11ヵ所)に油濁事故に備えるための油防除資機材を配備したり(OSPER 計画),マラッカ海峡に油回収用の資機材保管基地を建設したり,また,マラッカ海峡協議会を通じて同海峡に41基の航路標識を設置するなどしている。

すでにみたマラッカ海峡の国際法上の地位という難しい問題に関わらざるを得ないであろうが,船舶の輻輳するマラッカ海峡においては,船舶の分離通航帯の設置や,船舶の位置等を把握するための船舶通報制度の確立は,安全確保と環境保全の面からは急務と考えられる。このような措置はさらに,近年,同海峡近海で急増している海賊行為の取締りや対策・防止にも資するものであろう。海峡の分離通航方式や船舶通報制度は,その導入の検討がIMO の航行安全小委員会(NAV)等で予定されているとのことであるが,わが国もその推進に積極的に関与してゆく必要がある。

◇ **参考文献**
1. 杉原高嶺「海峡通航の制度的展開」小田滋還暦記念『海洋法の歴史と展望』有斐閣(1986年)
2. 山本草二『海洋法』三省堂(1992年)
3. 海上保安問題研究会編集『海上保安と環境』中央法規(1999年)
4. 「タンカー銀座が生んだマラッカ事故 不可避のコスト増・規制強化」週刊東洋経済,1993年2月27日号,60頁

V 大気および土壌

14 酸性雨　鈴木克徳
15 オゾン層の破壊　岩間　徹
16 地球温暖化　岩間　徹
17 砂漠化防止　髙村ゆかり

14　酸性雨

［鈴木克徳］

　酸性雨問題は，欧米においては1960年代，70年代から問題が顕在化し，対策が進められてきた。わが国においては，酸性雨問題は1970年代後半から認識され，奥日光地域のスギの立ち枯れ等が社会的な注目を浴びたが，当時は国を超えた大気汚染問題としての認識は必ずしも十分でなかった。しかしながら，21世紀における東アジア地域の経済発展を考えれば，東アジア地域全体としての対策を進めない限り，わが国一国の努力では酸性雨問題を解決することは不可能である。また，中国やタイ等の国において深刻な酸性雨被害が顕在化した事例が見られるようになった。このため，1990年代前半から，わが国のイニシアチブにより東アジアでの酸性雨対策に関する地域協力が推進され，東アジア酸性雨モニタリング・ネットワークが2001年1月から本格稼働を開始することとなった。

1.　ヨーロッパにおける酸性雨問題の顕現

　スウェーデンやノルウェーの南部では1950年頃から雨水の酸性化が認められ，魚類の減少や死滅等の現象を引き起こした。1967-68年にスウェーデンの科学者オデーンは，スウェーデンの湖沼の酸性化は中部ヨーロッパや英国から飛来した大気汚染物質に起因するとの指摘を行い，1960年代末からOECDや北欧諸国による調査研究，モニタリングが進められることになった。また，例えば東欧のチェコでは，硫黄含有量の高い石炭が火力発電所等に利用されたため，多量の亜硫酸ガスを含む排煙が排出され，西北部の山岳地帯や北部山岳地帯等のトウヒ（Picea abies）などに大きな被害を与えている。それらに関する調査研究成果を踏まえ，1979年には「国連長距離越境汚染条約（LRTAP）」が35ヵ国の合意のもとで締結され，この条約に基づき

14 酸性雨

様々な汚染物質の削減計画が進められつつある。

魚類等に関する影響については，北欧では花崗岩地帯に分布する湖沼や河川の酸性化により，魚類をはじめとして貝類等多くの水棲動植物が減少・死滅した。ノルウェーでは，まず酸に弱いタイセイヨウ・サケ（Salmo salar）が姿を見せなくなった。厳冬期間が長い北欧では，特に春の融雪期に被害が著しいとされているが，南部のトプタル川では，1975年春，酸性雪が酸性融雪水となって流入し，サケ科のブラウン・トラウト（Salmo trutta）が大量死する事件が起こった。一般に，サケ科の魚類は秋に中性河川で産卵し，稚魚の時期を含め，約半年をその河川で過ごす。卵や稚魚の時期には特に酸の影響を受けやすいため，春の雪解けの際に積雪中の酸性成分が河川や湖沼に短期間に流入し，魚類への被害が出やすい。また，魚類は，酸性化により溶出するアルミニウムによっても影響を受ける。

樹木の枯死には様々な要因があり，その原因を明確に特定することが困難な場合が多いが，チェコやポーランド等深刻な酸性雨被害が進行している地域では，硫黄含有量の高い石炭からの亜硫酸ガスによる森林の枯死・衰退が進行した。例えば旧東ドイツやポーランドとの国境に近いチェコ西北部のクリシュナホリ山岳地帯は，露天掘りの褐炭の大炭田及び褐炭を利用した火力発電所群に隣接し，排煙によるノルウェー・トウヒの著しい被害を生じた。現場では，被害を受けた樹木にさらに菌類が侵入したり鹿の食害を受けたりし，樹木の枯死衰退プロセスの複雑さを示した。

その被害発現のメカニズムが複雑なために注目された事例としては，ドイツ南部ババリア地方の酸性雨被害がある。その研究では，被害要因として，酸性雨による土壌の酸性化と窒素の過剰供給が問題にされた。Schulze は，栄養塩の供給の関係を考慮して，ヨーロッパにおける樹木の衰退を時代別に以下のように分類した。

ⅰ 1870年から1900年にかけては，大気汚染において硫黄酸化物が主な役割を果たしていた。

ⅱ 1900年から1960年の間には，大気汚染に果たす窒素酸化物の役割が徐々に増大した。

ⅲ 1960年代以降は大気汚染に果たす窒素の割合が急速に増加して栄養の供給のアンバランスから樹木に被害が出始めた時代である。

金属精錬による酸性雨被害として有名なものに，ロシア西部コラ半島の大

V 大気および土壌

ニッケル精錬所近隣地域の被害がある。ここでは，年間27万トンと推定される亜硫酸ガスが発生し，重金属汚染を伴う被害がフィンランドやノルウェー等の隣接する国々にまで広がった。

このような状況を踏まえ，1972年にストックホルムで開催された国連人間環境会議では，「大気中及び降水中の硫黄による環境への影響」報告書が提出され，酸性雨問題が重要な討議項目となった。北欧諸国と経済協力開発機構（OECD）との議論の結果，1970年代前半には，欧州における大気汚染物質の長距離輸送に関する研究・モニタリング計画が立案・実施された。1977年には，欧州全域を対象とする欧州監視評価計画（European Monitoring and Evaluation Program：EMEP）が大気汚染物質の沈着量，濃度及び汚染物質の長距離輸送等に関する情報提供を目的につくられた。

1979年，欧州の35ヵ国は，EMEPによるモニタリング活動等の科学的研究成果を踏まえ，「長距離越境大気汚染条約（LRTAP）」を締結した。この条約は，あらゆる越境大気汚染物質に関する情報の交換や協議，共同研究やモニタリングにより，対策を推進することを目的とする。この条約に基づく大気汚染物質の監視としては，EMEPにより31ヵ国において1984年から共同観測が開始されている。また，この条約に基づく大気汚染物質の排出抑制・削減計画は，1985年の二酸化硫黄に関する「ヘルシンキ議定書」，1988年の窒素酸化物に関する「ソフィア議定書」等により推進されている。例えば，ヘルシンキ議定書においては，硫黄酸化物の排出量と越境フラックス（流出物，flux）とを1980年を基準年としてそれぞれ1993年までに少なくとも30％削減することを決めている。また，ソフィア議定書においては，1987年を基準年として窒素酸化物の排出量と越境フラックスとを1994年末にそれぞれ基準年のものを超えないことに合意した。1999年末までに，LRTAP条約に基づく8つの議定書が採択され，様々な汚染物質の排出量の抑制が図られている。

2. 北米における取組み

北米で酸性雨問題が顕在化したのは1960年代半ばである。1966年には，カナダのラムスデン湖において魚類の死滅が確認された。1970年代になると，カナダ及び米国の国境に近い地域での湖沼の酸性化，森林被害の発生が広範

14 酸性雨

に指摘されるようになり，1980年には，カナダおよび米国は「越境大気汚染に関する合意覚書」を交わし，「米国酸性雨評価計画（NAPAP）」等の研究プログラムが推進されるようになった。現在は，北米自由貿易協定と対をなす「北米環境協力協定」により，カナダ，米国およびメキシコの酸性雨モニタリングが実施されている。

北米においては，酸性雨による影響は最初にカナダで，ついで米国で大きな話題となった。これは，カナダのオンタリオ州，サドバリーに世界最大の硫黄酸化物の排出源である金属精錬所があったためで，初期の関心の対象は精錬所周辺における硫黄酸化物の沈着であった。カナダでは，1970年代の初頭には，オンタリオ州南部やノバスコチアにおいて魚類の減少する湖が次第に増加した。また，カナダと同様に，米国南部のアディロンダック国立公園の湖沼で魚類が死滅しつつあることが警告された。アパラチア山系のホワイト・マウンテンなどの山頂でもモミなどの枯死が観測された。

カナダのオンタリオ州のプラスチック湖におけるpH，アルカリ度は，観測を始めた1980年以降，明らかな減少傾向にある。プラスチック湖は，先カンブリア紀のカナダ楯状地にあり，アルカリ度が小さく，酸性化しやすい湖である。この期間，硫黄酸化物の降下量は減少したにもかかわらず，湖水のpHは減少し続けた。これは，湖の集水域における塩基性陽イオンの減少のためと考えられた。

アディロンダック国立公園の湖沼について1930年代と1970年代のpHの頻度分布を見ると，1930年代には pH 6.0-7.5にピークが認められたが，1970年代には pH 4.5-5.0にピークが移動し，明らかな酸性化の傾向が認められた。pHの低下に対応し，アルカリ度の減少も観測された。その減少は274湖沼のうち約80％で認められ，特に標高の高い湖沼での影響が大きかった。アディロンダックの湖沼の柱状堆積物中の鉛含有量は，19世紀末より次第に増加し，1970年代前半に最大値を示した。その他，砒素，カドミウムなども人間活動の影響のない時代と比べて著しく増大していることが判明した。

このような状況を踏まえ，カナダ政府および米国政府は，1973年に大気汚染物質の長距離輸送に関する2国間研究協議会を発足させ，酸性雨問題に関する情報交換を開始した。その後，カナダでは1976年に「カナダ降水採水網（CANSAP）」を，米国では1978年に「国設大気沈着プログラム（NADP）」を発足させ，それぞれ50地点，93地点でモニタリングをスタートした。1980

V 大気および土壌

年には，酸性雨を含む越境大気汚染対策について2国間での合意を発展させるための覚書に調印した。

1980年から米国は，カーター大統領の指令により「米国酸性雨評価計画（NAPAP）」を開始した。この計画は，酸性雨の水・土壌生態系，人工物・文化財，人への健康影響等およびその対策につき，政策決定者に客観的かつ包括的な情報を提供することを目的とした。24冊にわたる第一次報告書は，汚染物質の発生量，沈着量とその変化の将来予測，発生量の低減方策や悪影響を抑制するための沈着量低減方策，経済的側面や抑制によってもたらされる社会的利益の試算等，極めて広範多岐にわたるテーマをカバーしている。NAPAPは，1990年からは「改正大気浄化法」に基づく計画として実施されている。

1994年，北米自由貿易協定（NAFTA）の締結に際し，それと対をなすものとして，カナダ，米国およびメキシコ間で「北米環境協力協定」が締結された。それまでは，二国間の覚書等に基づいて実施されていた酸性雨モニタリングが，それ以降は多国間国際協定に基づき実施されることになった。

3. 今後の課題 —— 東アジアにおける挑戦

以上のように，欧米においては数十年にわたり酸性雨問題に対する取組みが進められてきたが，東アジアにおいては酸性雨問題に対する認識は，わが国を除いては1990年代に入るまでは希薄であった。東アジアにおいては，欧米と異なる条件下にあるため，酸性雨による被害が顕在化しにくかったことがその一因であったと考えられる。

わが国では，酸性雨問題は1970年代後半から認識され，関東甲信越地方におけるスギの立ち枯れ等が大きな社会問題となったが，必ずしも越境大気汚染問題としての取組みは進まなかった。欧米と異なり，湖沼や河川の酸性化に伴う魚類の死滅等が報告されていなかったことも，酸性雨問題に対する世論が盛り上がらなかった要因の一つかと推定される。

1990年代に入り，東アジアの一部地域では酸性雨・大気汚染問題の顕在化が見られるようになった。例えば，中国は1990年代半ばまでは，大気汚染対策といえば主としてばいじんに関心が向いていたが，重慶や成都における深刻な硫黄酸化物による被害等を踏まえ，1990年代後半には硫黄酸化物対策を

14 酸性雨

重視するよう政策を転換している。また，タイにおいては，1992年冬に発生したメーモー火力発電所周辺の急性呼吸器疾患問題等を契機に，酸性雨・大気汚染問題に関する国民の意識が急速に高まった。

中国では，南部の石炭使用量が多い重慶，貴陽，南昌，成都付近で顕著な酸性雨・大気汚染問題が発生した。重慶市南山地区では，硫酸イオンが大量に沈着しており，森林生態系や土壌生態系への影響が懸念されている。かつて樹齢が30-40年の馬尾松が全面的に生えていた南山は，大気汚染と酸性雨により抵抗力が落ち，全体の46%が枯死したと報告されている。これらの被害が顕著な地域の土壌は，被害の比較的少ない北部および西部に比べて酸性土壌が広く分布しており，土壌との因果関係が深いと考えられている。

タイ北部のランパン地方にあるメーモー火力発電所は，タイ北部で産するリグナイト（泥炭）を燃料として用いるタイでは数少ない火力発電所であり，現在は13ユニットにより2,625MWの発電能力を有している。問題が発生した1992年当時は11ユニットにより2,025MWの発電能力を有していた。酸性雨による急性被害問題は，1992年の10月から翌年の1月にかけて発生した。ちょうど雨期から乾期に変わった時期であった。被害は，リグナイト中に約3％含まれる硫黄分に起因する亜硫酸ガスにより発生した。この期間に，二酸化硫黄の最大着地濃度は1時間値で1,300ppbに達し，多くの人々が喘息等の急性呼吸器疾患や吐き気等の症状を訴え入院した。幸い，急性疾患による死亡事例は生じなかった。また，家畜や稲等に対する被害も報告され，多くの木が枯れたり葉が落ちたほか，稲の収穫ができなくなったり，家畜が死亡したり病気になった事例が報告されている。現在もこの事件の補償問題を巡る調整が続いている。その後，メーモー火力発電所には排煙脱硫装置が設置され，また，テレメーター・システムによる常時監視が行われるようになり，高濃度が観測された場合に備えて燃料転換や操業率の低下等の緊急時対策も整備されたが，この事件は，タイ国民に強い衝撃を与えることとなった。

東アジア地域は，前述のように，一部の特定地域を除いては未だ明確な酸性雨による被害は報告されてはいないが，21世紀における成長の原動力となる地域と見られており，例えば世界銀行が1995年に行った試算では，対策を講じなかった場合には硫黄酸化物の発生量は，2020年には1990年と比べて3倍に増加すると予測されており，そのような事態が生じた場合には，極めて深刻な酸性雨問題が生ずることが懸念される。1992年に開かれた「地球サ

V　大気および土壌

ミット」で採択された「アジェンダ21」では，欧米の経験を他の地域にも普及する必要性を強調しているが，特に東アジアは酸性雨対策の強化が求められる地域と考えられる。

このような動向を踏まえ，日本政府のイニシアチブにより，東アジア地域における酸性雨問題の未然防止を目指すための第一歩として，「東アジア酸性雨モニタリング・ネットワーク（EANET）」構想が提唱された。これは，地球サミットの討議を踏まえ，1993年から4回にわたり，東アジア地域の専門家が集まり，酸性雨問題への対応について検討した成果として1997年にとりまとめられたものである。専門家会合の成果を踏まえ，さらに政府レベルでの調整が進められ，1998年3月に横浜で開かれた東アジア酸性雨モニタリング・ネットワークに関する第一回政府間会合において，同年4月から約2年間，EANETの試行稼働を行うことが合意された。

EANETの主たる目的は，東アジア地域における酸性雨の状況に関する共通の認識を醸成し，また，それらの調査研究成果を酸性雨対策に関する政策決定に適切に反映することである。このネットワークはまた，大変野心的であり，従来から東アジア地域の一部の国で実施されていた雨や雪等の湿性沈着に関するモニタリングだけでなく，酸性雨による影響を総合的に評価できるよう，ガスや大気中の粒子に付着して降ってくる酸性降下物（乾性沈着）や，土壌・植生，陸水等への酸性雨の影響に関するモニタリングも実施することとしている。また，国際的な比較が可能な信頼性の高いデータの取得が可能になるよう，モニタリング・ガイドラインや技術マニュアルにより共通のモニタリング手法を用いることとしている点，精度保証・精度管理（QA/QC）を重視している点に特徴がある。

EANETは，試行稼働期間中順調にその活動を推進し，例えば湿性沈着については，試行稼働期間中に東アジアの38サイトにおいてモニタリングが開始され，欧米のデータと比較可能な信頼性の高いモニタリング・データの取得が可能になりつつある。試行稼働期間中に参加国で行われたモニタリングのデータはデータ報告書としてとりまとめられ，それに基づき「東アジア地域における酸性雨モニタリングの状況報告書」が作成・公表された。また，試行稼働の経験や最新の科学的・技術的知見を踏まえ，モニタリング・ガイドライン，技術マニュアル，QA/QCプログラム等の技術資料の見直しが行われ，2000年3月に改訂技術資料が採択された。2000年10月には，試行稼働

の評価を行い，恒久的なモニタ・リングネットワークの設立を検討するために，第2回政府間会合が新潟で開催され，2001年4月からネットワークの本格稼働を開始することを決定した。

このように，EANET はこれまでのところ比較的順調にその活動を推進しつつあるが，国際的に比較可能で信頼性の高いモニタリングデータの取得に向けた今後の課題はまだまだ多く残されている。また，信頼性の高いデータによる東アジアの酸性雨の状況の把握が地域協力の最終目標ではない。酸性雨問題の未然防止を図るためには，さらに，広域的なモデリングの実施等により，東アジア地域として効果的・効率的な酸性雨対策を検討し，例えば欧州における「越境大気汚染条約」及び付属議定書のような対策実施のための地域協力のフレームワークをつくる必要がある。そのような動きは，1999年10月にバンコクでタイ政府と日本の国際協力事業団（JICA）とが共催した「東アジアの酸性雨問題に関するワークショップ」により既に開始されている。東アジア地域における酸性雨問題の防止に向けて，今後の一層の発展が期待されるところである。

◇ 参考文献
1. J. Okland & K. A. Okland : The effects of acid deposition on benthic animals in lakes and streams, Experientia 42, pp. 471-486
2. J. P. Tuovionen, T. Laurila, H. Lattila, A. Ryoboshapko, et al : Impact of the sulfur dioxide sources in the Kola Peninsula on air quality in Northernmost Europe, Atmos. Environment 27A, pp. 1739-1795 (1993)
3. C. T. Dillon et al : The rate of acidification of aquatic ecosystems in Ontario, Canada, Nature 329, pp. 45-48 (1987)
4. C. E. Asbury et al : Acidification of Adirondac lakes, Environmental Science and Technology 23, pp. 362-365
5. Supat Wangwongwatana : Reduction of sulfur dioxide emissions from the Mae Moh lignite-fired termal power plant in Thailand, Proceedings of East Asian Workshop on Acid Deposition, pp. 235-248 (1999)

15　オゾン層の破壊

［岩間　徹］

1.　事実の概要

(1)　科学者の警告

　1974年，カリフォルニア大学のローランド教授とモリーナ博士は，イギリスの科学雑誌 Nature（249号）に衝撃的な論文を発表した。その内容は，大気中に放出されたフロンガスが成層圏中のオゾンを破壊し，その結果，地表に到達する有害な紫外線の量が増加し，皮膚ガンの発生率が上昇し，また生態系に重大な影響が生じるおそれがある，という趣旨のものであった。同論文はさらに，フロンガスはすでに成層圏中に大量に滞留しているので，不必要なフロンガスの放出を早急に停止しなければ，将来，環境上深刻な影響が発生するおそれがあると警告した。彼らの論文は，米国社会のみならず国際的にも大きな衝撃を与えた。

(2)　各国の対応

　その後の国際的な動きとして注目すべきものに二つある。一つは，米国，カナダ，スウェーデンをはじめとする動きで，1978年から1980年にかけて，エアゾールの噴射剤としてのフロンガスの製造と使用を禁止する国内措置をとった。当時のECも1980年の閣僚理事会において，フロン11と12の生産能力を凍結し，噴射剤としての使用を1981年末までに76年レベルから30％削減することを決定した。

(3)　ウィーン条約の成立

　二つ目は，国際機関の動きである。すなわち，米国の提唱をうけて，UNEPは，1977年の第5回管理理事会において，フロンガス・オゾン問題に関

する科学的知見を収集・整理し，この問題を検討する「オゾン層調整委員会 (CCOL)」を発足させた。この委員会の検討結果をうけて，1980年の第8回管理理事会は，フロン11と12の生産能力を凍結すること，それらの使用量の大きい国は削減に努めることを勧告した。翌年の第9回管理理事会は，オゾン層の保護のための条約の作成について合意し，この目的のために法律・技術専門家からなる特別作業部会を設置した。

条約の審議過程において，当初は，規制の対象となる物質の範囲をめぐり，エアゾール用フロンガスの使用禁止とその他の用途のフロンガスの放出抑制を主張する北欧3国と，そのような規制は時期尚早であるとするEC諸国・日本・ソ連等，あるいはエアゾール以外の用途のフロンガスの規制に難色を示す米国・カナダが対立した。

しかし，北欧3国はそのような膠着状態が続けば条約の成立そのものが危ぶまれることをおそれ，1983年の第3回特別作業部会において，具体的なフロンガスの規制については条約と切り離した議定書のかたちでまとめるべきであると提案した。それ以降，オゾン層の保護に関する条約とフロンガス規制に関する議定書が，それぞれ平行して審議されるようになった。オゾン層保護に関する国家の一般的義務や情報交換・研究における国際協力に関する規定を中心とする条約については，各国の大きな対立はなく，条約案の審議が進められていった。そして，1985年3月ウィーンで開催された外交会議において，「オゾン層の保護のためのウィーン条約」が採択された。

⑷ モントリオール議定書の成立

一方，フロンガス規制に関する議定書策定のための正式な交渉は，1986年12月からUNEPの作業部会として再開されたが，各国の意見が依然として大きく対立していた。しかし，1984年にハーバード大学から，現在の割合（年3％強）でフロンガスの放出が伸び続ければ21世紀の中頃にはフロンガスと化合して安定した物質に変える二酸化窒素の濃度を超え急激にオゾンが減少するという趣旨の「ハイ・クローリン・シナリオ」が発表され，1985年末に南極上空にオゾンホールが観測され，また1986年9月から開始された米国の全米科学財団とNASAによる調査の結果，南極上空のオゾンホールとフロンガス放出の因果関係の仮説が発表されたことにより，各国の態度に変化がみられるようになった。すなわち，米国とカナダは北欧3国の主張に歩

V 大気および土壌

み寄り，共同の議定書案を提出するようになり，またフロンガス規制に反対していたＥＣ諸国も，一転して対抗する議定書案を提出するようになった。

しかし，依然として，規制対象物質の範囲，規制スケジュール，規制基準（消費量か生産量か）をめぐり各国の対立には厳しいものがあった。特に，規制基準をめぐり，フロンガスの消費量を段階的に削減し，最終的には1986年レベルから95％削減することを主張する米国と，フロンガスの生産量の抑制を主張するEC諸国との間には，激しい対立があった。EC諸国は，フロンガスの輸出国であり，もし米国の主張する規制方法を採用すると米国が自国の生産量を確保することになり，EC諸国の輸出量が激減し業界が大きな打撃をうけることをおそれたのである。その他の点では，UNEP主催の数回の作業部会における審議をへて，米国や北欧3国等の強硬派の考えとEC諸国・ソ連・日本等の穏健派の考えとの間の調整が図られ，1987年9月モントリオールで開催された外交会議において「オゾン層を破壊する物質に関するモントリオール議定書」が採択された。

日本は，条約と議定書に1988年加入し，同年国内実施として「特定物質の規制等によるオゾン層の保護に関する法律」を制定することによって対応してきている。

2. 法的論点

(1) 科学的不確実性の下における国際合意の形成

フロンガス等の物質がオゾン層を破壊し，地球に注ぎ込む紫外線量が増え，人の健康や環境に有害な影響をもたらすことは科学的に知られている。しかしながら，オゾン層破壊の化学反応モデル，化学反応の行われる成層圏のモデル，関連物質の放出と結果の長期的予測，地球の気候・人間の健康・生態系に及ぼす影響などについて科学的に解明されていない部分が多く存在する。そのような場合でも，早急に予防的な規制措置をとるべきであるという意見と，当該問題についての科学的不確実性が存在している間は規制措置をとるべきではないという意見が対立した。しかしながら，国際社会が今直ちに何らかの行動をとらなければ，人類は将来生存の脅威にさらされる危険性が高いということについて意見の一致がみられた。

以上の科学的不確実性の下においてどのような形式の国際合意が考えられ

るか。この問題に対して、ウィーン条約とモントリオール議定書は一つの解答例を提供した。つまり、ウィーン条約は、できるだけ多くの国家の参加を求めるために、締約国に対して柔軟で一般的な内容の義務（結果の義務）を定めるにとどめ、将来の規制措置の基礎をつくった。その意味で、ウィーン条約は枠組条約と称されている。次に、科学的知見が一定程度確立した段階で、モントリオール議定書が採択され、それにより具体的な規制措置が定められたのである。

(2) 柔軟な政策措置を可能にする結果の義務

ウィーン条約は、とるべき措置について締約国にかなりの裁量を認める「結果の義務」を課したにすぎない。すなわち締約国の一般的義務として、第一に、人為起因のオゾン層変化の及ぼす悪影響から人の健康および環境を保護するために適当な措置をとること、第二に、自己の管轄権または管理の下にある人の活動が、オゾン層を変化させ、その結果、悪影響が生じることが判明した場合には、当該活動の制限または防止のために適当な立法措置または行政措置をとり、政策の調整に協力すること、第三に、組織的観測、研究、情報交換等の国際協力を行うことを掲げた（2条参照）。

(3) すべての国の参加

オゾン層保護は、国際社会全体の共通利益に関わる事項である。したがって、フリーライダーを防止し、オゾン層保護のためにすべての国が参加することが求められる。その意味で、ウィーン条約がすべての締約国に共通する義務を定め、モントリオール議定書がそのような参加を確保するために以下のようなメカニズムを確立していることは注目に値する。

まず第一は、途上国に対する特別な配慮である。たとえば、途上国の基礎的な国内需要を満たすため、規制物質の生産量に限り、1986年の算定値の10％ないし15％の上乗せを認めた（2条）。また、付属書A規制物質の一人当たりの消費量が0.3kg未満の途上国（「5条1の規定の適用を受ける締約国」）に対しては、規制措置の適用を10年遅らせている（5条）（なお、1995年改正により、途上国にも緩和された削減スケジュールが設定された）。さらに、特に途上国の参加を促進するために、代替物質や代替技術に関する財政的・技術的援助のための国際協力の枠組みが定められ（5, 10条）、その後、議定

V 大気および土壌

書の第二回締約国会合において「多国間基金」が設立された。

第二は，規制措置に対する特例である。たとえば，規制措置による工場閉鎖の結果として予想される供給不足に対処するために締約国間で生産枠を移転すること（「産業合理化」）を条件に，1986年の算定値の10％ないし15％の生産値の上乗せを認めた（2条1～4）（なお，1990年の議定書改正では，2条1～4が削除され，「産業合理化」のための上乗せは付属書AグループIのフロンに関する1987年7月1日以降の「生産量」および「消費量」に規制に限られ，1992年の改正ではそれも削除された）。また，付属書AのグループIに属する規制物質の1986年の生産量が25,000トン未満の締約国については，産業合理化のために，他の締約国との間で生産量を移転し，受領することを認めた（同条5）。さらに，議定書採択日以前に計画され，着工または契約された生産施設については，1986年水準として，その施設に係わる生産量を上乗せできることになった（同条6）（同様に，5，6項は1990年に一部改正された）。

第三は，非締約国との貿易規制である。それは，非締約国からの規制物質の輸入の禁止，エアーゾール製品などの規制物質を含む製品の輸入の禁止，ICチップなど規制物質を用いて製造された製品の輸入の禁止，規制物質の生産または使用技術の輸出の規制である（4条）。

(4) オゾン層破壊物質の規制

モントリオール議定書は，議定書の実施状況の検討，規制物質の追加・削除，その他の規制措置の変更等を行う締約国会合を設置した（11条）。締約国は，議定書のなかで，規制物質として破壊能力が高いフロンの5種類（用途としては，エアゾール，冷却剤，発泡剤，洗浄剤，溶剤）とハロンの3物質（用途としては消火剤）を特定し，規制物質の「生産量」と「消費量」を段階的に削減することを決定した（2条）。なお，ここでいう「生産量」とは，実際の生産量から締約国により承認された技術によって破壊された量を減じた量をいい，「消費量」とは「生産量」に輸入量を加え輸出量を減じた量をいう（1条）。

モントリオール議定書の採択された時点におけるオゾン層科学の立場からすれば，この議定書の定める規制措置でオゾン層は十分保護出来ると考えられていた。ところが，米国のNASAがWMO等と協力して組織したオゾン・トレンド・パネルが1988年3月に報告を発表してからは，現行の規制措

置ではオゾン層は保護できないという認識が国際的に一般化した。議定書作成まではむしろ規制に消極的であったEC諸国，特にイギリス，旧西ドイツ，オランダ，デンマークでさえ，今世紀中に必要不可欠なものを除いて，フロンガスを全廃すべきあると主張したほどである。そのため，1989年5月のモントリオール議定書第一回締約国会合（ヘルシンキ会合）において，「議定書改正に関する作業部会」が設置され，改正のあり方についての検討が進められることになった。

さらに，1989年11月にNASAのワトソン，プレザー両博士が作業部会に提出した「経過的シナリオ」によって，オゾン層の保護のためには，フロンガス等の今世紀中の全廃および塩素を含む代替品の21世紀前半までの廃止等の規制強化を行うことが必要であるということが広く認識されるようになり，1990年6月に開催されたモントリオール議定書第二回締約国会合（ロンドン会合）において，議定書が改正され，規制物質として新たに10種類のフロン，四塩化炭素，メチルクロロホルムが追加された。

同会合はまた，既存の規制物質（フロン，ハロン）の削減スケジュールを早め，強化することに合意した（議定書の調整）。この調整（adjustment）という手続きは，議定書2条9の規定に基づき，締約国会合における採択によりすべての締約国を拘束し，寄託者が締約国に通告し，その通告の送付の日から6ヵ月後に発効するというものである。それに対して，議定書の改正（amendment）は，議定書の調整とは異なり，その発効要件として，ウィーン条約9条の定める改正手続に従い，20ヵ国以上の批准，承諾，承認書が求められる。

それ以降の締約国会合は，議定書の改正と調整を繰り返し，規制物質としてさらにHCFC，HBFC，臭化メチルを追加し，削減スケジュールについても規制物質ごとにさらに早める措置をとってきている。

(5) 議定書の不遵守手続き

議定書の定める義務の履行を確保するために，どのような国際的メカニズムを設立するか。この問題は，議定書締約国会合の大きな懸案事項であった。締約国は，議定書8条に従い，第四回締約国会合において以下のような注目すべき不遵守手続きを採択した。それによれば，まず第一に，議定書の実施に疑義を抱く締約国は，条約事務局に対してその旨通報することができる。

V 大気および土壌

それに基づき履行委員会は当該問題を検討する。第二に，義務の不履行を知った条約事務局は事情聴取を行うことができる。期間内に回答のない場合や行政的措置あるいは外交的接触によっても解決されない場合は，履行委員会による検討にかかる。第三に，最善の努力にもかかわらず義務を履行できない場合，不履行国自らが履行委員会に申し出ることができる。履行委員会による検討の結果，不遵守の事実が明らかになった場合は，締約国会合は，不遵守国に対して，警告，権利および特権の停止，または適切な援助の提供（技術援助・移転，財政援助，情報提供，訓練）を行う。

3. 評価および今後の課題

　ウィーン条約とモントリオール議定書は，オゾン層保護という国際社会全体の共通利益を実現するために以下のような特徴的な手法を採用した。まず第一に，科学的不確実性の下における国際的な合意形成を促進するために，結果の義務を定める枠組条約と細目規定を定める議定書が併用された。第二に，合意形成の促進策として，産業合理化のための規制措置に対する特例が認められた。第三に，途上国に対する合成形成の促進策として，途上国には10年間の規制からの免除が認められ，また多国間基金からの支援が与えられる。第四に，フリーライダーを防止するために非締約国との規制物質等の貿易が規制された。第五に，議定書の実施について，改正と調整を併用し，規制強化を容易にしている。特に調整はいわば準立法の性質を有し，多数決で決定されたことはすべての国を拘束し，しかも改正と違い批准を必要としないという点で注目すべきである。第六に，議定書の履行確保のために，不遵守手続を採用し，不遵守国に対する警告や権利・特権の停止の他に，適切な援助も準備された。

　2000年1月現在，ウィーン条約とモントリオール議定書には，それぞれ172ヵ国，171ヵ国が加入している。上記の条約と議定書の定める合意形成の促進策や実施，履行上の工夫がその数を確保するのに成功しているといえる。他方，未加入の市場経済移行国や途上国の参加をいかに確保し，また加入国の履行をいかに確保するか，という問題が残されている。そのためには，特に経済的・技術的支援の充実が望まれる（たとえば，多国間基金の増額など）。

◇ **参考文献**

1. 山崎元資「ウィーン条約とモントリオール議定書」季刊環境研究69号（1988年）45-52頁
2. 小宮義則「フロン規制問題と国際的対応」国際問題349号（1989年）34-60頁
3. 環境庁「オゾン層保護検討会」編『オゾン層を守る』日本放送協会（1989年）
4. 岩間徹「オゾン層保護に関する国際条約」（国際比較環境法センター編『世界の環境法』（1996年）381-392頁
5. 環境庁地球環境部編『地球環境キーワード事典』中央法規出版（1999年）48-57頁

16 　地球温暖化

［岩間　徹］

1.　事実の概要

(1)　科学者の警告
　大気中における二酸化炭素をはじめとする温室効果ガスの濃度の上昇による地球温暖化の危険性は，多くの科学者によってすでに指摘されていたが，世界の科学者が一同に会し，温暖化に関する科学的知見を整理し，評価したのは，1985年にオーストリアのフィラハで開催された世界会議においてであった。

(2)　国際的対応
　その後，温暖化に関する科学的知見が集積されるにつれて，温暖化防止のための政策検討の必要性が生じ，1987年にはじめて行政レベルの国際会議がイタリアのベラジオで開催された。世界中が猛暑と異常気象に襲われた1988年には，UNEPとWMOにより「気候変動に関する政府間パネル」（IPCC）が設置された。そこには，世界中の専門家と行政官が集まり，温暖化の科学的知見，環境的・社会的・経済的影響，および対応戦略を検討し，その結果を報告することになった。1990年には第一次報告書，1995年には第二次報告書が発表された。後者によれば，100年後には，地球全体の平均気温は現在より約2度上昇し，その影響として，たとえば海面水位が約50cm（最大95cm）上昇することが予測された。

　1989年にオランダのノールトヴェイクにおいて開催された環境大臣会議では，はじめて温室効果ガス排出量の安定化の必要性についての認識が確認された。そして，翌年のジュネーブで開催された第二回世界気候会議において，温暖化防止のための条約交渉の必要性が議論された。

16 地球温暖化

(3) 国連気候変動枠組条約および京都議定書の成立

1990年12月，国連総会は，条約を交渉する唯一のプロセスとして「気候変動枠組条約のための政府間交渉委員会」（INC）をその下に設置した。INCは，91年2月より条約交渉を開始し，合計5回に及ぶ交渉の末に92年5月に「気候変動に関する国際連合枠組条約」（以下，条約）を採択した。条約は，同年6月にリオデジャネイロで開催された国連環境開発会議において署名のために開放され，94年3月に発効した。

95年3月にベルリンで開催された第一回締約国会議において，INCで問題になってきた主要な争点が討議されたが，具体的な決着をみたものは何もなかった。この会議は，いわゆるベルリン・マンデートと呼ばれる決定5を採択して閉会した。それによれば，締約国は，97年に開催される第三回締約国会議において，2000年以降の国際的取組みを定める議定書またはその他の法的文書を採択し，条約の掲げる付属書Ｉの締約国のコミットメント（約束）を含めた適切な行動がとれることを可能にするプロセスを開始することになった。このプロセスは，また，温室効果ガスの数量化された排出抑制・削減目標を特定の期間内に定め，付属書Ｉの締約国以外の国（途上国）に新しいコミットメントを課さないことを確認し，同プロセスを遅滞なく開始するためにAGBM（ベルリン・マンデートに関するアドホック・グループ）を設置した。

それ以降，ベルリン・マンデートに定められた議定書案を討議するAGBMは，合計8回の公式会合を開いたが，主要な論点について何ら合意が得られず，すべて第三回締約国会議（京都会議）での交渉に持ち越された。

97年12月1日から10日にかけて開催された京都会議では，主要な論点について厳しい対立があったものの，最終日に（実際は11日午後まで会期は延長された），「気候変動に関する国際連合枠組条約京都議定書」（以下，議定書）が全会一致で採択された。

日本はいち早く1990年に「地球温暖化防止計画」を策定し，一人当たりの二酸化炭素排出量を2000年以降1990年レベルに安定化する対策をとってきている。その後「エネルギー使用の合理化に関する法律」（省エ手ネ法）を制定してエネルギー使用の合理化を図ったり，1998年には京都議定書の定める義務に対応するため，いわゆる温暖化対策推進法を制定した。

V 大気および土壌

2. 法的論点

(1) 枠組条約と議定書の併用

オゾン層保護に見られる「枠組条約－議定書」アプローチは，温暖化防止に関する条約交渉においても採用された。つまり，92年にまず枠組条約が採択され，次に京都議定書が97年に採択された。

(2) 予防原則

条約は，明文規定をもって，気候変動の原因を予測，防止，最小限にするために予防措置をとるべきであるという予防原則を採用した（3条3）。この予防原則によれば，温暖化による影響は深刻なまたは回復不可能な損害をもたらすおそれがあるので，十分な科学的確実性が欠如しているという理由でそのような措置を延期してはならない。このように科学的不確実性の下でも4条の定める予防措置をとることが求められる点に温暖化問題の特殊性がある。

(3) 共通だが差異のある責任

すべての国は温暖化の原因者であり，また同時に被害者である。また，地球の気候変動とその悪影響は「人類の共通関心事」であるため（前文），「人類の現在及び将来の世代の利益のために」すべての締約国が共通に取り組まなければならない問題である。しかし，途上国が主張するように，温室効果ガスの排出に関する責任を歴史的・蓄積的観点と現在の排出の観点の両方からみると，衡平の原則に基づき，より多く汚染した先進国がより多くの責任を負わなければならない。

そこで，条約は，温室効果ガスの排出の程度に応じて責任に差異を認め，締約国は「共通だが差異のある責任」に基づき，および各々の能力に応じて気候系を保護しなければならない，とした（3条1）。

すべての締約国に共通するコミットメントとしては，温室効果ガスの排出と吸収に関する国家目録の作成と締約国会議への通報，温暖化対策の国家計画や地域計画の策定と実施，エネルギー分野等での技術の開発と普及，森林等の吸収源の保護・増大対策の推進，などが定められた（条約4条1参照）。

それに対して，先進締約国（付属書Ⅰの締約国）には，追加的なコミット

メントとして，温室効果ガス排出の抑制，吸収源の保護・増大に関する国家政策および対応措置を採択すること，および1990年代末までに温室効果ガスの排出量を1990年レベルまで戻すことを目指して，政策措置および排出と吸収の予測について締約国会議に通報することが課せられた（同4条2）。OECD加盟の付属書IIの締約国には，さらに，途上国支援のために，新規かつ追加的な資金を供与すること，また，途上国と11条のいう資金機構（暫定的に地球環境ファシリティ：GEF）との間で合意される措置の実施のために必要な増加費用をまかなう資金を提供することが求められた（同4条3）。

以上の共通だが差異のある責任という基本原則について，議定書交渉において，途上国側における排出抑制・削減の数値目標設定に向けた交渉プロセスを開始すべきであるというエボリューションに関する提案が先進国（米国，ニュージーランド）からあったが，結局，途上国から猛烈な反対にあい，議定書は，条約4条1の定めるすべての締約国のコミットメントを再確認するにとどまった（10条）。

(4) 温室効果ガスの排出抑制・削減目標（議定書3条）

以上のように，条約は，温暖化防止のための一般的な枠組みを設定するにとどまり，温室効果ガスの特定，排出削減の数量目標の確定，吸収源の具体的扱いなどの詳細については，すべて議定書にゆだねられた。

激しい議論の末に採択された条約の付属書Iに含まれ，または条約4条2(g)に従い通告した締約国（以下，付属書Iの締約国）に課せられる温室効果ガスの排出抑制・削減目標に関する議定書の規定は，以下のとおりである。

① 排出抑制・削減目標（3条1，7）　まず，付属書Iの締約国全体の目標については，付属書A（対象ガスの種類および対象分野）に掲げられる温室効果ガスの人為的な総排出量（二酸化炭素換算）を，2008年から2012年までの5年間に付属書Iの締約国全体で少なくとも5％削減することになった（1項）。

次に，国別の削減率の割当てについては，単独にまたは共同で，付属書Aに掲げられる温室効果ガスの人為的な総排出量（二酸化炭素換算）が，付属書Bに掲げられる排出抑制・削減のコミットメントおよび7項に従って計算される割当量を超えないようにするということで合意された。付属書Bに掲げられる排出抑制・削減のコミットメントによれば，各国の削減率は差異化

V 大気および土壌

され，ECその他26ヵ国が8％，アメリカ7％，日本，カナダ，ハンガリーおよびポーランド6％，クロアチア5％であり，ニュージーランド，ロシアおよびウクライナは0％の削減つまり安定化であり，他方，ノルウェー，オーストラリア，アイスランドは，それぞれ1％，8％，10％の増加が認められた。

上記の数量化された排出抑制・削減目標（QELROs）は法的拘束力のあるものであり，その実施状況は18条の定める不遵守の手続およびメカニズムに従うことになる。

② 対象ガスと基準年（3条1，8） 議定書は温室効果ガスを6種類（二酸化炭素，メタン，亜酸化窒素，SF_6，HFC，PFC）に限定し，それらを二酸化炭素換算するというバスケット方式を採用した。二酸化炭素換算には地球温暖化係数が用いられる。

排出削減の基準年に関して，二酸化炭素，メタン，亜酸化窒素については1990年とし，残りのSF_6と2種の代替フロンについては1995年とすることができるとした。

③ 吸収源（3条3，7） コミットメントの達成のために，国内の森林などの吸収分を差し引くいわゆるネット方式については，アメリカは支持したが，日本，EU，AOSISなどは吸収量の正確な測定が不可能であるという理由で反対した。結果的には，1990年以降の人為的な植林（afforestation），再植林（reforestation），森林減少（deforestation）（森林減少は排出分として計算）に限定して，その吸収分または排出分が算入されることになった（3項）。

④ バンキング（13条） 付属書Ⅰの締約国は，排出量を割当量以下に抑えることができる場合には，その差を第2期の約束期間に繰り越せる。これは，コミットメントの実施を促進する有効なインセンチブとなる。

(5) 政策・措置（議定書2条）

付属書Ⅰの締約国が，3条の定める排出削減の数値目標を達成するために，国情に応じてとるべき政策・措置を次のように例示した。エネルギー効率の向上，吸収源や貯蔵庫の保護と強化，並びに持続可能な森林管理，植林，再植林，持続可能な農業，新・再生可能エネルギー，二酸化炭素固定技術，環境上健全な技術の促進，研究，利用強化，条約の目的に反する財政的インセ

ンチブ，免税，補助金の漸進的削減，撤廃，運輸部門における排出抑制・削減，廃棄物管理，エネルギー生産・運輸・配送におけるメタンの抑制・削減．

(6) 排出抑制・削減目標達成のためのメカニズム（議定書4，6，12，17条）

議定書は，上記の3条の定める排出削減の数値目標を達成するために，以下のような柔軟で効果的な手法を採択した．

① 共同達成（4条）　これは，ECバブル方式とよばれるもので，EC全体で決められた削減目標を達成するために加盟国各国に削減率を割り振ることができる，というものである．4条は，このようなECバブル方式を含め，削減目標を共同で達成することに合意した付属書Ⅰの締約国が，もし各国の総排出量が合意に参加する国の数値目標の合計を超えなければ，コミットメントを履行したものとみなすとして，ひろく共同達成を認めた．合意書には合意参加国の排出割当量が記載される．合意書は，議定書の批准書，承諾書，加入書の寄託の日に事務局に通告され，そして事務局はそれをすべての条約の締約国および署名国に通告する．

② 共同実施（6条）　採択された議定書6条1および3条10の下では，付属書Ⅰの締約国は，コミットメントの履行のために，以下の条件で，プロジェクトから得られる排出削減量をクレジットとして他の付属書Ⅰの締約国へ移転し，または他の付属書Ⅰの締約国から獲得できることになった．

(a) 関与する締約国から当該プロジェクトが承認されること
(b) 当該プロジェクトがない場合よりも排出量を削減し，または除去すること
(c) 排出削減量の獲得はコミットメントの達成のための国内措置にとって補完的なものであること

上記(c)は，共同実施により先進国は自国内での削減努力を回避するようになるという途上国からの批判に答えるために挿入されたものである．

なお，共同実施に参加できる主体は，付属書Ⅰの締約国であり，または民間を含む法主体である（3項）．

③ クリーン開発メカニズム（12条）　付属書Ⅰの締約国以外の国（途上国）は，このメカニズムにもとづき，認証されたプロジェクト活動により利益を得ることができる．他方，付属書Ⅰの締約国は，当該プロジェクト活動から生じる認証された削減量を自国のためにクレジットとして利用できる．

V 大気および土壌

このメカニズムは，締約国会議の指導に従い，かつ設立が予定されている執行委員会の監督を受けることになる。

各プロジェクトの活動から生じる排出削減は，以下の原則にもとづき，締約国会議の指定する運営主体によって認証されることになる。

  (a) 関係締約国によって承認された自主的な参加であること
  (b) 気候変動の緩和に関連する実質的で，測定可能な，長期的な利益をもたらすものであること
  (c) 当該プロジェクト活動がない場合と比較して追加的な排出削減があること

ところで，このメカニズムへの参加主体として，公的主体のみならず民間もあげられている（9項）。

④ 排出取引（emissions trading）（17条）　これはアメリカの主張してきた考えで，17条によれば，付属書Bに掲げられる締約国は，3条の定めるコミットメントを履行するために，市場での排出取引（削減に余力のある国と目標達成が困難な国が排出枠を売買する）に参加することができる。つまり，市場での取引により排出削減量の一部を他の付属書B国から獲得し，または他の付属書B国へ移転できるのである（3条10参照）。ただし，当該取引は，3条の定めるコミットメントを履行するための国内的な行動にとって補完的なものでなければならないという条件が付与された。

排出取引に関する具体的な制度設計，例えば取引に関する原則，仕組み，規則およびガイドライン，特に取引の検証，報告，責務に関しては先送りされ，条約の第四回締約国会議で検討され，その後決定されることになった。

⑺　不遵守（議定書18条）

議定書は，不遵守の事例を決定し，対処するための手続とメカニズムについて具体的規定を採択するに至らなかった。この議定書の締約国会合として機能する第一回目の締約国会議において，不遵守の原因，種類，程度および頻度を考慮して，結果の表示リストを作成するとともに，前記手続きとメカニズムが承認される予定である。ただし，拘束力のある結論を伴う前記手続とメカニズムの採択には，議定書の改正が伴う。

3. 評価および今後の課題

　以上のように，気候変動枠組条約および京都議定書は，オゾン層保護に見られる「枠組条約 — 議定書」アプローチを採用し，また共通ではあるが差異のある責任の原則と予防原則を採用した。議定書は，難産の末に温室効果ガスの削減目標の数値化に成功した。しかし，京都議定書は，依然として合意の得られない多くの問題について，将来の締約国会議の交渉に任せてしまった。その意味で京都議定書は「枠組議定書」ともいわれている。

　いわゆる京都メカニズムについては，京都会議以降の第四回締約国会議（1998年，ブエノスアイレス），第五回締約国会議（1999年，ボン）および第六回締結国会議（2000年，ハーグ）においても何ら進展が見られなかった。また，議定書は，排出削減の数値目標を達成するために重要な政策・措置を例示したが，今後は，各国の政策・措置の効果を高めるための協力や調整についてのガイドラインを作成するとか，各国の政策・措置の比較を透明性の高い方法で行うためのパフォーマンス指標を開発することなどが必要になるであろう。

◇　参考文献
1．西村智朗「気候変動条約交渉過程に見る国際環境法の動向㈡」名古屋大学法政論集162号（1995年），107-47頁
2．「特集・地球温暖化防止京都会議と今後の環境政策」ジュリスト No. 1130（1998年）
3．「特集・COP 3京都会議の成果と取組み」季刊環境研究 NO. 110（1998年）
4．「特集・温暖化防止をめぐる攻防」法律のひろば Vol. 51, No. 3（1998年）
5．岩間徹「第5章　地球温暖化と国際法」（信夫隆司編『環境と開発の国際政治』南窓社（1999年），129-157頁）

17 砂漠化防止

[高村ゆかり]

1. 砂漠化の現状

(1) 世界的な砂漠化の現状

「砂漠化（desertification）」とは，「乾燥地域，半乾燥地域及び乾燥半湿潤地域における種々の要因（気候の変動及び人間活動を含む）による土地の劣化」（砂漠化対処条約第1条(a)）をいう。ここでいう「土地の劣化」とは，土地の利用や，風・水による土壌の侵食，土壌の性質の変化，自然の植生の長期的喪失などにより，土地の生産性が失われ，土壌の性質が植物の生育に適さなくなることを意味している。砂漠化対処条約事務局によれば，きわめて乾燥した砂漠を除く世界の乾燥地の70％，約36億haが悪化している。国連環境計画によれば，毎年6万km²（九州と四国を合わせた面積に匹敵）の速さで砂漠化が進行しているとされる。とりわけ，このような砂漠化の影響を最も深刻に受けているのは，アフリカとアジア（中国北部，中央アジア，インド，中近東など）である。砂漠化の影響を受けている土地のうち，その影響が気候変動に起因するものが13％，人間活動に起因するのが87％といわれる。

(2) 砂漠化の原因と影響

一般に，土壌を含む環境は，ある程度の気候の変動や人間活動の影響を受けても，回復する力を有している。しかし，従来とは異なる大幅な気候の変動や過度な人間活動は，このような土地の回復力を弱め，その結果，土地の劣化を招く。乾燥地域の場合，水の供給が限定されており，降雨量も季節によって大きく変わる。さらに，数年，数十年ごとに大きな気候変動が起こる場合もある。このような気候変動は，大気中の二酸化炭素濃度の上昇などによる地球の温暖化や熱帯林の減少などと何らかの関係があるのではないかと

17 砂漠化防止

過開墾による表土流出
(写真撮影・提供　鳥取大学乾燥地研究センター・北村義信先生)

薪炭材の過剰採集による植生破壊
(写真撮影・提供　鳥取大学乾燥地研究センター・山中典和先生)

V 大気および土壌

言われているが,必ずしもその因果関係は明らかではない。人間活動による原因の大部分は,その土地の環境条件を無視した土地利用にあるとされている。例えば,過放牧,過度な耕作や過剰灌漑などの不適切な農地管理,森林伐採,家庭消費のための植物(薪炭材)の過剰利用などがその主たる事例である。こうした砂漠化の原因となる環境容量を超えた過度な土地利用が行われる背景には,急激な人口の増加,住民の貧困などの社会的・経済的要因などが存在している。こうした気候変動や人間活動が原因となって,風に吹き飛ばされたり(風食),雨で洗い流されること(水食)による土壌の流出,不適切な灌漑が地下の水位を上昇させ,土壌が水没し塩が表面に現れる塩性化などによる土壌の化学的性質の悪化,牛などの家畜が踏み固め,土壌が植物の生長を支え水分を維持することができなくなる土壌の物理的性質の悪化などを招く。とりわけ,風食と水食による土壌流出が砂漠化の最も大きな原因となっている。

砂漠化が生じると,土地の生産性が失われるため,地域の人々が困窮し,その周辺の土地の過度な利用を引き起こすことで,砂漠化を拡大・進行させる傾向がある。砂漠化は,食糧や飼料,燃料用木材の不足を生じさせ,その地域の生態系や生物多様性を喪失させる。さらに,飢餓や栄養不足人口の増大,洪水などの災害の発生,土地の放棄による地域社会の崩壊,難民や国内避難民の拡大,都市への人口集中,さらには,民族間の抗争や政治的・社会的混乱を生じさせるおそれがある。国連環境計画によれば,地球の陸地の4分の1,2億5,000万人がこうした砂漠化から直接影響を受け,約10億人が砂漠化の危険にさらされている。

(3) アジア地域における砂漠化の現状

アジア地域は,アフリカ地域と並んで,最も砂漠化の影響を受けている地域の一つである。アジア大陸43億haのうち,17億haが乾燥地で,そのうち22％が砂漠化の影響を受けている。なかでも,中国は,その国土の約27％が砂漠化の影響を受けており,毎年5,000km²以上の地域が新たに砂漠化している。砂漠化の影響を受ける地域には,約4億人が生活しており,中国の経済的損失は,毎年65億米ドルに達すると推定されている。

(4) 日本と砂漠化

　日本は，1998年9月に砂漠化対処条約（後述）を受諾し，同年12月日本について条約が発効した。日本政府は，砂漠化対処の取組みとして，政府開発援助（ODA）による砂漠化の現状把握と対策のための調査，技術協力，資金貸付などの支援を行っている。また，砂漠化のメカニズムや乾燥地での農業の方法，水の有効利用の方法などについて調査・研究を行っている。他方で，民間レベルで，少なからぬNGOが砂漠化の影響を受けている地域，とりわけ中国内陸部において，砂漠化防止や生態系の回復，持続可能な農業技術支援などの活動を展開している。

2. 砂漠化への取組み

(1) 砂漠化への国際的取組み

　1968年から73年のサハラ砂漠南部での厳しい干ばつは，著しい土地の劣化を招いた。これが砂漠化防止の国際的取り組みの契機となり，1977年に国連砂漠化防止会議（UNCOD）が開催された。国連砂漠化防止会議は，はじめて砂漠化問題を国際的に取り上げた会議である。会議では，世界の乾燥地域において，「砂漠化」と呼ばれる土地の劣化が広く進行していることが確認され，砂漠化防止行動計画が採択された。そして，国連環境計画の砂漠化防止行動センターを中心に砂漠化防止対策を推進していくことになった。

　1992年の国連環境開発会議では，アフリカ諸国を中心とする発展途上国の強い要請で，「アジェンダ21」の第12章「脆弱な生態系の管理―砂漠化と干魃防止対策―」に砂漠化対処条約の必要性が確認され，同年12月の国連総会において，条約の政府間交渉委員会が設置された。1994年6月17日，「深刻な干ばつ又は砂漠化に直面する国（特にアフリカの国）において砂漠化に対処するための国際連合条約」（以下「砂漠化対処条約」）が採択，1996年12月26日，発効した。2000年12月6日現在，172ヵ国が条約の締約国になっている。

(2) 砂漠化対処条約の内容

　砂漠化対処条約は，前文と40の条項，そして，砂漠化・干ばつのおそれのあるアフリカ，アジア，ラテンアメリカ・カリブ地域，地中海北部の4つの

V 大気および土壌

地域についての実施附属書からなる。

条約は，まず，その目的として，砂漠化への対処と干ばつの影響の緩和をあげ，さらに，この目的の達成のために，土地の生産性の向上・回復・保全と持続可能な管理に焦点を当てた長期的かつ総合的な戦略，とりわけ地域社会における生活条件の改善をもたらす戦略が必要であるとする（第2条）。すなわち，この条約は，物理的な土地の改善にとどまらず，砂漠化を引き起こしている社会的・経済的側面を考慮し，究極的には砂漠化の影響を受けている地域の持続可能な発展をめざすものとなっている。

次に，条約は，条約実施の原則として，①砂漠化対処計画の立案・実施についての決定への住民・地域社会の参加，②国際的協力・調整の促進と，資金，人的資源，技術などの重点的投入，③政府，地域社会，NGO，土地所有者などすべての関係者間の協力の発展，④影響を受ける発展途上国の特別のニーズと事情の考慮を掲げている（第3条）。とりわけ，条約実施にあたっては，アフリカの締約国を優先させるとしている（第7条）。

条約は，深刻化している砂漠化問題への基本的な取組方法として，まず，砂漠化の影響を受け（てい）る国・地域が砂漠化に対処する行動計画を策定・実施し（第5条，第9～11条），次に，これらの行動計画の実施について先進国が資金援助や技術移転などの支援を行い（第6条，第13条），さらに，国際社会が協力体制を強化する（第4条，第12条，第13条），としている。とりわけ，資金面では，地球環境ファシリティなど既存の枠組みを有効に利用することとし，既存の資金援助を調整する機関として「グローバル・メカニズム」を設置することにしている（第21条4項）。「グローバル・メカニズム」については，第1回締約国会議で，国連開発計画と世界銀行の協力のもとに，国際農業開発基金（IFAD）が管理することとなった。

(3) アジア地域実施附属書

アジア地域実施附属書（附属書Ⅱ）は，アジア地域の特別の状況に照らして，条約の効果的実施のための指針と措置を定めるものである（附属書Ⅱ第1条）。附属書Ⅱは，アジア地域の特別の状況として，砂漠化の影響を受ける地域が占める割合の高さ，気候，地形，土地利用，社会経済体制の多様性，砂漠化の原因としての貧困，世界経済や社会問題の及ぼす影響の重大さ，砂漠化問題を取り扱う能力の不足，持続可能な発展追求のための国際協力の必

要性をあげている（第2条）。条約と附属書に基づいて開催された地域会合では、テーマ別計画ネットワーク（TPN）アプローチがアジア地域の協力の中心となった。①砂漠化モニタリングとアセスメント、②アグロフォレストリー（樹木と農作物または家畜とを意図的に組み合せた土地利用方法）と土壌保全、③放牧地管理と移動砂丘の固定、④農業のための水資源管理、⑤干ばつ影響緩和と砂漠化対処能力の強化、⑥統合地域開発計画の実施への援助という六つの計画ネットワークがアジア地域について計画されている。それぞれのネットワークは、一の「任務管理（task manager）」国により調整され、例えば、アグロフォレストリーと土壌保全のネットワークは、この分野の専門家を有するインドが主催する。ネットワークのそれぞれのメンバーが、国家レベルで計画を実施し、調整する任務を負う中央連絡先となり、ネットワークが既存の国家制度や活動により一層統合されることを確保する責任を負っている。

3. 評価および今後の課題

(1) 砂漠化対処条約の評価

砂漠化対処条約により、資金メカニズムを含む本格的かつ総合的な砂漠化問題に対処する枠組みが初めて提供された。とりわけ、砂漠化対処条約は、人為的活動が砂漠化の主要な原因であり、その背景には発展途上国における貧困や人口の急増などの社会的・経済的要因が存在していることをふまえて（例えば、条約第4条2項、アフリカ地域実施附属書第8条3項など）、こうした要因の解消を視野に入れて砂漠化への対処を行おうとしている点で画期的な条約である。

また、砂漠化が人間活動に起因し、砂漠化問題の解決のためにとられる措置が地域の住民の生活に大きな影響を与えるため、地域の住民が砂漠化への対処の計画策定とその実施の過程に参加することを条約実施原則の筆頭に掲げている。リオ宣言原則10にもうたわれているこの「住民の参加」という原則は、「持続可能な発展」概念の中核的要素である。また、これまでの砂漠化防止への取組みのなかでその重要性が確認されてきた原則でもある。条約の定める「住民の参加」原則は、一般的・抽象的なもので、締約国の行動の指針とはなるものの、原則への違反を容易に認定しその責任を追及できる性

V 大気および土壌

格のものではない。しかし，例えば，アフリカ地域実施附属書Ⅰにおいて「専門的知識を有する非政府組織の動員」や「分権化された政府組織の強化」が特に言及されているように（第8条1項），様々な地域に関する実施附属書の枠組みにおいて，この原則の実施を確保するための計画の内容やとられるべき措置が定められており，地域ごとの特別の状況に基づいてこの原則はある程度具体化されている。

「発展」概念の人権の観点からの再構築，そして，内的自決権の実現の観点から，発展過程への市民の参加が70年代より強調されてきたが，なかなか社会的現実となってこなかった。砂漠化への対処の中で，その「実質化」を実現できるかどうかは今後の条約実施のあり方にかかっている。他方で，砂漠化の原因である人間活動の経済的・社会的要因，とりわけ発展途上国における貧困と低開発の解消の努力がなければ，問題の根本的解決とはならず，条約の実施も進まないであろう。砂漠化問題の解決に条約が有効な手段となりうるかどうかは，こうした経済的・社会的要因の解消のための国際経済体制の変革を含む国際社会の協力体制を構築できるかどうかにかかっていると言えるだろう。

(2) 他の環境条約との相互連関

砂漠化が，気候の変動や人間活動に起因し，かつ，その地域の，そして世界的な環境に少なからぬ影響を与えるという点を考慮して，関連する問題を総合的に視野に入れた砂漠化への対処が必要である。例えば，砂漠化を引き起こす気候変動の要因として，地球温暖化，熱帯林破壊などがあげられる。したがって，これらの問題への対応において，砂漠化への影響がうまく考慮されれば，砂漠化防止への効果的な一助となりうる。また，砂漠化は，その地域の生態系を破壊し，生物多様性を失わせることから，砂漠化への有効な対処は，生物多様性の保全に資することになるであろう。

しかし，国際社会においては，これらの相互に関連する問題に対処する枠組みは，砂漠化対処条約，生物多様性条約，気候変動枠組条約などのそれぞれ異なる条約が定めており，これらの条約の実施を相互に調整する法的しくみはない。そこで，これらの問題の相互関連性をふまえて，活動の重複を避け，効果的に活動を行うために，砂漠化対処条約事務局は，締約国会議からの要請を受けて，生物多様性条約，気候変動枠組条約，ラムサール条約の各

事務局と，定期協議・情報交換をはじめとする関係の強化をはかっている。なかでも，生物多様性条約の事務局とは，「乾燥地及び半湿潤地の生物多様性に関する計画」を共同で作成した（生物多様性条約第5回締約国会議決定V／23）。

　このような条約相互の調整が必要な問題として，まず，半乾燥地における植林による緑化やアグロフォレストリー（農林業）などの砂漠化に対処する措置にあたって選択される種の選定の問題がある。例えば，アフリカの半乾燥地では，従来，早期緑化の観点から生長が特に早い外国樹種を使用した緑化が行われてきたが必ずしも砂漠化防止に効果的ではなかった。そのため，近年では，地域の自然条件に適応し，住民の生活の観点から家畜の飼料や食用として多目的利用が可能な樹種に変わってきている。また，乾燥地での耐乾性，耐塩性作物の育成やそのような性質を持った遺伝子工学による遺伝子組替え作物の開発が行われているが，このような作物の導入が，現地の生物多様性に与える影響について慎重に評価し検討することも必要である。

　また，京都議定書のもとでの森林などの吸収源に関する問題もまたこうした問題の一つである。確かに，半乾燥地における在来種の植林やアグロフォレストリーなどが京都議定書のもとで促進されれば，砂漠化を防止する一定の効果を期待できるかもしれない。しかし，土地利用，土地利用変化および林業に関するIPCC（気候変動に関する政府間パネル）特別報告書（2000年）が指摘するように，森林などの陸上生態系における炭素の固定は，人間活動，火災，環境の変化などにより再度大気中に放出されうる不安定で一時的なものであり，また，吸収源に関する活動による「吸収量」の測定には高い技術的な不確実性が伴う。さらに，クリーン開発メカニズムのもとで吸収源に関する事業が行われることになると，事業の受入国である途上国の一定の区域が事業地域として長期にわたって「囲い込」まれ，途上国の発展，途上国の住民の生活と発展を阻害することも懸念される。したがって，温暖化防止措置としての吸収源の利用は，京都議定書の定める削減義務を曖昧にし，温暖化対策を先送りしない形で行われる必要がある。また，吸収源に関する措置が砂漠化の影響を受けている地域で行われる場合には，少なくとも，その措置が当該地域の生態系に与える影響の評価，措置の実施や得られる利益の配分に関する意思決定への地域住民の参加の確保など，砂漠化対処条約や生物多様性条約が要求する要件を満たすことが条件とされるべきであろう。

V 大気および土壌

条約の事務局レベルでの協力と調整に加えて，砂漠化とその他の問題との相互連関を考慮して，条約の締約国会議がそれぞれの問題に対処する国際的枠組みを決定すること，そして，これらの条約を実施する締約国のレベルで実施措置が調整されることが，砂漠化への効果的対処に不可欠である。

◇ 参考文献
1. 恒川篤史，立入郁「土地荒廃と生物資源の持続的利用」『岩波講座　地球環境学　6　生物資源の持続的利用』59-96頁，岩波書店（1998年）
2. 稲永忍「アジア半乾燥地域の農牧業と砂漠化現象」『岩波講座　地球環境学　6　生物資源の持続的利用』97-122頁，岩波書店（1998年）
3. 門村浩，竹内和彦，大森博雄，田村俊和著『環境変動と地球砂漠化』朝倉書店（1991年）
4. 環境庁編『平成11年版　環境白書』大蔵省印刷局（1999年）
＊ 鳥取大学乾燥地研究センターのホームページから，砂漠化に関する情報を得ることができる（http://160.15.45.11/）

VI 国際公域の環境

18 第五福竜丸事件　臼杵知史
19 南極観光ツアー事故　臼杵知史
20 宇宙ゴミと衛星破片の落下　中谷和弘

18　第五福竜丸事件

[臼杵知史]

1. はじめに

　国際法上，公海自由の原則は，領有・帰属からの自由と使用の自由を含むものである。使用の自由の内容は，1958年公海条約と国連海洋法条約を比較してもわかるように，時代とともに変化してきた。使用の自由は，公海の自由を行使する他国の利益に合理的な考慮を払って行使されなければならない。国際法上いずれかの自由が他の自由に優先するものではない。本件（1954年）はそうした公海使用の調整をめぐる事件である。さらに，核実験そのものの合法性も本件で問題となったが，核実験を部分的あるいは包括的に禁止する条約が締結されたのは1960年代以降である。本件はそうした状況で発生した事件である。

2. 事　　実

　アメリカは1946年7月以降，その施政下の太平洋信託統治地域にあるマーシャル諸島において核爆発実験を行っていた。1954年3月1日，マーシャル諸島北西部のビキニ環礁（ビキニ島）で行われたアメリカの水爆実験によって日本のマグロ漁船（第五福竜丸）が放射能によって汚染された。乗組員23名のうち船長1名は同年9月に放射能症で死亡し，船体も被害を受けた。漁獲されたマグロは地中に埋立て処分され，日本政府は船体を買い取り，100カウント以上の放射能を示す他の船舶についても漁獲物が廃棄処分された。太平洋の小島で実施されたこの実験による損害は，漁場の変更，航路の迂回，マグロの価格暴落などを含めて，約20億円と推定された。
　アメリカは1948年1月からビキニ西方のエニウエトク環礁周辺を危険区域

に指定し（東西約200カイリ，南北約130カイリ），領海3カイリ内を閉鎖区域とし，その周辺公海は船舶・航空機に危険な区域であると警告した。1953年5月，ビキニ環礁を含む危険区域が設定され（東西約335カイリ，南北約150カイリ），同年10月日本の海上保安庁は危険区域の拡大を知らせる米軍告示を水路通報に転載した。にもかかわらず，第五福竜丸はアメリカが公海に設定した危険区域の外側で被災した。その後，アメリカは1954年3月26日に2回目の水爆実験を実施し，5月21日に危険区域を解除した。

　本件発生のあと，アメリカのアリソン大使は3月19日に日米合同調査の結論にしたがって日本国民が蒙った補償を支払う用意があること，さらに4月10日に遺憾の意を表明し，補償の支払いを確認した。日本は道義的な問題として十分な補償を希望したといわれる。両国交渉の結果，1955年1月4日に「ビキニ被災事件の補償問題に関する日米交換公文」が重光外相とアリソン大使の間で交わされ，それによれば，アメリカ政府は日本政府に対して，本件から生じた傷害または損害に対する補償のため，200万ドルを「法律上の責任の問題とは関係なく，好意によって（*ex gratia*）提供する」とした。日本政府は本件に関するすべての請求を完全に解決するものとしてこの補償を受諾した。

　被害を受けた漁業関係者はこうした解決に満足せず，日本政府に対して補償額と推定損害20億円の差額を補償するように求めた。しかし，日本政府は，本件のような公海上の核実験は国際法違反の行為ではなく，政治的解決による慰謝料の支払いをもって両国間の合意が成立したとし（1955年1月22日参議院水産委員会における政府見解），漁業関係者の要求を拒否した。日本政府は被害者に上記200万ドル（7億2,000万円）の補償を配分した（1955年4月28日の閣議決定）。

3. 法的争点

(1) 水爆実験の違法性

　当時，領水と公海を含む水中および大気圏内における核実験を禁止する条約は存在しなかった。したがって，アメリカの施政権が及ぶ信託統治地域内における水爆実験は，核実験に関する条約によってとくに禁止されない。「大気圏内，宇宙空間及び水中における核兵器実験を禁止する条約」（部分的

VI 国際公域の環境

核実験停止条約）が締結されたのは，1963年である。この条約は本件発生時の慣習国際法規を確認（法典化）したものでない。この条約締結前の国家実行をみるならば，アメリカ，イギリス，ソ連および中国は1945年7月から1963年8月までの間に，少なくとも425回の大気圏内核実験を行った。さらに1963年英米両国がフランスにこの条約の署名を求めたとき，フランスは大気圏内核実験は国際法上違法でないとした。このように，核実験を行うことは少なくとも核保有国にとって国際法に違反する行為ではなかった。

(2) 公海自由の原則との関連

本件について議論された問題は，アメリカがその管理下にある小島で核実験を実施し，危険区域を含む広い範囲の公海を使用することが他国の利益との関係で公海使用の自由に違反するかどうかであった。代表的な学説は違法説と合法説の2つに分かれる。①違法説として，(a)公海上の危険区域の設定それ自体が公海自由の原則に反するという見解，(b)航行や漁業の自由を侵害する範囲で危険区域の設定は違法であるという見解があった。②合法説として，(a)核実験のための公海使用は危険区域の設定のような適切な防止措置をとれば合法であるという見解，(b)アメリカの自衛のための水爆実験は他の自由を一時的に妨害しても合法とする見解があった。

いずれの見解が正しいかは断定できない。1958年公海条約（2条）によれば，国家は公海自由の行使に際して，他国の利益に合理的な考慮を払わなければならない。海洋法に関する1958年ジュネーブ会議に提出された条文案の注釈においては，国連国際法委員会（ILC）は「諸国は他国の国民による公海の使用に悪影響を与えるようないかなる行為もさし控えなければならない」という（YbILC, 1956, vol. 2, p. 278）。これらは条件つき合法説であると理解されている。しかし問題は，通常の軍事演習の場合と異なる規模や性質をもつ危険区域を設定して行われる核実験が公海使用の自由と両立するかどうか，そして両立すると考える場合に（条件つき合法説の場合）どのような措置が他国利益に対する合理的考慮であるかである。

現在，公海における軍事演習は，他国の利益（航行や漁業の自由など）を保護するため，関係国に対する事前通報，危険区域の設定，補償要求に応じる意思表明あるいは損害補償の事前の確約などを条件に合法であるとされる。しかし，軍事演習と区別される核実験についても，この条件説が妥当である

かどうかは不明である。

ところで，公海上の核実験それ自体の違法性が上記の海洋法会議で議論された。マーゴリスは，本件について核実験に伴う40万平方マイルの危険区域の設定は明らかに上空飛行の自由を含む公海自由の原則と両立しないと述べた。彼によれば，危険区域設定の背後にある人道的な目的は他国の「船舶や航空機に対するきわめて現実的な危険」の通告であるが，「その危険が人為的に導入されることを想起するならば」法的説得力を欠くという。58年ジュネーブ会議の第2委員会は，公海における核実験問題を「適切な行動を求めて」国連総会に送付するという内容の決議を採択し（賛成51，反対1，棄権14），同時に「核爆発は公海の自由を侵害する」という立場を明確にした（決議案の附属書Ⅱ）。その全体会議においても，チェコ，ポーランド，ユーゴスラビア，ソ連が「公海上の核実験は海洋法条約で禁止されるべきである」と提案した（Doc.A/CONF.13/L.18）。しかし，英米両国はこの問題は軍備縮小一般に関する争点として取り扱うべきであると反対し，結局は第2委員会の決議の立場が採用され（賛成58，反対0，棄権13，Doc.A/CONF.13/L.56），公海核実験禁止の共同提案（上記チェコら4ヵ国）は否認された。

このように核実験が公海自由を侵害するという非難は無視できないが，1958年公海条約は公海とその上空における核実験を特に禁止しなかった。明白な禁止の欠如を前提に，核実験の合法性をめぐる議論は同条約が発効した後も関係国の間で継続した。たとえば，56年以降の英米両国の一連の太平洋上の核実験について，日本は補償請求権を留保したが，実験国は「将来の補償請求を考慮する意思がある」と回答したにすぎない（M. M. Whiteman, Digest of International Law, vol. IV, 1965, pp. 577 et seq）。こうした実験国の主張は法的責任に関連して言及されたものではなく，法的確信の表明でも慣習国際法の証拠でもない。

(3) 補償問題の解決

以上のような法状況にてらして，本件では政治的妥協による解決が図られた。アメリカは本件発生について遺憾の意を表明し，実験による傷害と損害について200万ドルを支払うとしたが，交換公文によれば，この支払いは「好意による補償」（compensation *ex gratia*）である。アメリカの水爆実験が国際的に違法行為であるかどうかは不明のままとなった。もっとも，1991

VI 国際公域の環境

年公開された日本の外交文書によれば，日本政府は補償交渉の当初，アメリカに法的責任があると主張し，放射能汚染や魚価下落による損害（約27億円）を提示していた。最終的には，法的な損害賠償の形をとると魚価下落による損害についての因果関係を立証しなければならない等の理由から，日米両国は政治決着を図った。

たしかに放射能汚染による間接損害の立証は容易でない。他方，本件被災地点はアメリカが設定した危険区域の外側であった。条件つき合法説にたつならば，アメリカが実験の爆発力と風向きを誤算し，危険防止の見地から不適切な危険区域を設定したことが問題となる。核実験自体の合法性は別として，アメリカが適切な損害防止措置を怠ったという立証は不可能であったのかどうか（危険をある程度正確に予見できない活動について，適切な防止措置を条件とする当該活動の合法・違法論はほんらい無意味である）。その意味で，危険区域の設定に関するアメリカ側の過失が検討されるべきであった。なお，越境環境損害の防止について，人間環境宣言原則 21 は領域国の管理責任にふれるが，本件では実験「管理」国の義務違反が問題となりうる。

4. 評価

本件は日米間で政治的に解決されたが，理論上，公海における水爆実験の違法性が問題となる事例である。実験にともなう放射能汚染の規模や危険区域の範囲・期間の程度によっては，水爆実験は公海自由の原則に反するものと考えられる。

本件を契機に，核実験による「環境汚染」の防止または禁止が国際的に議論される。そうした動向が1963年部分的核実験停止条約の締結を促した。実際，この条約の目的の一つは「人類の環境の汚染を終止させる」ことにあり，平和目的の核実験も禁止される（前文，1条）。英米ソの諸国と異なり，条約締結の時点で地下核実験を行う能力をもたないフランスと中国は，条約に加入しなかった。

フランスは1966年以降南太平洋のムルロワ環礁で大気圏内核実験を実施した。オーストラリアとニュージーランドが原告となり，フランスの核実験停止を求めた。国際司法裁判所はフランスに対して他国領域に放射性物質を降下させる核実験の停止を求める仮保全措置を命じた（1973年）。この判決は

大気圏内核実験の合法性を審理しなかったが，60年代から70年代の国際社会では，人間の健康と環境に悪影響を与える核兵器の除去と廃棄が諸国の努力目標とされるようになる（72年人間環境宣言の原則26）。環境保護に貢献するとの認識から，1996年の包括的核実験禁止条約も締結された（前文）。ただし，核実験禁止条約はともに「締約国の至高の利益が危うくされる異常な事態」において条約から脱退する権利を認める（4条，9条）。これは，核兵器の使用に関する1996年の国際司法裁判所の勧告的意見がその使用を一般に違法であるとしつつ，国家の存亡に関わる極限状況ではその合法・違法性を確定できないとした判断に類似する。本件はこれら核実験・核兵器使用の禁止を求める動向とも無関係ではない。

◇ **参考文献**
1. 小田滋『海洋の国際法構造』有信堂（1956年）
2. E・マーゴリス「水爆実験と国際法」法律時報28巻4号（1956年）
3. 黒沢満「大気圏内核実験の法的問題──核実験事件を中心に──」阪大法学101号（1977年）
4. 林久茂「第5福竜丸事件」，田畑・太寿堂編『ケースブック国際法・新版』有信堂（1987年）
5. 田中則夫「第5福竜丸事件」，太寿堂他編『セミナー国際法』有信堂（1992年）

19 南極観光ツアー事故

［臼杵知史］

1. はじめに

　1929年アメリカの探検家バードは人類で初めて南極点上を飛行した。本件はその50年目に発生した南極観光の最初の事故である。南極観光は海からの「上陸型」と空からの「飛行型」に分類され，1957年から1998年までに船で上陸した人数は7万人に達し，80年代に入って南極訪問者の95％が上陸型である。飛行型は本件（1979年）のあと減少するが，チリは毎便40人の観光客をのせる定期便を運航している。1995年から1996年の観光客は9,200人であったが，1996年から1997年には11,000人に増えた。

2. 事　実

　1979年11月，南極観光のためニュージーランドを飛び立ったニュージーランド航空のDC10旅客機（乗客237人，乗員20人）が行方不明となり，米軍機による捜索の結果，同機は南極大陸スコット基地近くのエレベス山（the Mount Erebus，標高3,794m）に墜落炎上し，全員死亡の事実が確認された。同機はオークランドを出発した後，南極大陸沿岸のロス海，アメリカのマックマード基地とニュージーランドのスコット基地を旋回してオークランドに戻る予定であったが，マックマード基地北方で飛行中の連絡を絶った。ニュージーランド航空が企画したこの観光特別機には日本人24名のほか，ニュージーランド人，アメリカ人，オーストラリア人，イギリス人，カナダ人が乗っていた。墜落原因は不明であるが，大型機の限界を越える低空飛行，乱気流の発生，エンジン脱落による突発的異変などが推測された。当時すでに，厳しい自然に閉ざされた極地の観光旅行については万全の安全措置が要

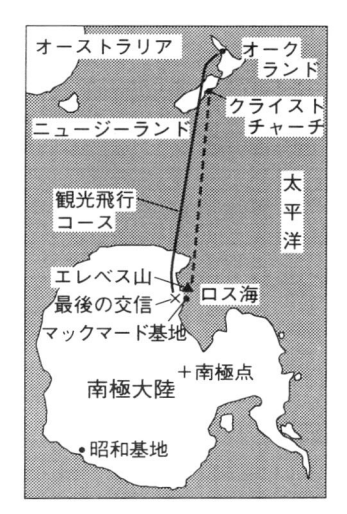

図1 本件事故 DC10 型機の予定飛行ルート

求されていた。事故発生の直前，南極条約の第10回協議国会議（1979年）は，観光旅行に対する管制と通信施設は不十分であり，事故に際しての捜索と救助の態勢もないので「運航には注意を要する」と勧告していた。

遺族に対する補償問題も生じた。ニュージーランドは南極への領土権を主張する国であり，南極観光旅行を国内航空便とする立場から航空会社の国内運送約款による補償にとどまるのか，それとも国際条約上の補償（1963年のワルシャワ条約改定のハーグ議定書）が支払われるか注目された。ここで補償問題や南極事件への民事裁判権の問題にふれる余裕はないが，現在の南極条約体制では，観光活動について単に「安全確保」だけでなく，環境保護の見地から，その企画者に対して関係国への事前通告，環境影響評価，海洋汚染などの環境緊急事態への準備，廃棄物の処分や放出の禁止を要求する（1994年勧告としてのガイドライン）。

3. 解　説

本件発生から20年が経過し，南極条約体制は大きく変化した。1991年「環

VI　国際公域の環境

境保護に関する南極条約の議定書」が採択され（98年発効），科学調査を除くすべての鉱物資源活動が禁止され，科学調査活動や観光等あらゆる政府・非政府活動に事前の環境影響評価が要求される（7－8条）。さらに議定書が発効するという見通しのもとで，第18回協議国会議（1994年）は「南極の観光および非政府活動に関する勧告」を採択した。以下，南極の観光活動（tourism）や探検隊など非政府活動による環境破壊を中心に，その規制の経緯，議定書と同勧告の内容および日本の関連国内法について述べる（なお，1994年勧告には「南極への訪問者のためのガイドライン」および「南極における観光及び非政府活動を企画し実施する者のためのガイドライン」が添付された）。

(1)　観光活動規制の経緯

南極における観光活動（Antarctic commercial tourism）は南極条約の締結前に始まる（1956年）。同条約は観光活動に直接言及しないが，規制対象から私人の活動（非政府活動）を完全に排除しない。禁止される軍事関連の活動と放射性廃棄物の投棄，および促進されるべき活動として科学的研究・調査に言及するほか，自国民が参加する「探検隊」について事前通告を求め，締約国相互の監視対象とする（7条）。1972年協議国会議の勧告によれば，条約と合意措置は実際には締約国が支援する訪問者とツーリストに適用される。

商業周遊船（クルージング）が出現する1966年から南極への訪問者が増えて，観光活動は協議国会議の議題となるが，それを直接に規制する議論は行われなかった。観光活動に関する70年代の勧告は，協議国の科学調査の保護と（科学的価値のある）環境への影響防止が中心であり，訪問者から基地への事前通告やツーリストその他の訪問者の条約遵守行為を確保するための国際協力を求めるものである。それは概して観光活動に伴う有害な影響について協議国の注意を促す内容であった。もっとも，チリとアルゼンチンは領有権強化の目的もあって商業観光を促進する態度を明確にし，アメリカも多くの潜在的旅行者と旅行案内人が自国民であるという事情からその規制動向に無関心ではなかった。

南極観光活動が商業活動の実質を備えたのは80年以降である。この時期は，人類共同遺産の概念に基づく途上国の南極条約体制への参加要求は否定されたが，環境保護が「平和と科学」と並ぶ条約体制の中心的価値であるとする

主張が有力となり，観光活動を議定書の「包括的」環境保護の枠内で規制する必要が認められるようになる。観光活動は第11回特別協議国会議および第16回協議国会議（1991年）の主たる議題となる。しかし，議定書に観光事業を扱う新たな附属書を設けるべきとする見解（チリとフランス，ドイツ，イタリー）と議定書による規制で十分であり附属書を不要とする見解（アメリカ）が対立した。1992年協議国会議でもこの対立は解消せず，協議国会議（1994年，京都）は観光活動に関する国内法制定をためらう一部の協議国に配慮し，微温的な勧告（XVIII-1）を採択した。それは，形式上アメリカの立場を支持するものであり，観光活動の拡大，および南極訪問者や観光・非政府活動の企画実施者（organisers）が発効後の議定書に拘束されることを認識し（前文），各国に対するガイドラインの配布（circulate）を勧告し，企画実施者に対して関連国内法に合致する範囲でガイドラインにしたがって行動するよう要請した。

(2) 議定書および関連国内法による規制

さて，南極における観光活動は1991年議定書および1994年勧告を受容する国内法によって規制される。議定書は南極環境と科学調査など特定の南極固有の価値を保護することを目的とし，科学活動のみならず「観光及び政府，非政府を問わず他のすべての活動」は，環境と生態系に悪影響を与えるかそのおそれがある場合，修正，停止または取りやめるものとする（3条）。

その悪影響を判断するため，活動は環境影響評価の手続に服する（8条，附属書Ⅰ）。締約国は「軽微又は一時的以上」の影響について詳細な環境評価書を作成し，環境保護委員会（CEP）とすべての締約国に送付し，同委員会の助言に基づく協議国会議の「検討」が行われるまで活動計画を実施できない（3条5）。

協議国会議が活動を許すどうかの最終的決定権をもつかどうか文言上不明であるが，活動実施に際して協議国の事前の許可を必要としないという否定的な解釈が有力である。したがって，環境影響が軽微・一時的以上であるかどうか，かつ委員会と協議国会議の検討のあとで活動を実施するかどうかについて関係締約国は広い裁量を有する。これは議定書の手続的欠陥とされる。しかし，そうした環境影響が懸念されるかぎり，締約国は議定書に特定される詳細な事項を評価しなければならない（2－3条）。さらに観光活動は動

VI 国際公域の環境

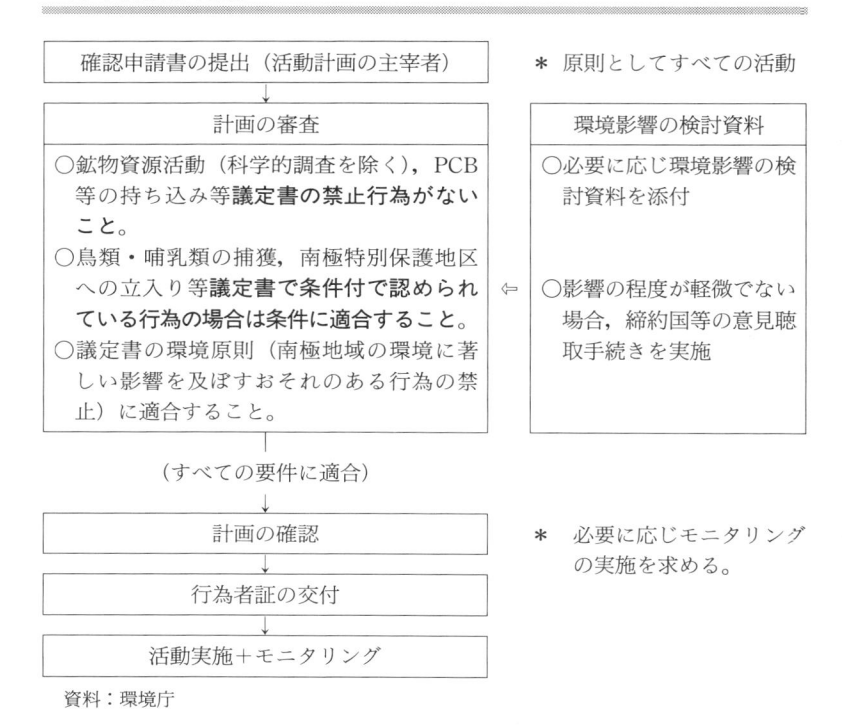

```
確認申請書の提出(活動計画の主宰者)     * 原則としてすべての活動
          ↓
       計画の審査                    環境影響の検討資料
○鉱物資源活動(科学的調査を除く),PCB    ○必要に応じ環境影響の検
 等の持ち込み等**議定書の禁止行為がない**   討資料を添付
 こと。
○鳥類・哺乳類の捕獲,南極特別保護地区   ○影響の程度が軽微でない
 への立入り等**議定書で条件付で認めら**   場合,締約国等の意見聴
 **れている行為の場合は条件に適合すること。** 取手続きを実施
○議定書の環境原則(南極地域の環境に著
 しい影響を及ぼすおそれのある行為の禁
 止)に適合すること。
          ↓
     (すべての要件に適合)

       計画の確認              *  必要に応じモニタリング
       行為者証の交付              の実施を求める。
     活動実施+モニタリング
```

資料:環境庁

図2 南極地域活動計画の確認制度(南極環境保護法)

植物相の保存,廃棄物の処分と管理,海洋汚染の防止に関する規則に服する(附属書II〜IV)。

　日本は1997年に議定書に加入し,国内法(「南極地域の環境の保護に関する法律」以下,南極環境保護法)を制定した。その目的,適用地域,禁止活動等の内容は議定書や附属書の内容と同一であるが,他方,政府・非政府の活動主体に悪影響なしという環境庁長官の確認を義務づける影響評価手続および違反行為に対する措置命令(議定書に制裁規定なし)が議定書の国内実施を確保するものとして注目される(前者の手続について図2を参照)。この評価手続では国立極地研究所などの専門の研究者が環境影響を審査する。観測船「しらせ」による日本の国家事業としての南極観測活動もこの手続きにしたがう。1999年の第41次南極地域観測隊について,環境庁は国の許可証に相

当する「行為者証」を観測隊の派遣母体である文部省の南極地域観測統合推進本部に交付した。また，日本の基地に蓄積された大型廃棄物については，1998年度から年間100トン以上を国内に持ち帰る計画が実施されている。

4. 評価および今後の課題

　冒険や探検を商品とする危険な観光業，とくに人命をあずかる航空業界の無責任な過当競争には一定の歯止めが必要である。本件航空機墜落事故の発生に際して，このようなコメントが一般的であった。しかし，南極観光そのものは，極地に対する国際理解のために非難される行為ではない。地球環境問題の解決に必要な科学調査の拠点として南極地域の重要性を考えるならば，そのような啓蒙効果は否定しがたい。

　他方，観光活動は，狭義の汚染源（観光輸送手段から生じる廃棄物の生成や海洋・大気汚染）であり，また輸送手段と訪問者の存在そのものは動植物相の保存を妨害するおそれがある。そのために南極環境保護の必要から観光活動についても多様な規制が課されるようになった。本件は，アルゼンチン船座礁に伴う南極半島近海での油漏出事故（1990年 the Bahia Parasio 号事故）と並んで，輸送手段による南極環境破壊の可能性を示唆する重大事故であった。いずれにせよ，観光活動は科学活動を妨害しない範囲で許されるべきと考える。こうした視点は，近く採択が予定されている観光活動に関する新たな附属書の核心となるであろう。

　議定書の附属書は廃棄物の処分・管理に関する附属書を除いて，観光活動を明示的に規制の対象としないが，日本の南極環境保護法は，動植物相の保存，特別保護地域への立入制限に関する規定を設け（13−14条，19−20条），また，「海洋汚染及び海上災害の防止に関する法律」を改正し，議定書の船舶に関する義務に必要な国内措置を講じている。

　他方，影響評価に関する議定書固有の上記の手続的問題は別として，議定書の遵守と査察には欠陥がある。①査察は観光活動のような私的活動にも行われるが（議定書14条），海洋汚染の防止にどの程度まで有効か疑問である。観光が頻繁に行われる場所については継続的な監視が必要といわれる。②議定書の遵守を確保するため，いかなる者の違反行為についても締約国は他の締約国に通報し，非締約国の違反行為については注意を喚起するにすぎない

(13条)。バハマやリベリアの便宜置籍による大型観光船による活動のように，観光活動の企画が非締約国で活動する個人や法人によって行われる場合に，議定書にしたがう観光活動の規制は困難である。③議定書に反する損害の発生について国家の国際責任と観光活動の私的実施主体の賠償責任の制度も必要である。緊急事態に迅速に対応するため，その事前通告や計画作成の義務（15条）にくわえて，南極観光活動の受益国が拠出する基金制度の必要も議論されている。

　いずれの制度も今後の観光活動の進展に応じて検討される未解決の問題であり，地球最後のフロンティア・南極においても自然環境と人間の共生をいかに達成すべきかという新たな課題について，関連の国際法の一層の整備が必要となる。

◇　**参考文献**
1. 神沼克伊『南極情報101』岩波書店（1983年）
2. 林司宣「南極条約体制の課題とその将来」国際問題353号（1989年）
3. 臼杵知史「環境保護に関する南極条約システムの変容」北大法学論集49巻4号（1998年）
4. 磯崎博司『国際環境法』信山社（2000年）
5. 池島大策「南極における環境保護の制度——内部的調整と外部的調整の展開」世界法年報19号（2000年）
6. 池島大策『南極条約体制と国際法』慶応義塾大学出版会（2000年）
7. 南極地域観測統合推進本部『報告書——21世紀に向けた活動方針』文部省（2000年6月公表）

20 宇宙ゴミと衛星破片の落下

[中谷和弘]

1. 事件の概要

　宇宙開発の進展とともに，不要になった人工衛星やロケット等の残骸や破片といった宇宙ゴミ（スペース・デブリ，space debris）が深刻な問題となってきた。というのは，これらのランダムに地球の周りを高速で周回している人工物が一旦人工衛星と衝突すると，時速数万キロでの衝突となりうるため，人工衛星が損壊してしまうからである。1996年7月には，デブリ（1986年のアリアンロケットの爆発から生じたもの）がフランスの小型衛星セリーヌに衝突し，セリーヌの一部が破損した。

　米国スペース・コマンドのカタログでは，2000年1月現在に地球を回る軌道上にある衛星は2,647（うち，米国726，旧ソ連（独立国家共同体，CIS）1,334，欧州宇宙機関（ESA）24，中国26，日本65），デブリは6,017（うち米国3,014，CIS2,591，ESA234，中国102，日本51）であり，これまでに分解したデブリの総数は14,779であるとする。もっとも，この中には衛星から生じた無数の小破片は含まれていない。別のデータによると，スペース・デブリは，運用中の衛星550，運用を終えて放置された衛星1,800，ロケット上段の胴体1,500，衛星運用中に放出されたゴミ1,000，衛星やロケットの爆発事故で発生したゴミ100万以上，ロケット燃料の燃えかす10万以上，原子炉燃料から漏れたナトリウム・カリウム冷却液の液滴50万，衛星からはがれた塗料の破片100万以上からなるとされる（参考文献4を参照）。

　また，人工衛星の破片は燃え尽きずに地表に落下することもある。例えば，1978年1月には，ソ連の人工衛星コスモス954がカナダに落下する事件が生じた。

2. 国際法の観点からみた宇宙ゴミ問題

ここでは，(1)宇宙ゴミに関連する既存の条約ルール，(2)国際法協会（International Law Association, ILA）による提言，(3)人工衛星や破片の落下よる地表第三者損害につき検討する。

(1) 宇宙ゴミに関連する既存の条約ルール

宇宙空間の法的地位と宇宙活動についての原則を定めた宇宙法分野での最も基本的な条約である宇宙条約（1967年）では，第9条において，宇宙空間における活動に際しては，他のすべての当事国の対応する利益に妥当な考慮を払うことを求め，また，宇宙空間の有害な汚染から生ずる地球の環境の悪化を避けるように宇宙空間の研究・調査を実施し，必要な場合にはこのための必要な措置をとることを義務づけている。宇宙ゴミも同条にいう「有害な汚染」に含まれると解せられるか，「必要な措置」の内容は何かは明確ではない。

宇宙損害責任条約（1972年）は，破片の衝突により第三者に生じた損害の問題につき規律する（後述）が，破片の衝突には至らない宇宙環境の悪化の問題は射程範囲外であり，それゆえ宇宙ゴミの発生防止や除去についてのルールは同条約には含まれていない。

宇宙物体登録条約（1974年）は，宇宙物体の打上げ国に当該物体の登録簿への記入と関連情報の国連事務総長への提供を義務づけるが，情報提供は「できる限り速やかに」（第4条1項）行なえばよく，また提供すべき情報の範囲が不明確なこともあり，宇宙ゴミの正確な追跡には不十分であると指摘される。

月協定（1979年）第7条は，月（その他の天体を含む，以下同様）の探査・利用において，月の環境悪化や月の環境の現存する均衡の破壊を防止する措置をとること，地球外物質その他の持込みによる地球の環境への有害な影響を避けることを当事国に義務づける。この規定は，宇宙条約第9条の規定を月の場合につきやや詳しく定めたものであるが，宇宙ゴミの問題について（どのように）適用できるか，「地球外物質」が何を指すかといった問題の他，そもそも月協定は当事国が9ヵ国しかないという問題もある。

国連宇宙平和利用委員会（COPUOS）科学技術小委員会では，1994年以来，

宇宙ゴミ問題についての検討を行なっているが，共通ルールの採択には至っていない。

以上より，既存の条約規定は，宇宙環境に言及する一般的規定にとどまり，宇宙ゴミに対処する明確なルールはないと言わざるを得ない。

(2) 国際法協会による提言

世界の国際法学者からなる学術団体である国際法協会は，1994年に「スペース・デブリによって引き起こされる損害からの環境の保護に関するブエノスアイレス国際規約」を採択した。この全16条（および紛争解決に関する付属書）からなる条文案の概要は次の通りである。

第1条 c では，「スペース・デブリは，宇宙空間にある人工の物体（活動中その他の有用な人工衛星は除く）であり，予見可能な将来においてこれらの状況の変化が合理的には期待できないものを意味する」と定義し，とりわけ以下の場合に発生するとする。「①ロケットおよび宇宙船の使用済みの段階を含む通常の宇宙活動並びに通常の操作中に分離されるハードウェア，②意図的か偶発的かを問わず，軌道上の爆発および衛星の破壊，③衝突によって生じたデブリ，④例えば固体ロケットの燃尽によって放出された微粒子および他の形態の汚染，⑤遺棄された衛星」。なお，本規約の保護対象となる「環境」は，「宇宙環境および国家管轄の内外の地球環境の双方を含む」（同条 d）とされる。

第3条では，協力の一般的義務として，国家および国際組織に環境保護および本規約の実効的な履行のための協力義務を課す（1項）とともに，デブリを生じさせる可能性のある自らの管轄または管理下での活動から生じる損害または重大なリスクを防止，減少または規制するすべての適当な措置とる義務を課す（2項）。

第4条においては，誠実に防止，通報，協議および交渉をする義務を定めるが，国家または他の国際組織は，他国または他の国際組織による活動が環境への損害を生じさせる可能性のあるスペース・デブリを発生させると信ずる理由を有する時は，協議開催を要求でき，相手方が協議を拒否したり正当な理由なく打ち切った場合には，悪意があると解釈される点（同条 d），誠実交渉義務つまり単に協議・会談の開催のみならず解決に到達することをかんがみてそれを遂行する義務を課した点（同条 e），これらの活動の促進の

VI 国際公域の環境

際に途上国の必要に特別の注意を払うとしている点（同条 f ）が注目される。

第 7 条では，宇宙物体の打上げを行ない，または行なわせる国家または国際組織は，活動が本規約，宇宙条約及び宇宙損害責任条約の規定に合致して実施されることを確保する国際責任（international responsibility）を負うと規定する。第 8 条では，宇宙物体の打上げを行ない，または行なわせる国家または国際組織は，当該物体によって生じたスペース・デブリの結果として他の国家，個人もしくは物体，または国際組織に対して生じた損害に対して国際的に賠償する責任を負う（internationally liable）と規定する。

このような提言は，スペース・デブリ問題に関する将来の条約作成にとっての貴重な参考となるものである。

(3) 人工衛星や破片の落下による地表第三者損害

宇宙法における責任原則の基本的特徴としては，第一に国家への責任集中がなされ，私企業が打ち上げた宇宙物体から生じた損害についても国家が責任を負うとしたこと（宇宙条約第 6 条），第二に，地表第三者損害につき打上げ国が無過失責任を負うとしたこと（宇宙損害責任条約第 2 条）である。なお，他の打上げ国の宇宙物体やその物体上の人員・財産に対する損害については，打上げ国の負う責任は過失責任にとどまる（第 3 条，但し当該損害が地表上で生じた場合は無過失責任）。この原則と整合させるのであれば，スペース・デブリが他国の宇宙物体に損害を発生させた場合にデブリの淵源国が負う責任は過失責任と解せられるが，過失概念を厳格化して，デブリ除去のための適切な措置をとらなかったこと自体を過失とみなして責任を追及できるとすることが妥当であろう。

1972年 1 月に発生したソ連の原子力衛星コスモス954のカナダ領域への落下事件においては，カナダ北部の無人地域への落下であったため，幸い人損も直接の物損もなかったが，カナダは衛星落下の捜索・回収費等，とりあえず判明した損害について，合計約604万カナダドルの金銭賠償を行なうよう1979年 1 月にソ連に請求した。その後，両国間の交渉の結果，1981年 4 月にソ連がカナダに300万カナダドルを支払うことで合意に達した。この法的根拠は合意内容の詳細が未発表であるため不明であるが，カナダは，国際協定および法の一般原則の双方の側面から請求を行なった。前者については，カナダ領域の広範囲にわたる衛星からの危険な放射能破片の堆積は，宇宙損害

責任条約第1条の「損害」に該当する（「財産の滅失若しくは損傷」に該当する）とし，同条約第2条に従ってソ連は無過失責任を負うと主張した。賠償額については，衛星によって加えられた損害が発生しなかったならば存在したであろう状態にカナダを回復させるためにかかる費用にとどまるゆえ，同条約第12条の範囲内のものとして認められると主張した。後者については，衛星のカナダ領空侵犯および衛星からの危険な放射性破片の堆積はカナダの主権侵害を構成するとし，主権侵害は賠償支払の義務を生ぜしめることが認められていると主張した。なお，カナダは未確定の損害や将来生じるかもしれない損害等の請求は留保した。これに対して，ソ連は，破片の返還（原状回復の一部として宇宙物体所有国に返還されるのが一般国際法上の原則である。宇宙救助返還協定（1968年）第5条3項では，打上げ国の要求がある場合には返還しなければならない旨，規定する）については関心がないのでカナダで処理してかまわない（放棄する）とし，またカナダの賠償請求については宇宙損害責任条約の規定を厳格に解釈すべきだと主張した。

　本事案は，宇宙損害責任条約が典型として考えているような「人身・財産に対する直接的かつ現実の損害」が発生した訳ではなく，いわば潜在的な損害に先手を打って除去する形でカナダは捜索・回収活動を行なったのである。それゆえ，同条約の対象となる損害の範囲に含まれるかについては議論がある。なお，宇宙救助返還協定第5条には，打上げ国からの回収・返還要請がない場合であっても放置が有害・危険と考えられる物体を領域国（破片落下国）が独力で回収した場合の明文規定を欠いている点が問題である。つまり，同条約上は，打上げ国による回収・返還要請がない場合には，第5条4項に基づいて領域国は打上げ国による立入りを甘受して打上げ国自身に回収させるしか規定がないが，これは場合によって安全保障上の深刻な不利益を生じさせるのである。同条の規定を改めて，領域国自らが破片を回収してその費用を打上げ国に請求する選択肢も加えられるべきであろう。

　なお，宇宙損害責任条約第11条では，本条約に基づく外交上の請求に先だって被害者が打上げ国に対して国内的救済措置を尽くすことは不要である旨，規定し（1項），また，国内的救済は妨げられないがそれが行われている間は外交上の請求はなしえない旨，規定する（2項）。同条約に定める権利をわが国が行使する際の手続きについては，1983年6月20日官報参照。

VI 国際公域の環境

3. 評価および今後の課題

　私企業による宇宙活動の増加（宇宙活動の商業化）とともに，21世紀においてはスペース・デブリの問題および衛星破片の地表への落下の問題は一層深刻なものになることが懸念される。

　スペース・デブリへの法的対処においてまず指摘すべきことは，問題は宇宙空間の環境それ自体というよりも，デブリの散乱による他の衛星との衝突という事故の防止であり，この点はまさに環境の悪化自体が問題である地球環境の諸問題とは環境の捉え方が異なる。デブリへの対策としては，例えばミティゲーション措置の基準が既にNASA，宇宙開発事業団，ESAにおいて定められている。また，国際宇宙航空アカデミー（IAA）は，1992年に，3段階に分けたデブリ抑制方策を提言している（①コストのかからない諸措置，②技術開発は不要だがハードウェアと運用プロセスの変更を要する諸措置，③新たな技術開発と技術実証を要する諸措置（参考文献2を参照））。日本航空宇宙学会のスペース・デブリ研究会の報告書（参考文献1を参照）では，デブリの予防措置として，①世界的規模の監視システムの設立，②デブリを生じさせないような設計の採用，③分離部分の最も迅速な地球再突入のための軌道の選定，④処分軌道の使用，⑤複数国の必要を同時に満たすような単一のプラットフォームの使用を挙げる。事後措置つまりデブリの処分については，放棄という一方的行為によってデブリの管轄権を免れることはできないとする。なお，デブリの一方的なサルベージや処分は登録国の権限を侵害すると同報告書は指摘するが，この点は打上げ国が迅速かつ実効的な措置をとるかどうかというファクターも勘案する必要があろう。将来のあるべき姿としては，もし打上げ国（デブリ発生国）が当該措置をとらない場合には，国連宇宙平和利用委員会での審議に基づいて，他の打上げ国による必要な予防的措置（デブリの除去措置）を認め，かつ費用をデブリ発生国の負担とするように，国際ルールを作成すべきであろう。さらに，デブリへの十分な対策をしない国家，国際組織，企業には，宇宙物体の打上げを認めないという不利益措置を課すことも検討されてしかるべきであろう。

◇ **参考文献**
1. 日本航空宇宙学会スペース・デブリ研究会『スペース・デブリ研究会報告書』(1993年)
2. 八坂哲雄『宇宙のゴミ問題——スペース・デブリ』裳華房(1997年)
3. 尾崎重義「スペース・デブリ——その法的側面」『COSMIC 東北』(1997年)
4. N.L.ジョンソン(木部勢至朗訳)「宇宙ゴミの脅威」『日経サイエンス』1998年11月号(1998年)
5. 龍澤邦彦「スペース・デブリによる宇宙空間の環境悪化への法・政策的対応」『法と行政(中央学院大学)』第10巻1号(1999年)

Ⅶ 貿易と環境

21 熱帯木材の貿易　中川淳司
22 ＧＡＴＴ／ＷＴＯの環境保護事件　中川淳司
23 野生動植物の貿易　磯崎博司
24 医療廃棄物輸出事件　臼杵知史

21 熱帯木材の貿易

[中川淳司]

　近年，熱帯林の保全が重要な課題として浮上してきた。年間平均1,500万haの割合で減少する熱帯林は，地球温暖化を加速し，生物多様性の保全にも多大の悪影響を与える。その反面，熱帯木材は，その生産国にとっては重要な外貨獲得源であり，熱帯林の保全はこれらの国の経済開発目的に抵触するおそれがある。熱帯木材貿易をめぐる国際的な制度は，こうした相反する政策課題の調整という課題を抱えて形成されてきた。

1. 熱帯木材貿易に関する国際的枠組み ── 国際熱帯木材協定と国際熱帯木材機関

(1) 事実の概要

　1983年，国際熱帯木材協定（International Tropical Timber Agreement, ITTA）が締結された。これは，国連貿易開発会議（UNCTAD）が1976年に採択した一次産品総合計画に基づく国際商品協定の一つである。しかし，通常の国際商品協定と異なり，市場の透明性向上，生産国における加工の増進といった熱帯木材貿易の交易条件の改善に直結する目標以外に，熱帯木材の造林及び森林管理活動の支援，熱帯林およびその遺伝資源の持続可能な利用及び保全など，熱帯林の保全につながる目標を掲げていた。熱帯木材貿易の安定化・拡大のためには，熱帯林そのものの維持・再生にも配慮することが不可欠との認識に基づくものである。

　1986年には，この協定の運用と実施管理のために，国際熱帯木材機関（International Tropical Timber Organization, ITTO）が設立された（本部・横浜）。1999年11月現在の加盟国は53プラスEU。主要な熱帯木材の生産・輸出国と消費国が加入している。ITTOの主な任務は，研究開発，市場情報，

生産国における加工の増進,造林および森林管理の4分野に関して,加盟国が提案する事業に融資し,その実施を管理すること(プロジェクト活動)であった。しかし,マレーシアのサラワク州における熱帯林乱伐問題への調査団派遣(1989-90年)を契機に,より積極的に熱帯林の保全に関する活動を展開するようになった。サラワク調査団の報告書が提出された1990年の第8回ITTO理事会は,西暦2000年までに国際貿易の対象を持続可能な管理がなされている森林から生産されたものに限るとの目標(「2000年目標」)を採択した。以後,ITTOは2000年目標達成に向けた前提的作業として,持続可能な森林管理に関する具体的な原則・基準・指標を策定する作業に取り組むようになる(政策活動)。現在までに四つのガイドライン(熱帯天然林の管理,熱帯人工林,熱帯林の生物多様性,熱帯林火災への対処)が策定されている。また,1992年には持続可能な熱帯林管理の基準・指標を策定した(1998年に改定)。これにより,国と管理単位の両面から各国の持続可能な森林管理への取組みの進捗状況を評価・報告することが可能となっている。

　ITTAが二度の期限延長を経て1994年に期限満了になることに伴い,1992年から協定の改定交渉が開始され,1994年に新協定が採択された。新協定は,2000年目標を協定の目的として明記するとともに,ガイドライン策定などの政策活動を新たに目的に加えた。そして,2000年目標の達成のための資金を提供するバリ・パートナーシップ基金の創設を決めた。その後,1995年には2000年目標の達成に向けた中間報告が出されている。

(2) 争　　点

　ITTOにおいて,熱帯林木材貿易をめぐって論議を呼んだ事項は二つある。第一に,活動対象の範囲について。1992年からのITTA改定交渉において,生産国は,熱帯木材生産国のみが持続可能な森林管理の実現を求められるのは差別的であるとして,協定の対象を温帯木材,寒帯木材にも拡大するよう主張した。これに対して,消費国は,主に財政上の制約を理由に,これに消極的であった。結局,新協定は熱帯木材のみを対象とすることになったが,消費国も自国の森林について持続可能な管理を達成することを約束する旨の共同声明が発表され,新協定の前文に取り入れられた。日本は,新協定改定交渉中の1993年11月に約束を表明した。

　論議を呼んだ第二の事項は,貿易差別となる熱帯木材貿易の禁止・制限措

置である。熱帯木材貿易が熱帯林破壊の原因になるとして，欧米諸国など一部の消費国では熱帯木材・木材製品の不買や輸入禁止を求める動きが見られた。これに対して，ITTOでは，貿易禁止・制限措置は熱帯木材の商品価値を損ない，熱帯林の農地などへの転用を促進するおそれがある，熱帯木材貿易は熱帯林の持続可能な管理のインセンティブになるという根拠から，貿易禁止・制限措置に否定的な見解が大勢を占めた。新協定は，36条で木材貿易を禁止・制限する措置を認めないと規定して，この立場を表明している。

(3) 評　　価

　ITTA及びその実施に当たるITTOは，熱帯木材貿易の促進と熱帯林の保全は両立しうるという考え方に立って，その双方を推進する活動を行ってきた。持続可能な森林管理という概念は，熱帯林の利用と保全の双方を視野に入れたITTOのアプローチを具体化させたものである。熱帯木材資源の輸出収入に大きく依存する生産国の支持を確保しながら熱帯林保全という環境目的にも十分配慮することで熱帯木材貿易の適正な発展を促すためには，ITTOのこうしたアプローチは積極的に評価されるべきである。一部のNGOが主張する熱帯木材の輸入禁止・制限措置は，無差別の貿易自由化を旨とするWTO協定に違反する可能性が高く，支持できない。しかし，このアプローチが妥当性を持つためには，いくつかの条件が満たされる必要がある。第一に，持続可能な森林管理が確実に実現されること。第二に，熱帯木材・木材製品の市場アクセスが改善されること。これらの条件が満たされない限り，これからも，熱帯木材貿易を通じて熱帯林破壊が一層進み，しかも，多くの熱帯木材生産国の経済条件は好転しないということになるだろう。

　ITTOは，このうち第一の条件を満たすための活動にその主力を注いできた。持続可能な森林管理のための原則・基準・指標の策定がそれである。ただし，こうしたガイドラインを作成するだけでは持続可能な森林管理が達成される保証はない。こうしたガイドラインが実際に生産国で実施されることを確保するための方策も検討される必要がある。2.で検討する森林認証やエコラベリングはこうした方策の一つとして注目される。また，3.で検討する森林条約は，締約国に持続可能な森林管理の達成を義務付ける。しかし，いずれの方策についても，その一般化・実現には多くの障害があり，早期の実現は望めないだろう。

第二の条件については ITTO は目に見える成果をあげていない。この点は，多国間の関税引下げ交渉で扱われるべき課題であるが，熱帯木材輸入国の多くは自国の林業保護などを理由に熱帯木材の輸入障壁の引下げに消極的であり，ウルグアイラウンドでも熱帯木材関税の引下げについては見るべき成果はなかった。

2. 森林認証制度・エコラベリング

(1) 事実の概要

1980年代には，熱帯林減少の原因が商業伐採にあるとして，熱帯木材の輸入の禁止・制限や不買を求める運動が欧米の環境 NGO を中心に展開された。これに対しては，熱帯木材生産国から，持続可能な森林管理のインセンティブを減らすという強い反対が寄せられた。そこで，熱帯木材貿易は維持しながら持続可能な森林管理を達成するための制度として，森林認証制度・エコラベリングが環境 NGO により提唱されるようになった。

森林認証制度は，所定の基準を満たして持続可能な管理が行われている森林を第三者機関が認証する制度である。エコラベリングは，こうした森林で生産された木材にラベルを付け，消費者が識別できるようにする制度である。

1992年にドイツ，オーストリアが森林認証制度を導入したのを始めとして，国レベル，地方レベルで制度の導入を決めたり，導入に向けての検討を開始する動きが広まっている。さらに，1993年には，世界自然保護基金（WWF）が中心となり，業界団体なども参加して森林管理協議会（Forest Stewardship Council, FSC）が設立され，独自の基準に基づいて，認証機関を認定する活動を開始した。1999年末現在，FSC が認定した機関によって持続可能な管理を行っていると認証された森林の総面積は，世界全体で約1,700万haに上っている。このほか，ニュージーランドなどの木材輸出国の林産業界を中心に，国際標準化機構の環境管理規格 ISO14000を森林管理の認証に適用しようとする動きも進んでいる。

(2) 争　点

森林認証制度・エコラベリングをめぐって特に問題となってきたのは，以下の二点である。第一に，制度の適用対象。第二に，WTO 協定，特に貿易

の技術的障害に関する協定（TBT協定）との整合性である。

　森林認証制度・エコラベリングは，当初熱帯木材だけを対象に検討が進められていた。しかし，これに対しては，熱帯木材だけを差別するとの熱帯木材生産国からの批判があり，また，温帯林や寒帯林でも持続可能な森林管理が行われていない場合があるとの認識が広まったこともあって，現在ではすべてのタイプの森林及びそこで生産される木材を対象として制度が検討されている。

　エコラベリングに対しては，WTOの貿易と環境委員会（CTE）で，WTO協定，特にTBT協定との整合性が検討されている。TBT協定は，産品に直接関連しない製造工程・生産方法に基づく差別待遇を認めていない。そのため，木材の生産現場である森林の管理の持続可能性という，製品に直接関連しない基準に基づく規制は認められない可能性がある。

(3) 評　　価

　森林認証制度・エコラベリングは，輸入禁止・制限とは異なり，熱帯木材貿易のフロー自体は確保しながら，持続可能な森林管理を達成しようとするものであり，ITTOの掲げる2000年目標（2000年までに熱帯木材貿易を持続可能な森林管理による木材に限定する）を達成する有効な手段として注目される。しかし，この制度が一般的な制度として定着するためには，WTO協定，特にTBT協定との整合性という問題をクリアーしなければならない。WTO協定上，産品に直接関連しない製造工程・生産方法に基づく差別待遇は認められない。森林認証制度・エコラベリングは，この規律に抵触する可能性がある。ただし，WTO協定の規律対象は規制その他の政府の措置に限られることに注意する必要がある。森林認証・エコラベリングの主たる機能は，消費者に産品に関する情報を提供することであり，それがFSCなどの非政府組織を通じて民間レベルで運用されている場合には，WTO協定違反の問題は生じない。また，熱帯木材生産国が自発的に森林認証制度・エコラベリングを採用して輸出を実施する場合にも，WTO協定違反の問題は生じない。欧米諸国における森林認証制度・エコラベリングの広がりを見て，マレーシア，インドネシア，ブラジルなど，一部の熱帯木材生産国では国内でこの制度の採用に向けた検討が開始されている。熱帯木材の市場を確保するための有力なマーケティング手段としてこの制度を利用することを意図した動きで

ある。

3. 森林に関する政府間フォーラム

(1) 事実の概要

　熱帯木材貿易に関する基本原則としてITTOが打ち出した持続可能な森林管理の原則は，1992年の国連環境開発会議（地球サミット）で採択されたアジェンダ21の第11章及び森林原則宣言でも表明されていた。その後，地球サミットをフォローアップする国連の活動の一環として，この原則を具体化し，拘束力ある国際文書を作成しようとする動きが進められることになった。1995年，国連持続可能な開発委員会（CSD）の第3回会合によって設立された森林に関する政府間パネル（IPF）がそれである。IPFは，1995年から1997年までの間に5回の会合を持ち，地球サミット関連文書の具体化に向けた諸問題を検討し，行動提案を取りまとめた。それとともに，森林条約の締結可能性についても検討したが，この点については合意に至らなかった。1997年6月の，第19回国連特別総会は，IPFの活動を引き継ぎ，森林条約の締結可能性をさらに検討するために，森林に関する政府間フォーラム（IFF）の設置を決めた。IFFは2000年2月までに四回の会合を開いたが，森林条約に関しては各国の意見が対立し，合意に至らなかった。

(2) 争　点

　IPF及びそれを引き継いだIFFにおける議論は，持続可能な森林管理の達成のために各国にいかなる義務を負わせるかという森林条約の内容ではなく，拘束力ある森林条約を締結するかどうかという入り口の問題をめぐって膠着状況にある。カナダ，マレーシアなどの有力な木材輸出国が森林条約の制定に積極的な立場をとる一方で，米国やニュージーランド，ブラジルは森林条約の制定に否定的である。また，EUや日本は，以上両極端の見解の中間にあって，森林条約の制定だけでなく，法的拘束力のない取決めも視野に入れて何らかの国際合意を形成する可能性を議論するべきだという立場を表明している。

(3) 評　価

　森林条約締結をめぐる対立の背景には，それぞれの立場からの思惑があり，対立は容易に解消しそうにない。条約締結推進派の木材輸出国は，条約締結により自国の木材生産・輸出の継続とその正当化を意図している。これに対して，消極派の国々は，国内に大規模な民営林を抱えており，条約により国内林業政策が縛られることに対して警戒的である。特に，米国の場合，森林条約が成立しても，国内林業団体の意向を汲んだ議会が批准に抵抗することが予想され，条約締結に消極的な姿勢を改めることは困難である。

　以上の情勢から判断すると，近い将来に，持続可能な森林管理に関して法的拘束力を持つ国際文書が策定される見通しは小さい。当分の間は，各国がとりうる方策としては，ITTOやFSCで作成されている持続可能な森林管理に関する基準・指標を自主的に国内措置として採用し適用すること，また，熱帯木材（およびすべてのタイプの木材）の貿易を持続可能な管理が行われている森林から生産された木材に限定してゆくための仕組み（森林認証制度・エコラベリングなど）の拡充を図ってゆくことなどに限られるだろう。

◇　参考文献
1.　板倉美奈子「国際熱帯木材機関における環境保護と持続可能な発展との調和をめざす試み」『日本国際経済法学会年報』7号（1998年）159-181頁
2.　熊崎　実「減りつづける熱帯林と難航する森林条約」『環境と公害』27巻4号（1998年）16-21頁
3.　「グローバリゼーションと森林認証」シンポジウム実行委員会編『グローバリゼーションと森林認証 ── 持続可能な農林業へ向けて ── 報告集』アクシス委員会連合（1999年）
4.　国際連合食料農業機関編，国際食糧農業協会訳『持続可能な森林経営の達成に向けて』国際食糧農業協会（1996年）
5.　永目伊知郎「FAO第2回林業閣僚会合報告」『熱帯林業』45号（1999年）68-81頁

22　GATT/WTOの環境保護事件

［中川淳司］

　国内の環境問題が深刻化し，また地球環境保護への世界的な関心が高まる中で，環境保護を目的として貿易制限措置が発動される例が増えている。それに伴って，この種の貿易制限措置がGATT（関税と貿易に関する一般協定）及びそれを継承したWTO（世界貿易機関）協定に違反するかどうかが争われる事例も増えている。ここでは，代表的な事例としてイルカ・マグロ事件，エビ・カメ事件，日本の植物検疫事件をとりあげる。

1. イルカ・マグロ事件

(1) 事実の概要

　東部熱帯太平洋ではイルカとキハダマグロが付随して回遊するという現象が見られるため，きんちゃく網で海面のイルカを包囲して海面下のキハダマグロを捕獲するという漁法が行われ，多数のイルカが捕獲・殺害されていた。米国は1972年海洋哺乳動物保護法改正法により，東部熱帯太平洋での自国漁船によるキハダマグロ漁についてイルカの付随的捕獲頭数を制限するとともに，外国漁船が一定の基準数を越えるイルカを付随的に捕獲して漁獲したキハダマグロの輸入を禁止した。この結果，メキシコ船が公海及びメキシコの200カイリ漁業水域内で漁獲したキハダマグロの輸入が禁止されたため，メキシコがこの措置のGATT適合性を争ってGATT23条1項に基づくパネルの設置を求めた（マグロ・イルカⅠ，1991年9月3日パネル報告，未採択）。さらに，メキシコ船が漁獲したキハダマグロを購入した第三国（中継国）からの輸入も禁止されたため，中継国であるECなどの申立てにより，別途パネルが設置された（マグロ・イルカⅡ，1994年6月16日パネル報告，未採択）。

Ⅶ 貿易と環境

(2) 争　点

　米国の輸入禁止措置については，まず，これが GATT 3 条の内国措置（内国民待遇義務が適用される）にあたるか，それとも11条の輸入数量制限（数量制限の一般的禁止が適用される）にあたるかが問題となった。この点に関しパネルⅠは，3 条はもっぱら産品それ自体に適用される措置のみを対象としており，本件のように産品それ自体の性質に影響を及ぼさない漁獲方法に着目した規制は 3 条でカバーされないとした。そして，メキシコの主張に従い，本件措置の11条違反を認定した。この判断はパネルⅡでも支持された。

　第二の争点は，本件措置がGATTの一般的な義務に対する例外を規定する20条(b)号（人，動物または植物の生命または健康の保護のために必要な措置），(g)号（有限天然資源の保存に関する措置）で正当化されるかどうかであった。まず，20条(b)号の適用範囲が問題となった。この点についてパネルⅠは，起草過程，規定の目的およびGATT全体の運用にもたらす結果に照らして，(b)号の適用範囲は措置を発動する国の管轄外の動植物等には及ばないと述べ，域外のイルカを保護するためにとられた本件措置は本号では正当化されないとした。この点につきパネルⅡの判断は異なる。パネルⅡは，対象が管轄外の動植物等であっても，米国が当該対象について自国の国民及び船舶に対して実施する規制は本号の適用対象となると述べた。本号の規定上及び一般国際法上，対人管轄権に基づく領域外での管轄権行使は原則として禁止されていないからというのがその理由である。ただし，(b)号は当該措置の「必要性」を要求しており，両パネルとも，他国の政策の変更を一方的に求める措置は「必要」とはいえないとして，(b)号による正当化を否定した。

　次に，(g)号について，パネルⅠは(b)号と同じく，この規定の適用対象は自国管轄権内の有限天然資源に限られるとして同号による本件措置の正当化を否定した。これに対してパネルⅡは，(g)号の文言上，適用対象は自国管轄権内の有限天然資源に限られないとする一方で，本件措置は他国の政策の変更を主たる目的としており，有限天然資源の保存に「関する」措置（保存を主たる目的とする措置）とはいえないとして，(g)号による正当化を否定した。

　結論として，両パネルとも，本件措置は20条では正当化されないとした。

(3) 評　価

　本件で問題となった米国の措置は，自国領域外の天然資源（イルカ）の保

護のために，一定以上の混獲率でイルカを捕獲・殺害する方法で漁獲されたキハダマグロの輸入を国内法に基づいて一方的に禁止する。資源保全のための貿易制限措置のGATT適合性が争われた事例は以前にもいくつかあったが，本件は域外の天然資源の保存のための一方的貿易制限措置が対象となったこと，措置の根拠となった法律の制定・実施にあたって米国の環境保護団体が強い影響力を行使したことなどから，国際的にも大きな関心を集めた。

この種の措置のGATT適合性について特に重要な論点は二つある。第一に，産品それ自体ではなく，産品の性質に影響を及ぼさない生産（漁獲）工程における環境影響を理由とする貿易制限措置（いわゆるPPM規制）の許容性，第二に，自国領域外の資源保護を目的とする一方的貿易制限措置の許容性である。両パネルはこのいずれの点に関しても許容性を否定した。ただし，第二の点については，パネルⅠがGATT20条(b)，(g)号ともに領域外の資源保護を許容しないとしたのに対して，パネルⅡは，(b)号については領域外であっても自国の人または船舶に対する管轄権行使は可能であり，(g)号については領域外の天然資源の保護自体を禁じるものではないと述べ，この種の措置の許容対象をより広く認めた。しかし，パネルⅡも，本件措置が他国の政策の変更を主目的とするとして許容性を否定した。

両報告は，GATTが貿易自由化の利益を地球環境保護の利益に優先させることを明らかにしたとして環境保護派から激しく批判された。本件を一つのきっかけとして，1995年に発足したWTOは貿易と環境に関する委員会（CTE）を設け，貿易と環境の調整のためGATTルールを見直すことを含めて検討を行うことになった。

2. エビ・カメ事件

(1) 事実の概要

対象こそ異なるが，本件の事実関係はマグロ・イルカ事件とよく似ている。対象となったのは，米国が1973年絶滅危機種法などに基づいて実施した，ウミガメを混獲する底引き網漁によって漁獲されたエビの輸入禁止措置である。米国は，1996年4月，ウミガメ除去装置（TEDs）を使用しないで漁獲されたすべてのエビの輸入を原則として禁止した。これに対して，インド，マレーシア，パキスタン，タイが共同して同措置のWTO協定適合性を争っ

たのが本件である。事実関係の点でも法的争点の点でも本件はマグロ・イルカ事件の「第二ラウンド」的な色彩が強く，WTO体制になって貿易と環境に対する評価がどう変わったかをみる試金石として，非常に注目を浴びた。

(2) 争　　点

まず，本件措置がGATT11条の禁止する輸入制限措置にあたることは争われなかった。本件で主として争われたのは，本件措置がGATT20条によって正当化されるかどうかであった。この点につき，パネル（1998年4月6日提出，WT/DS58/R）は，米国ガソリン基準事件上級委員会報告（1996年4月29日提出，WT/DS2/AB/R）の判断を踏まえて，20条各号の適合性を判断することなく，20条の柱書「ただし，それらの措置を，同様の条件の下にある諸国の間において任意のもしくは正当と認められない差別待遇の手段となるような方法で，または国際貿易の偽装された制限となるような方法で，適用しないことを条件とする」に照らして，本件措置は正当化されないと判断した。これに対して，上級委員会報告（1998年10月12日提出，WT/DS58/AB/R）は，20条柱書適用の前提として本件措置が20条各号に該当するかどうかが問題になるとして，20条各号該当性を検討した。そして，本件措置は20条(g)号にいう「有限天然資源（ウミガメ）の保存に関する措置」に該当すると判断した。続いて，上級委員会報告は本件措置の20条柱書適合性を検討し，それが他の加盟国に対して自国が実施しているのと同一の措置をとることを強制するものであることから，柱書によって正当化されないと結論した。

(3) 評価及び今後の課題

マグロ・イルカ事件と同じく，本件でもパネル報告及び上級委員会報告は，自国領域外の天然資源保護のためにとられる一方的貿易制限措置のWTO協定適合性を否定した。しかし，その根拠はマグロ・イルカ事件の場合と異なっている。特に，上級委員会報告は，生産工程における環境影響（本件の場合はウミガメの混獲）を理由とした産品の貿易制限措置が20条(g)号によって正当化される可能性があることを認めた。今後は，上級委員会報告が20条柱書に基づいて斥けた他国に対して特定の措置をとることを強制する措置に代わって，いかなる措置であればWTO協定の下で許容されるのかが焦点となる。上級委員会報告が示唆するところによれば，資源保護を目的とする

国際協力協定を締結するための交渉を誠実に行うこと，相手国の経済発展段階などを考慮して，輸入制限について柔軟性を導入するとともに，資源保全技術の相手国の移転についても努力することなどが条件とされるだろう。

なお，本件の審理の過程で，多数のNGOがウミガメの賦存状況などに関する意見書を提出した。パネル報告はWTO紛争解決了解13条（情報・技術上の助言の提供）の解釈として，パネルは自ら要請した意見書を受け入れるにとどまり，こうした意見書を受け入れることはできないと述べた。これに対して，上級委員会報告は，NGOなどによる意見書の提出は排除されない（ただし，パネルが考慮するのは，当事国が自らの意見書に採用したものに限られる）と述べ，環境NGOに対してもある程度ドアを開く姿勢を示した。

3. 日本の植物検疫事件

(1) 事実の概要

各国は，国内で流通する食品の安全性確保のために食品安全基準を設けて輸入食品についても検査を行っている。また，動植物の病害虫が海外から侵入することを防止するため，動植物の輸入の際に検疫措置をとっている。こうした衛生植物検疫措置が貿易を不当に制限することを防止する目的で，ウルグアイ・ラウンド交渉の結果「衛生植物検疫措置の適用に関する協定（以下SPS協定）」が締結された。本件は，日本が1950年の植物防疫法および同法施行規則に基づいてリンゴ，桃その他計8種の農産物に関してコドリン蛾の侵入を防止するために実施している輸入制限（臭化メチルによるくん蒸を経ない農産物の輸入禁止及び輸入に際しての燻蒸を経たことの証明要求）が，SPS協定に違反するとして米国がWTOの紛争処理手続きに訴えたものである。

(2) 争　点

本件でまず争われたのは，本件輸入制限が十分な科学的根拠なしに衛生植物検疫措置を維持することを禁じたSPS協定2条2項に違反するかどうかであった。この点について，パネル報告（1998年10月27日提出，WT/DS76/R）は，リンゴその他4品種の農産物に対する輸入制限は十分な科学的根拠なしに維持されており，SPS協定2条2項に違反するとする一方で，アプ

VII 貿易と環境

リコットその他4品種に関しては，米国が科学的根拠の具備に関する立証を十分に行っていないとして，2条2項違反を認めなかった。上級委員会報告（1999年2月22日提出，WT/DS76/AB/R）もパネル報告の判断を支持した。

第二の争点は，仮に本件輸入制限が十分な科学的根拠なしに実施されているとして，入手可能な適切な情報に基づき暫定的に衛生植物検疫措置をとることを認めるSPS協定5条7項で正当化されるかどうかであった。この点に関して，パネル報告も上級委員会報告も，日本は「一層客観的な危険性の評価のために必要な追加の情報を得るよう努める」という同項の義務を果たしていないとして，同項による正当化を求めた日本の主張を斥けた。

第三の争点は，本件輸入制限が「衛生植物検疫上の適切な保護の水準を達成するために必要である以上に貿易制限的であってはならない」ことを求めるSPS協定5条6項に違反するかどうかであった。この点に関し，米国は，日本が実施している品種単位での輸入制限ではなく，より貿易制限的でない個別の産品ごとの検査によっても適切な保護の水準は達成されると主張したが，パネル報告は，審理の過程で得られた専門家の意見などを勘案して，個別の産品ごとの検査で適切な保護の水準が達成されることは証明されなかったとして，米国の主張を斥けた。

(3) 評価および今後の課題

SPS協定は，加盟国の基本的な義務として，衛生植物検疫措置を，人，動植物の生命または健康を保護するために必要な限度で適用すること，科学的な原則に基づいてとること，十分な科学的証拠なしに維持しないことを求める（2条2項）。そして，衛生植物検疫措置の国際的調和を図る見地から，国際的な基準，指針，勧告がある場合にはそれらに基づいて措置をとるよう加盟国に義務付ける（3条1項）一方，科学的に正当な理由がある場合，または危険性の評価に基づいて独自の適切な保護の水準を決定した場合には，国際的な基準，指針，勧告よりも高い水準の保護をもたらす措置を導入・維持することを認める（3条3項）。しかし，国際的な基準より高い保護の水準を設定するためには，貿易に対する悪影響を最小限にするよう努めなければならず（5条4項），また，国際貿易に対する差別または偽装された制限をもたらすことを回避しなければならない（5条6項）。

このように，SPS協定は，衛生植物検疫措置の設定に関する加盟国の主

権的権利を原則として承認する一方で，それが不当な貿易制限措置として機能することを防止するため，科学的根拠の具備その他の要件を課して，加盟国による衛生植物検疫措置の設定に厳格な制限を設けた。この結果，特に，国際的な基準よりも高い保護水準の措置を導入・維持しようとする国は，それがSPS協定のさまざまな要件を満たすことを証明しなければならなくなった。現に，特定の成長ホルモンを投与して肥育された牛肉の輸入を禁じたEUの措置がSPS協定に違反すると判断したパネル報告（1997年6月30日提出，WT/DS26/R他）および上級委員会報告（1998年1月16日提出，WT/DS26/AB/R他）が出され，当該ホルモンの健康への影響を懸念する欧州の消費者団体からは強い批判が出されている。

　本件では，日本が長く採用してきた特定品種の農産物に関する検疫制度が，十分な科学的根拠によるものではないとして，SPS協定違反とされた。審理の過程で，日本は，十分な科学的根拠によらずとも，一般国際法上の予防原則に基づいて厳しい措置をとることが認められると主張したが，認められなかった。予防原則は，入手可能な適切な情報に基づく暫定的衛生植物検疫措置を認めたSPS協定5条7項に取り込まれており，その他の規定を無効にするような予防原則の適用は認められないというのがその理由である。

◇　参考文献
1. 平　覚「メキシコ・米国間のイルカ・マグロ紛争に関する1991年GATTパネル報告——貿易と環境の関係に関するその意義について」『商大論集』（神戸商科大学）45巻3号（1993年）365-395頁
2. 川島富士雄「米国のエビ及びエビ製品の輸入禁止」公正貿易センター編『ガット・WTOの紛争処理に関する調査　調査報告書IX』公正貿易センター（1998年）79-123頁
3. 藁田　純「WTO/SPS協定の制定と加盟国の衛生植物検疫措置に及ぼす影響」『貿易と関税』1999年2月号20-34頁

23 野生動植物の貿易

［磯崎博司］

1. 違反事例の数々

　ワシントン条約に違反する事例は数多くあるが，ここでは，同条約または国内法令の不備を浮彫りにしたいくつかの事例を検討することとする。

(1) キンクロライオンタマリン

　1983年8月および11月に，ガイアナの管理当局が発給した飼育繁殖された旨を記した輸出許可書に基づいて合計14頭のキンクロライオンタマリン（付属書Ⅰ）が日本に輸入された。そのうち3頭が香港に輸出され，そこでガイアナの輸出許可書の偽造が判明した。日本への輸入から約2年後に，通産省は原産国であるブラジルにすべての個体を返還することを確認したが，ブラジル政府は返還に要する費用を負担することができなかった。費用問題は，WWF日本委員会が経費を寄付することで打開された。違法輸入から3年以上たってから1986年11月に，12頭のキンクロライオンタマリンがブラジルに返還された（14頭のうち3頭は香港に輸出され，1頭は死に，2頭が日本で生まれていた）。

(2) ヤシオウム

　1986年11月に，東京のペットショップにおいてヤシオウム（当時は付属書Ⅱ）が販売のために1羽展示されているのが見つかった。調査の結果，それは1985年2月に，付属書Ⅱの種であるにもかかわらず付属書Ⅲの種の輸入手続きに基づいて，中国商業会議所が発給した原産国証明を添えてその時点では締約国ではなかったシンガポールから輸入されたことが分かった。

(3) マウンテンゴリラ

1987年5月に,スペインにおいて1983年と84年に飼育繁殖された旨を記した輸出許可書に基づいて雌雄各1頭のゴリラ(付属書Ⅰ)が輸入された。商業目的のために繁殖された付属書Ⅰの種に関する国内法令上の事前確認手続きに従い,通産省はスペインの管理当局から当該輸出許可書が発給されたことおよび当該ゴリラが飼育下で繁殖したことの確認を得ていた。しかし,それらの飼育繁殖施設および期日に疑惑が指摘された。一方,スペインの裁判所に飼育繁殖証明書の合法性を争う裁判が提起され,獣医による証明書は違法ではないとの仮決定が8月に行われた。裁判所の決定に基づき,スペイン,日本および条約事務局は,適切な動物園が輸入者からゴリラを購入することに合意した。ところが,条約事務局が1989年3月に行った実地調査によって,飼育繁殖が虚偽であったことが判明した。条約事務局はその結果をスペインと日本の管理当局に通告したが,輸出許可書は取り消されなかった。

(4) スローロリス

1989年5月に,日本人の動物取扱業者によって50匹のスローロリス(付属書Ⅱ)がタイ政府発給の輸出許可書を添えて成田空港に持ち込まれた。通産省は,タイの管理当局に問い合わせたが,回答には時間がかかった。その間に何匹かが衰弱したため,3日後に輸入が承認された。6月初めにタイから許可書は偽造である旨の回答があったが,すべてのスローロリスは国内でペットとして商業取引されていた。その直後に,同じ人物が同様の手続きで64匹のスローロリスを持ち込んだ。その時は偽造である旨の回答がすぐに得られたため,成田税関は輸入申請を却下し,これらのスローロリスを保税倉庫に保管するよう命じた。最終的に,その人物はスローロリスを任意放棄したが(任意放棄の実態と問題点については後述する),輸送および通関差止めの間の劣悪な待遇のために64匹の大半が死亡し,生き残った22匹は日本モンキーセンターに移された。そのほとんどもそこで死に,3匹だけが1990年にタイ航空の協力でタイに返還された。

2. 法的な論点

以上の事例は,ワシントン条約および日本の国内法令に不備のあることを

明らかにした。特に，大きな問題を生じさせたキンクロライオンタマリンおよびゴリラの事例を経て，日本の外為法などの輸出入関係の国内法令はワシントン条約のレベルに引き上げられ，さらに，それ以上の措置もいくつか定められるに至っている。また，ワシントン条約が触れていない国内取引規制に関する法律も制定された。

(1) ワシントン条約

キンクロライオンタマリンの事例は，ワシントン条約において，返還費圧は輸出国が負担すると定められていること（第8条4項(2)）および通関前の原産国への確認または輸出国からの証拠の受領が輸入国に義務づけられていないことに原因があることを明らかにした。輸出国または原産国は，ほとんどの場合，開発途上国であり，それらの国が返還費用を負担することは困難である。これらについて，先進締約国の中には，輸入国が返還費用を負担することおよび後述のように独自の輸入審査を行うことを定める国内法規定を有している国もある。

ゴリラの事例は，ワシントン条約の不適切とされる条文の一つ，飼育繁殖個体について定めている第7条5項に関係している。その改善のためには，以下でも触れるが，独自の輸入審査をすることが求められており，決議2.12を含む幾つかの締約国会議決議は飼育繁殖個体に関する手続きを補強している。他方，この事例は，輸出許可書に関するガイドラインを定めている締約国会議決議3.6にも関わる。輸出許可書は飼育繁殖証明書としても用いることができるが，同決議の注10は，その場合は管理当局によって発給された別の証明書が必要であると定めている。その別の証明書は，この事例ではスペインの管理当局によって発給されていなかった。

さらに，この事例は，関係文書が虚偽であることが明白であっても，その文書を発給した当局が取り消さず，形式的には合法である場合に，輸入国はどのような対応をすべきかという非常に難しい問題を提起している。その解決のためには，輸出国または再輸出国の発給した文書のみに基づかず，輸入国において独自の許可書審査を行う必要がある。実際，欧米諸国およびオーストラリアやニュージーランドなどは，国内法によって独自の輸入許可審査を設定している。また，ＥＵ規則にも同様の規定があり，それはワシントン条約の対象種すべてについて，すなわち，付属書IIおよび付属書IIIの掲載種

についても輸入許可書または輸入証明書の発給と審査を義務づけている。

(2) 国内法令

　ヤシオウムの事例は，当時の国内規則が付属書Ⅱの種と付属書Ⅲの種とを区別せずに輸入要件を定めていたために生じた。付属書Ⅱの種が付属書Ⅲの種の要件で輸入されてしまったのである。そのため，通産省は，1985年3月にワシントン条約に則して輸入公表を改定した。

　キンクロライオンタマリンの事例は，返還費用に関する日本の国内法規定の限界を明らかにした。この点については後述するが，現行法でも完全には解決されていない。また，当時の国内法令は通関前の原産国への確認または輸出国からの証拠の受領を義務づけていなかった。他方，キンクロライオンタマリンはブラジルにしか生息していないことと，世界のどこにも飼育繁殖施設がなかったことが明白であったため，当時の日本の通産省による安易な輸入審査も批判された。これらの指摘を受けて，通産省は，条約上の義務ではないが，特定国（17ヵ国）を原産とする付属書ⅡまたはⅢの種の輸入に限って事前確認制度を導入した。その下では，通産省は，輸出国または再輸出国に対して，輸出許可書または再輸出証明書が当該国の管理当局によって確かに発給されたこと，また，飼育繁殖または条約発効以前であるとの証明書の場合には，それが事実であることの確認をしなければならないと定められた。

　ゴリラの事例は，さらに，輸出国への問合せだけでは不十分なことを明らかとしたため，通産省は，1988年1月に輸入審査手続きを強化し，付属書Ⅰに掲載されている霊長類の個体の輸入については，必ず，条約事務局による事前の助言を得ることとした。

　スローロリスの事例は，外為法および関税法が野生動植物，特に生きているもののためには有効に機能し得ないことを明らかにした。この事例において，税関は関税法違反で摘発することを検討したが，その人物の悪意を立証することが困難なために断念し，結局，任意放棄で済んでしまった。この事例は，輸送待遇条件にも関わる。小鳥や小動物または幼少動物の輸送は小さな容器に詰め込んで行われることが多く，死亡率も高いと指摘されている。ワシントン条約の第3条，第4条，第5条および第8条は輸送条件について定めており，関連する締約国会議決議は，より細かいガイドラインを定めて

いる。国内法令は，そのような明確なガイドラインを有していないため関係法令を整備強化する必要があるが，未だ改善されていない。また，この事例は，国内取引に関する法律（希少種譲渡規制法およびそれを受け継いだ現行の希少種保存法）が付属書Ⅰの種しか対象にしていなかったことが問題の原因であることを浮彫りにした。輸入の時点では外為法によって付属書Ⅱおよび Ⅲの種についても規制対象にしているため，それに違反するものの国内取引規制は当然のことである。したがって，付属書ⅡまたはⅢの種の国内取引に関する法律を新たに整備する必要があるが，それは現行法においても改善されていない。

なお，以上のいずれの事例も，国内法令において野生動植物に関する所持規制および行政没収が定められていないことに関係するが，この点については後述する。

3. 象牙の利用と取引規制

アフリカゾウは1980年代はじめには全体で約120万頭生息していた。しかし，生息環境の悪化や象牙目的の捕殺などにより1980年代末には半分の60万頭に激減したため，付属書Ⅰに掲載された。そのうち南部アフリカ3ヵ国（ボツワナ，ナミビア，ジンバブエ）に生息する個体群は，1997年6月のワシントン条約第10回締約国会議において条件付きで付属書Ⅱに移動された。その条件としては，生牙については輸出対象は日本に限り，定められた割り当て量を超えないこと，専門家委員会によって指摘された問題点が是正されること，常設委員会がすべての条件が満たされていることを確認すること，生息地国による国内法令規制が確実なこと，予防措置が確実にとられること，条件違反の場合または違法な捕獲もしくは取引の増加の場合には，取引を停止し，直ちに付属書Ⅰに戻すことなどが定められた。上記の決議に基づき，1999年2月にワシントン条約常設委員会は，関連する条件に合致しているとして同年3月18日からの国際取引の解禁を認めた。ただし，同年の取引は1回だけで，3ヵ国の在庫の合計59.1トンに限られた。2000年4月に開かれた第11回締約国会議においては，南アフリカ共和国の個体群も付属書Ⅱに移動されたが，象牙の割当量はゼロとされた。また，その他の3ヵ国は新たな輸出割当の要求を行わなかった。そのため，これら4ヵ国の象牙輸出の再

開の検討は次回の締約国会議に持ち越された。

　このように，アフリカゾウの象牙の取引条件の中には，ロンダリングの防止を含めて比較的厳しい国際的な管理手段が含まれている。ワシントン条約においては社会科学的な基準や手続きが不十分であったため，象牙に関する取引制度はワシントン条約体制の発展と位置づけることができる。

　他方，国内においては，南部アフリカ諸国の個体群の付属書変更討議に先立ち，1994年6月に希少種保存法は個体の器官なども規制対象とするように一部改正され，象牙の国内取引にも規制が及ぶこととなった。しかし，業者に対する例外規定，事前の一括登録制度または義務的でない登録手続きなどのために，この法律の下の措置の実効性に疑問があるとの批判も出された。このような指摘に応えて，印鑑用の象牙を取り扱う卸売業および小売業者には登録制度が導入された。

　ところが，2000年4月に，神戸港に陸揚げされて埼玉県の象牙取扱業者に届いた貨物から約500kg（摘発された中で2番目の量）もの未加工象牙が発見された。捜査の結果，それはシンガポールから密輸されたもので，森林性のアフリカゾウのものであることが判明した。その業者は，無許可輸入に関わる貨物を運搬したとして（関税法第112条違反），略式起訴により30万円の罰金が科された。この処分に対しては，略式起訴にとどめており，関税法第111条違反についても訴追していないとして批判が寄せられた。ただし，その後，期日までに罰金が払われなかったため正式裁判に付されたが，結果としては同額の罰金が命じられた。また，この業者が上記の希少種保存法改正の下での例外規定の適用に関わりを有する日本象牙美術工芸連合会の構成員であり，その東京組合の役員でもあったことから，現行の象牙管理制度は信頼性に欠けるとの批判も寄せられた。

　国際取り引きされる象牙の大半は最終的に日本に輸入されており，その約7割は印鑑として利用されているため，印鑑材としての象牙の必要性を国民レベルで見直す必要がある。他方，日本は前述のように特例輸入対象国とされているため，国際取引および国内取引管理を徹底する必要があり，特に，国内の加工や取引過程で違法なものが紛れ込まないようにしなければならない。そのため，象牙アクセサリー取扱業者の登録や売買管理票手続きの導入を含めて，関連国内法令を整備強化する必要がある。

4. 評価および今後の課題

　ワシントン条約に関しては，以上のほかにもアジアアロワナ，カメ類，メガネカイマンの皮革，タイマイの甲羅などの違法輸入事件が目立っている。
　1999年5月には，大阪市のペットショップが大阪府危険動物条例違反で捜索された際に，オランウータン4頭ならびにフクロテナガザルおよびワウワウテナガザル各1頭が見つかり（いずれも付属書I），店主および店長は希少種保存法違反で再逮捕された。それらはインドネシアから違法に輸入されたことが判明し，輸入業者および運搬者も逮捕された。店主はそれらを任意放棄するとともに，返還費用を負担してインドネシアに返還した。その際，希少種保存法の返還命令規定の適用も検討されたが，適用されなかった。また，同6月には，神奈川県のペットショップにおいてマダガスカル原産のホウシャガメ（付属書I）の無許可販売が摘発され，16頭が押収された。上記のように，2000年4月には象牙の密輸も発覚した。
　このように違反が後を絶たない状況を改善するために，以下のような国内対応が必要とされている。

(1) ロンダリング防止

　不正輸入の手口としてロンダリング（取引の繰返しや積み荷のすり替えによる違法性の洗浄）が使われる場合が多いと指摘されている。上記のキンクロライオンタマリンやゴリラの事例に見られるように，途中で合法とされてしまうのである。そのことは，付属書IIおよび付属書IIIの掲載種の場合ならびに付属書Iの掲載種であっても条約適用前取得または飼育繁殖などの適用除外標本の場合に引き起こされることが多い。ワシントン条約はそれらの場合には輸入許可書を義務づけていないために，輸出国文書の確認だけになってしまうからである。そのため，付属書I以外の種および適用除外の個体についても，上述のように輸入許可手続きを導入することが求められている。
　ゴリラの事例は，さらに，文書に基づく審査だけでは事前確認手続きなどを尽くしても真実には迫れないということを指摘している。簡単な実地調査で虚偽と判明する文書が法的には合法とされるという制度には信頼が寄せられなくなるため，必要に応じて科学的な鑑定手続きも取り入れるべきである。

(2) 任意放棄

通関時に，必要書類の不備，不正輸入などワシントン条約に違反する事態が見つけられたときは，その輸入が差し止められる。輸入者は，積戻し，必要書類の再提出（その間，保税倉庫に保管され，所有権は輸入者にある），または任意放棄（所有権は国に移る）のいずれかの措置をとらなければならない。悪質なものには，関税法第111条の無許可輸入および第113条の2の虚偽申告ならびに外為法第52条の無承認などに関する罰則が適用される。

しかし，通関時に違反が発覚した場合の大半は任意放棄されており，動物では，アジアアロワナ，リクガメをはじめとするカメ類，カメレオンなどのその他の爬虫類，テナガザルやチンパンジーなどの類人猿，オウム・インコ類などが多い。植物ではランが最も多く，毎年，1,000〜2,000点，サボテンが100〜300点任意放棄されている。任意放棄の場合は，放棄した人物は普通は訴追されない。なお，通関後の違反摘発の際に，任意放棄が行われることもある。これまでに通関時に任意放棄された動物のうち返還されたものはわずかである。インドネシア（オランウータン，アジルテナガザル），ブラジル（キンクロライオンタマリン），およびタイ（シロテテナガザル，スローロリス，インドジャコウネコ，ビルマニシキヘビ，エロンガータリクガメ，オオコノハズクなど）に20種117個体が返還された。費用は，生息地国，航空会社，NGOが負担しており，輸入者が負担した例はない。

残された動物も，無理な輸送の上に，保護システムが整備されていないため，その7割以上が死亡しており，保護センターの設置が急務とされている。

(3) 没収および所持規制

以上のような問題が生じる主な原因としては，野生生物を対象とする没収および所持規制が定められていないことが指摘されている。この点につき，ワシントン条約第8条1項は，条約違反の野生生物に関する所持規制および没収について触れている。

関税定率法は，麻薬，偽造貨幣，知的財産権違反の物品については税関長に没収権限を認めているが，ワシントン条約違反の物品については認めていないため行政処分としての没収はできない。一方で，外為法または関税法違反として刑事裁判により有罪判決の付加刑として没収宣告ができるが（刑法第19条，関税法第118条），不起訴または起訴猶予の場合は没収できないし，

VII 貿易と環境

偽造書類の場合でも輸入者が善意の場合，または，輸入者が有罪判決を受けても善意の第三者が所有している場合には，没収はできない。そのため，これらの没収規定は，生きている動植物の場合には役に立たない。他方で，希少種保存法には，対象動植物の所持を禁止しまたは没収する規定がない。そのため，ワシントン条約に違反して輸入されたことが明らかであっても，善意の第三者の場合には取引きや陳列を行わない限り所持することができる。そのことは不正輸入の温床となり，また，摘発する際の立証を困難にしている。上記のオランウータンの密輸事件は，任意放棄による責任逃れ，また，所持禁止および没収に関する国内法令の不備を改めて浮彫りにした。

野生生物に関して没収または所持規制を導入することは憲法上の財産権保障に反すると言われることがあるが，環境上の理由によって財産権を制約することは可能である。たとえば，ワシントン条約に違反する動植物には隠れた瑕疵があったものとして，所持者は売り主に瑕疵担保責任を求めることができる。この点について，ワシントン条約も，没収の結果負うこととなった費用の求償方法について定めることを締約国に認めている（第8条2項）。善意の所持者による求償権を明確にすれば，上記の財産権の尊重の規定にも反しない。したがって，特に，生きているワシントン条約違反の動植物に対する行政処分としての没収は可能であり，その制度化の必要がある。

輸入規制を違法にくぐり抜けたものはワシントン条約に違反するだけではなく，外為法や関税法にも違反するため，国内法間の連携調整の観点からも所持規制は必要であり，輸入に直結する所持でなくても所持一般を規制する必要がある。

(4) 返　　還

希少種保存法の第16条は，違法輸入された場合は，必要があれば，返還先を指定して輸入者に対して，または，その輸入者から違反の事実を知りながら譲り受けた者に対して返還を命ずることができると定めている。その返還が行われない場合は，当該輸入者または所持者に代わって返還し，その費用をその者に負担させることができる。野生生物は転売されるため，希少種保存法が，輸入者だけでなく所持者に対しても返還命令を定めていることは大きな進展である。しかし，希少種保存法には，所持者に関しては違法輸入を知っていた場合という条件が付されているため，返還を命令することができ

る場合はかなり限定される。そのため，欧米諸国のように挙証責任を転換し，違法輸入であることを知り得なかったとの合理的な理由を所持者に証明させるようにする必要がある。

(5) 小　結

2000年2月には，アジアアロワナの登録票の不正売買事件が明るみに出た。このような登録票の不正売買の疑いは他にも指摘されており，登録票に基づく現行の管理制度には限界がある。そのため，足輪，マイクロチップなどの個体特定手法を導入する必要がある。

一般的な貿易規制法の目的は，違法貨物を税関においてストップすることで達成されうる。しかし，野生生物，特に，生きているものの場合には，輸入許可の取消し，国内取引の禁止，没収，保護施設への移送，原生地への返還などの措置が必要である。日本の国内法は，上述のように，輸出入に関する法令だけでなく国内取引に関する法令もこのような対応に即していない。

ワシントン条約第8条1項は，条約の実施および違反取引の防止のために適切な国内措置をとることを義務づけている。この規定について，適切と考える措置さえとればよいと言われることがあるが，それは正確ではない。この規定の下では，締約国は最も適切な措置を選択し，実施することを義務づけられている。換言すれば，とられている措置が違反取引の防止に役立っていなければ，それは適切な措置をとっていることにはならない。以上のような違反事例に鑑みて現行法の下の措置では不十分であり，第8条1項に基づき国内法令を整備強化すること，特に，没収および所持規制を定めることが必要となるのである。

◇　参考文献
1. 世界自然保護基金日本委員会『我国におけるワシントン条約施行の今後のあり方に関する調査研究』(1992年)
2. NHK取材班『トロと象牙』日本放送出版協会 (1992年)
3. 世界自然保護基金日本委員会『ワシントン条約対象動植物の取引動向に関する調査研究』(1999年)
4. 磯崎博司『国際環境法』信山社 (2000年)
5. トラフィックジャパン・ニュースレター (関係各号)

24　医療廃棄物輸出事件

［臼杵知史］

1. はじめに

　有害廃棄物の輸出入は「有害廃棄物の越境移動とその処分の規制に関する条約」（通称，バーゼル条約）によって規律されている。同条約は1980年代以降，欧米諸国からアフリカの途上国に廃棄物が不正に輸出され環境汚染が発生した事件を契機に作成され，1992年に発効した。当時すでにアメリカ，東南アジア諸国等との間でリサイクル可能な廃棄物を輸出入していた日本は，1993年，同条約に加入した。さらに，条約実施のための国内法を制定し，関連政省令等を整備した。99年12月には10年の審議を終えて，同条約の第5回締約国会議で有害廃棄物の輸出入に伴う損害に関する賠償と補償の枠組みを定めた議定書がようやく採択された。時期を同じくして，日本からフィリピンに有害廃棄物が違法に輸出された事件が発覚した。
　以下，この事件に関する事実を整理しつつ，主たる法的問題点を検討する。さらに，本件再発防止の議論は長期的には日本の廃棄物法制のあり方にも結びつくので，本件を総括しながら日本の今後の課題についても論じる。

2. 事　実

　1999年8月と10月に，栃木県小山市の産業廃棄物処理業者（N社）は，再生紙の原料となる古紙と称して，フィリピンにコンテナ122個，約2,700トンの貨物を輸出した。輸入業者（S社）が貨物の引取りを拒否したため，フィリピン政府がマニラ港に放置された貨物を調べたところ，その中から使用済みの紙おむつ，点滴用のチューブ等が発見された（11月）。フィリピン政府はそれをバーゼル条約に違反する違法な輸出であるとして，日本政府に貨物

の回収を要請した（12月）。

　日本政府は環境庁，厚生省，外務省の職員および環境等の専門家からなる調査団をマニラに派遣し，調査の結果，貨物の中に医療廃棄物が混入していることを確認した。駐フィリピン日本大使はバーゼル条約に基づき30日以内にフィリピン国内から貨物を撤去する旨，フィリピン外相に伝えた。国内的には，環境庁長官，厚生大臣および通産大臣は「特定有害廃棄物等の輸出入等の規制に関する法律」（通称，バーゼル国内法）に基づき，輸出者（N社）に日本への貨物の回収を命じた。この措置命令が指定の期限までに履行されなかったため，上記三省庁は行政代執行によりご当該コンテナをマニラから積み出し，東京港に荷揚げ保管した（2000年1月）。その後，三省庁は，輸出者に回収貨物の適正処理を別途命じたが，これも履行されなかったため，国は貨物を焼却処理した。

　三省庁，さらに大蔵省，外務省，運輸省および警察庁は本件の再発防止策について検討中である。さらに，本件に関連して，栃木，長野の両県警は外国為替法違反（無承認輸出）の疑いで，茨城県にあるN社事務所，およびこの不正輸出に関与したとされる千葉県の産業廃棄物業者を捜索した。これは，産業廃棄物の流れを記したマニフェスト（管理票）などを押収し，近県の産業廃棄物業者がN社に廃棄物を持ち込んだ経緯や輸出までの過程を調べるためである。2000年3月の時点で，本件については再発防止のための意見交換を行う両国政府間の作業部会が設置されたところである。

3. 論　点

　本件は，バーゼル条約に基づき日本が有害廃棄物を他国から撤去・回収した初めてのケースである。まず，同条約の基本原則，目的および締約国が負う一般的義務，これらを国内的に実施するためのバーゼル国内法の内容に照らして，この事件が提起した主たる三つの問題について述べる。

(1) 情報送付に関する事務局の任務

　有害廃棄物等の輸出入について，条約が定める一般的な義務は，つぎの三つである。①輸入禁止を宣言した締約国への輸出禁止（第一義務），②非締約国との輸出入の禁止（第二義務），③輸出に伴う輸入国（通過国）への事前

VII 貿易と環境

の通報義務と輸入国の同意のない廃棄物の輸出禁止（第三義務）である（4条）。これらの義務を設けて，条約は不法取引などの処分から生じる人の健康または環境への損害を防止することを目的とする（前文，4条2(d)，バーゼル国内法1条）。規制対象とされる「特定有害廃棄物」は，締約国の国内法で有害とされる物，さらに，条約が附属書で特定する有害廃棄物である。後者は締約国すべてが規制の対象と考える廃棄物のリストである。

問題となった感染性の医療廃棄物は，毒性など有害な特性を有する範囲で規制対象となる（1条1(a)，附属書Ⅰ，Ⅲ）。古紙（紙の廃棄物）はそれ自体，有害廃棄物でないが，有害廃棄物と混合されて有害性をもつ場合には規制対象となりうる（附属書ⅨのB3020を参照）が，すでに5年前から日本はフィリピンにリサイクル可能な資源として古紙を輸出してきた。

本件では，日本及びフィリピンはともにバーゼル条約の締約国であるため，上記の第2義務は問題とならない。そこでまず問題となるのは，締約国が負う義務に関して，フィリピン国内法による有害廃棄物の輸入禁止である。フィリピン共和国法（1990年，RA6969）は有害物質の製造，加工，販売，使用のみならずその輸入を制限し，この法律を実施するための環境天然資源省の行政命令（同年，DAO29）によれば，いっさいの有害廃棄物の輸入と通過が禁止される。同法が扱う産業廃棄物は14のカテゴリーに分類され，病原性または伝染性の廃棄物がそれに含まれる。したがって，本件輸出は締約国が負う上記の第一義務に違反する可能性がある。もとより，第一義務が適用されるためにはフィリピンはその国内法による輸入禁止を条約事務局に通報しなければならない（4条1(a)，13条2(d)，13条3(c)）。フィリピンはかかる通報を行ったといわれるが，しかしその情報が条約事務局から日本に通報されなかったので，「当該通報に係る地域を仕向地とする（本件）輸出」について日本は特別の注意を払うことができなかったのである（バーゼル国内法2条①二を参照。2000年5月17日の筆者と環境庁担当官に対するヒアリングによる）。条約事務局の任務改善（16条1(b)）とともに，日本は特定輸出国の国内法に関する情報を条約事務局から積極的に入手する必要がある。

(2) 事前通報・同意の制度の国内実施

つぎに，フィリピンによる回収要請が特定の条約義務違反（4条1(a)(b)の違反）に言及していないとすれば，条約の根幹をなす「事前通報と同意の制

度」(Prior Informed Consent：PIC)についても検討しなければならない。この制度によれば，輸出国は自らまたは輸出者に命じて，輸入国に輸出計画を通報し，その同意を得なければならない（4条1(c)）。通過国がある場合も同様であり，いずれにせよその同意がないかぎり，輸出を許可できない（6条）。本件で主に議論された無許可輸出は，むしろこの手続義務（上記の第三義務）を実施するバーゼル法が有効に機能しなかったために生じたと考えられる。すなわち，かりに日本がフィリピンの国内法上の輸入禁止を知りえなかったとしても，有害廃棄物の輸出許可制度そのものにも重大な問題が潜在するといえる。

その輸出手続きの流れをバーゼル国内法についてみると，つぎのようである。①特定有害廃棄物を輸出しようとする者は，外国為替法（48条3項）に基づく通産大臣の輸出承認を得なければならず，通産大臣は特定の案件（汚染防止に必要な地域への輸出）については，その輸出申請の写しを環境庁長官に送付する。②環境庁長官はそれを輸入国（通過国）に通告し，申請書に記載する処分につき汚染防止に必要な措置がとられているかどうかを確認し，その結果を通産大臣に通知する。③さらに輸入国からの同意が環境庁から通産大臣に送付され，通産大臣ははじめて輸出を承認できる（バーゼル国内法4条）。その意味で，環境庁長官は輸出承認に際してある種の拒否権をもつが，輸出について最終決定権をもつのは形式上は通産大臣である（1993年10月7日に官報告示によるバーゼル国内法3条の基本的事項）。

さて，本件輸出業者は，医療廃棄物が混入した廃棄物を古紙と偽り，通産大臣はその申請を上記の輸出承認手続きにのせなかった。すなわち，輸出申請を受けた通産大臣は，本件につき環境庁長官による確認を得ることなく（条約の事前通報・同意を無視し）輸出を承認し，かつ輸出申告を受けた税関（大蔵省）も積み荷を十分に審査せずに，虚偽の書類を真正なものと誤認し，輸出を許可した（その確認を得る過程で上記のようなフィリピン国内法を知る可能性もある）。図1にあるように，環境庁が関与する条約制度の基本部分（事前通報・同意の制度）が完全に抜け落ちる形で輸出が許可されたと考えられる（なお，輸入手続につき図2を参照）。

報道によれば，関係行政機関はつぎのように述べた。東京税関によれば，バーゼル国内法で輸出の承認を与えるのは通産省であり，違反のおそれのある貨物については通産省の確認を受けるように荷主を指導しているが，通産

Ⅶ 貿易と環境

輸出手続の流れ
(1) 外為法に基づく輸出承認申請
(2) 申請書類写しの送付
(3) 相手国への通告
(4) 回答の受領
(5) 回答の送付
(6) 輸出承認
(7) 輸出移動書類の交付
(7′) 輸出移動書類写しの送付
(8) 関税法に基づく輸出申告
(9) 関税法に基づく輸出許可
(10) 引渡し及び移動書類携帯の義務

＊環境庁長官による確認の中には，物資の通過国からの同意を得ることも含む。

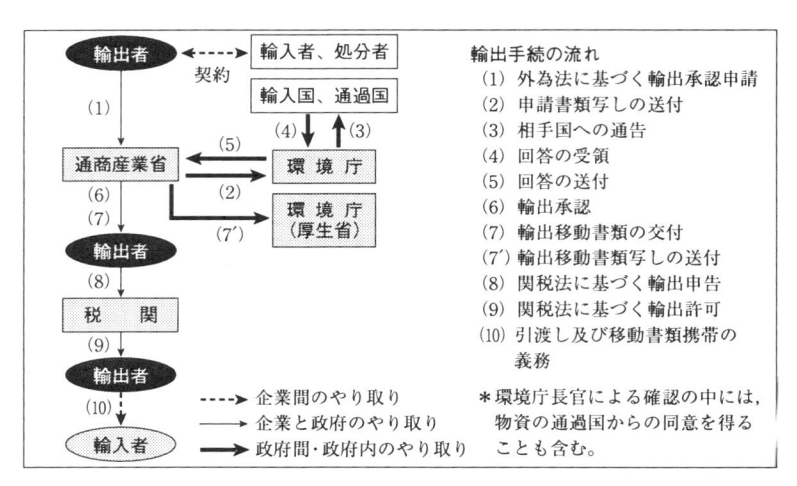

- - - - → 企業間のやり取り
──→ 企業と政府のやり取り
━━▶ 政府間・政府内のやり取り

図1　輸出するときの手続

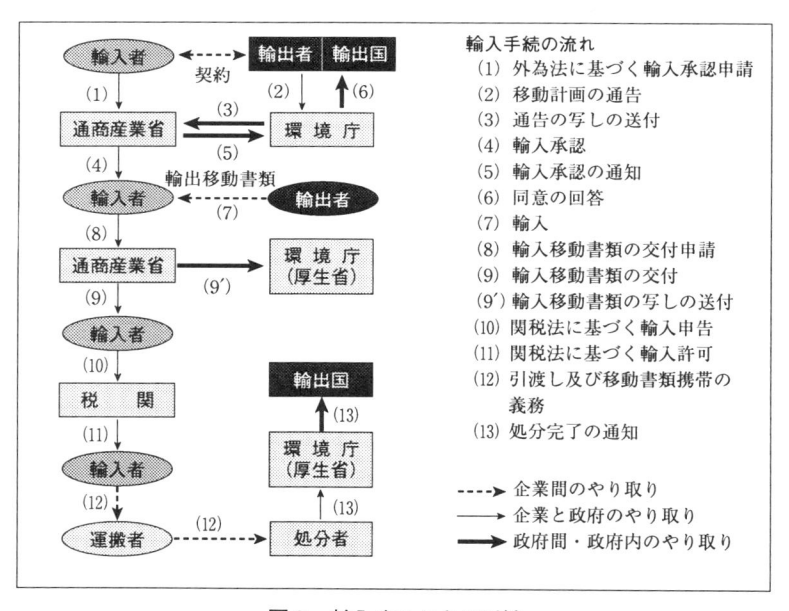

輸入手続の流れ
(1) 外為法に基づく輸入承認申請
(2) 移動計画の通告
(3) 通告の写しの送付
(4) 輸入承認
(5) 輸入承認の通知
(6) 同意の回答
(7) 輸入
(8) 輸入移動書類の交付申請
(9) 輸入移動書類の交付
(9′) 輸入移動書類の写しの送付
(10) 関税法に基づく輸入申告
(11) 関税法に基づく輸入許可
(12) 引渡し及び移動書類携帯の義務
(13) 処分完了の通知

- - - - → 企業間のやり取り
──→ 企業と政府のやり取り
━━▶ 政府間・政府内のやり取り

図2　輸入するときの手続

出典：中小企業総合事業団（http://pwww.jsbc.go.jp/db/hp5/ba/d06.html）

省の確認書を提出することまでは要求していない。同税関の書類審査では古紙と判断されたため検査を行わずに輸出を許可したという。他方で通産省によれば，確認書は出したがこれは法律行為ではなく行政サービスであり，写真や書類をみたかぎりでは問題はなかったとされた。

　これらの発言からわかるように，今後の防止策として何より重要なのは，虚偽の輸出申請を上記手続きの流れのなかで発見するシステムを設けることである。輸出者が通産省に提出した輸出計画の概要には「古紙，雑多な紙類の中には病院等の廃棄物は一切混入されていない……病院等の廃棄物は全て焼却処分している」との記述があったという。もしこれが事実とすれば，本件輸出申請はバーゼル法関連の申請と疑って然るべきであった。いずれにせよ，環境庁の予備的あるいは実質的審査が広い範囲で確保されること，通産省および税関の承認・許可手続の厳格化など，バーゼル国内法の実施体制の強化が必要とされるところである。

(3) 違法輸出に対する措置

　条約によれば，①輸入国（通過国）への事前の通報または同意なしに特定有害廃棄物が輸出された場合，②偽造，虚偽，詐欺に基づく同意による輸出の場合，③重要な事項について関係書類と合致しない輸出，④条約に違反して特定有害廃棄物を他国で故意に処分することになる輸出は，不法取引（違法輸出）である。特定有害廃棄物の不法取引は犯罪性を有し（criminal），締約国はそれを処罰するための立法措置を講じる義務を負う（9条）。本件は虚偽の輸出申請に基づくものであるか，またはバーゼル国内の手続きを離れた輸出のケースであり，相手国の真正な同意を得ていない。理論上，本件は①または②に該当する不法取引といえる。

　輸出国は，不法取引であるという関係国の通報を受けた時から30日以内に，輸出者または発生者（廃棄物を発生させるか，保有または支配する者）に対して当該廃棄物を輸出国内に回収するか，必要ならば輸出国自ら回収しなければならない。その場合，回収の代わりに，条約規定にしたがう処分でもよいが，条約は今のところその国際基準として「環境上適正な処分」を予定するのみである（9条）。

　さて，日本はフィリピンの通報を受けて貨物の内容を迅速に確認し，かつ回収義務を履行した。このことは外交関係上も評価される対応である。しか

し，条約の回収義務について不明確な点がある。新聞報道によれば，99年4月，N社はマニラの輸入業者S社と再生用古紙8万トンを日本から輸入する契約を結び，輸出手続はS社と日本の貿易会社がN社を代行した。S社は通産省で輸出計画を説明し，古紙や雑多な紙類の輸出からなる本件貨物がバーゼル国内法の規制対象ではないとの確認を得て，S社はその後，この確認書を東京税関に提出し，輸出手続は完了したとされる。これが事実であれば，本件では輸入者（または処分者）の行為の結果として不正取引が生じたケースに該当するともいえる。その場合，輸入者，処分者さらには輸入国にも適正処分を確保する義務が生じうる（バーゼル条約9条3）。

つぎに，国内法上も不明確な点がある。回収義務について，関係三省庁は特定有害廃棄物の輸出が適正に行われない場合に「人の健康または生活環境に対する被害を防止するためにとくに必要があるときは」輸出者などにその回収または適正処分のための措置を命じることができる（バーゼル国内法14条）。しかし，本件でフィリピンの環境損害防止に関する関係省庁の判断は必ずしも明確にされていないようである。もっともこの措置命令を出す場合の輸出国側の判断は，輸入国からの情報や輸入国の主権尊重をふまえた輸出国側の調査に依存せざるを得ないものであり，従来からバーゼル条約の限界であると指摘されている。

さらに，輸出者ではなく，排出者または運搬者に対する措置命令も可能であるが（この場合，かれらに責任がある場合に限定される），本件では排出者ではなく輸出者に回収義務が命じられた。しかし，輸出者（産廃処理業者）と排出者を区別し，最終処分責任になんらかの形で排出者（本件では医療機関）を関与させることも，長期的には国内の廃棄物法制上検討されるべき課題である（後述）。

4. 評価および今後の課題

本件は，従来リサイクル資源として輸出されてきた廃棄物（古紙）のなかに特定有害廃棄物である医療廃棄物（無価物）が混入したケースであり，バーゼル条約に基づき日本政府が自らその廃棄物を回収した最初の事件として注目される。回収措置の手際の良さはともかく，弛緩した条約実施体制が外交問題を発生させたという点で行政機関の責任は重大である。兼原，北村

両教授が指摘するように，輸出入の規制という側面を強調して，バーゼル法制の運用の大部分を通産省に任せ，外国為替法に依存することの合理性に問題がある。関連情報の送付・入手に関する問題は別として，通産省が輸出者の虚偽の申請を信じて疑わない場合に環境サイドからのチェックが何ら作用しない現行法制度の欠陥が露呈したといえる。

　本件の再発防止の見地から，不正輸出が発生する要因や背景を考えることも無意味ではない。周知のように，日本における有害廃棄物の輸出入の件数は国際的には少ないほうである（表1，輸入状況につき表2を参照）。しかし廃棄物の発生は増加傾向にあり，それに見合う処分施設や最終処分場が不足しその処理能力が減少していることも事実である。そのため国内でも廃棄物の不法投棄が増加している。本件輸出業者は輸出に先立ち，近県の産業廃棄物の処分を大量に委託されていたといわれるが，本件発生は国内不法投棄の延長線上にあるといえる。

　したがって，国内不法投棄に対する抜本的対策は違法輸出の防止に役立つと考えられる。具体的には，関連施設の公的確保など自国内処理の原則にもとづく国内措置の徹底，そして廃棄物の処分を委託された業者が違法に輸出した場合にも，その排出者に一部分でも回収義務を含む原状回復の責任を負わせる制度が必要であろう。さらに，本件のような不法取引が外為法上の罰則をもって抑止されるかどうか，環境犯罪に対する厳しい刑事罰の導入も検討課題である。さもなければ，安価な処理費用で有害廃棄物を請け負う業者が大量のゴミを抱えこみ，違法な輸出が行われる素地が生まれることになる。むしろ排出者の責任を最終処分にリンクさせることで，排出者は適正処理を行う処分業者を選択することで不法取引は抑制されるのでないかと考える。

　とくに，現状では輸出者に原状回復の能力がなくとも，排出者が輸出者（処分者）に廃棄物を委託しさえすれば，排出者の責任を問うことはむずかしい。しかし，輸出者（処分者）に処理能力がなく，本件のように国が回収と処分を肩代わりするケースが恒常化するならば，排出者の責任逃れはもはや無視できない。バーゼル国内法は排出者の責任を排除しない（14条1）。松村教授によれば，本件を契機として，排出者に措置命令が出されるのは輸出が適正でないことに責任がある場合に限るという現行バーゼル法の限界を克服し，原因者負担の原則を徹底するという立法論が必要であるという。本件では，フィリピンからの輸送費6,000万円，貨物到着から焼却処理までの

VII 貿易と環境

対象物	処分の目的	相手国	相手国への通告重量（トン）	輸出承認の重量（トン）	移動書類の交付（トン）	件数	廃棄物の分類（条約付属書I）	廃棄物の特性（条約付属書III）	OECDリスト[1]
コバルト合金を含む残滓	コバルトの回収	ドイツ	100*	100*	19	3	Y42	H3	黄級 AA070
タングステン合金を含む灰、残滓	タングステン、コバルト、タンタルの回収	ドイツ	1,000*	1,000*	70	2	Y42	H3	黄級 AA070
タンタル合金を含む残滓	タンタルの回収	ドイツ	80*	80*	16	4			黄級 AA070
鉛のくず	鉛の回収	インドネシア	4,000*	4,000	960	1	Y31	H6.1	—
使用済みフッ素溶剤	フッ素溶剤の回収	アメリカ	48*	48	2	1	Y41		黄級 AC220
ハンダのくず(酸化金属のくず)、灰等	ハンダ(スズ・鉛)の回収スズ、鉛、ニッケル、銅の回収	ベルギー	300*					H6.1	黄級 AA030
ハンダのくず(酸化金属のくず)	ハンダ(スズ・鉛)の回収	ベルギー	500*	500	465	6	Y31	H11	黄級 AA030
ニカド電池の製造時及び使用済み後の残滓	ニッケル、スチール、カドミウムの回収	韓国	1,850*	1850	1,215	27	Y26	H11	黄級 AA180
ハンダ精製から生じた灰、汚泥	スズ・鉛の回収	ベルギー	400*				Y25、31	H12	黄級 AA030
タングステン、コバルト、タンタル、合金を含む灰、残滓	タングステン、コバルト、タンタルの回収	ドイツ	1,420*						黄級 AA070
ハンダのくず(酸化金属のくず)	ハンダ(スズ・鉛)の回収	ベルギー	500				Y31		黄級 AA030
ニカド電池の製造時及び使用済み後の残滓	ニッケル、スチール、カドミウムの回収	韓国	1,800				Y26	H11	黄級 AA180
総量（トン）			4,120	6,398	2,742				
件数（回）			4	4		45			

注) * 平成8年以前に通告を受領し、又は輸出承認を得たものですが、輸出承認又は輸出移動書類の交付は平成9年中に行われたため、本表に掲載した。したがって「相手国への通告」の総量及び件数の集計は、これらの輸出案件を含まない。
1) OECD諸国間で資源の有効利用を促進するために、OECD理事会決定で定められたもので、廃棄物の有害特性に応じて赤、黄、緑の3種類のリストに分類されています。日本のバーゼル法では「平成5年10月7日付環境庁、厚生省、通商産業省令第2号」（通称「OECD共同命令」）で明記しており、赤、黄、緑リストはそれぞれ省令別表第1、2、3になります。

表1 平成9年における特定有害廃棄物等の輸出状況

対象物	処分の目的	相手国	相手国への通告重量（トン）	輸出承認の重量（トン）	移動書類の交付（トン）	件数	廃棄物の分類（条約付属書I）	廃棄物の特性（条約付属書III）	OECDリスト[1]
排水処理汚泥	銀、銅の回収	マレーシア	200*	200*	28	1	Y17	H12	—
排水処理汚泥	銀、銅の回収	マレーシア	200*	200*	37	1	Y17	H12	—
写真フィルムのくず	銀の回収	オランダ	500*	500*	176	17	Y16		黄級 AD090
使用済み触媒	銀の回収	マレーシア	480*	480**	478	11	Y21、22		—
排水処理汚泥	銅の回収	マレーシア	600*	600*			Y22、24	H6.1、11、12	—
複写機用のセレンのくず	セレン、テルルの回収	アメリカ	30*	30*	6	3	Y24、25、28	H6.1、11、12	黄級 AA050
複写機用セレン合金のくず	セレン、テルルの回収	香港	13*	13*	12	2	Y25、31	H6.1、11、12	—
蛍光体	蛍光体の再生利用	オーストリア	12*	12	8	5			黄級 AA070
使用済み触媒	銅の回収	フィリピン	350	350	301	9	Y21、22		—
排水処理汚泥	銀、銅、ニッケル、鉛の回収	マレーシア	600	600	326	1	Y17	H11、12	—
排水処理汚泥	銀、銅、の回収	マレーシア	160	160	24	1	Y17	H12	—
排水処理汚泥	銀、銅、の回収	マレーシア	100	100	56	1	Y17	H12	—
写真フィルムのくず	銀の回収	オランダ	500	500		1	Y16		黄級 AD090
含銀・鉛汚滓	銀の回収	オーストラリア	6,500	6,500	6,500	1	Y31	H6.1、11、12	黄級 AA050
シアン化泥	金の回収	マレーシア	55	55			Y17	H6.1、12	—
酸化インジウム、スズのくず	インジウムの回収	アメリカ	1	1	1	1			黄級 AA70
イオン交換樹脂	イオン交換樹脂の再生利用	韓国	(50kg)	(50kg)			Y21	H11	黄級 AD130
含ベリリウムの粉	ベリリウムの回収	アメリカ	32	32			Y20	H6.1、11	黄級 AA070
ベリリウム-銅のくず	ベリリウム、銅の回収	シンガポール	40	7*			Y20、22	H11	—
排水処理汚泥	銅の回収	マレーシア	1,200	1,200			Y17、22		—
複写機セレン合金のくず	セレン、テルルの回収	アメリカ	30	30			Y24、25、28	H6.1、11、12	黄級 AA090
複写機セレン付着円筒	セレンの回収	フィリピン	12	12			Y24、25	H6.1	—
ニカド電池のくず	ニッケル、カドミウムの回収	中国	1				Y26	H11	—
貴金属の粉	金、銀、銅等の回収	アメリカ	2,500				Y22		黄級 AA160
蛍光体	蛍光体の再生利用	オーストリア	35						黄級 AA070
使用済み触媒	銀の回収	フィリピン	350				Y21、22		—
総量（トン）			12,466	9,559	7,973				
件数（回）			17	15		55			

注) * 平成8年以前に通告を受領し、又は輸出承認を得たものですが、輸出承認又は輸出移動書類の交付は平成9年中に行われたため、本表に掲載した。
** 平成9年度中に輸入承認の変更が行われたものです。
出典：社団法人・産業と環境の会 (http://www.pc-room.co.jp/sankan/) （ともに、通商産業省・環境庁調べ）。

表2 平成9年における特定有害廃棄物等の輸入状況

費用（周辺自治体の処理費，運搬・保管費，コンテナ返却費）2億2,000万円，総額2億8,000万円の費用をとりあえず国が負担したが，今後は排出者の責任や費用負担も問われることになろう。

具体的には，マニフェスト制度（産廃処理の委託を記録した管理票）を活用し，廃棄物の収集運搬，中間処理，最終処分の実態を明確にし，廃棄物の後始末を輸出者を含む専門業者に任せずに，排出事業者の責任（たとえば，適正処分の最終的確認）を導入すべきである。本件は廃棄物の輸出問題にとどまらず，廃棄物処理の公平な負担，ひいては廃棄物ゼロをめざす循環型経済社会の構築についても再検討をせまる事例といえよう。

◇　参考文献
1.　臼杵知史「有害廃棄物の越境移動とその処分の規制に関する条約（1989年バーゼル条約）について」国際法外交雑誌91巻3号（1992年）
2.　兼原敦子「国際環境保護と国内法制の整備」法学教室161号（1994年）
3.　北村喜宣「国際環境条約の国内的措置──バーゼル条約とバーゼル法」横浜国際経済法学2巻2号（1994年）
4.　松村弓彦「廃棄物違法輸出事件に思う」ジュリスト1173号（2000年）
5.　小椋健二「フィリピンの産業廃棄物行政とその処理の現状」月刊いんだすと15巻5号（2000年）
6.　その他，本稿では個別の引用は控えたが，新聞報道その他の記事を参照した。

VIII 原子力および核兵器

25 チェルノブイリ原発事故　南　諭子
26 放射性廃棄物の輸送　中谷　和弘
27 環境破壊兵器　髙村ゆかり

25 チェルノブイリ原発事故

［南　諭子］

1. はじめに

　日本においては，51基の商業用原子力発電所が運転を行っており（2000年3月31日現在），発電電力量の約3分の1を原子力発電が賄っている。一方，1999年9月30日に発生した東海村の臨界事故などによって，原子力発電の安全性に関する国民の不安が高まっている。
　原発事故の影響・被害は，非常に重大でありかつ国境を越えて発生することから，原子力発電に関する国際的なルールの策定が必要であり，現在，IAEA (International Atomic Energy Agency：国際原子力機関) においては，国際的な安全基準の策定が進められている。本件は，そのようなルール策定のきっかけとなった事件である。

2. 事　実

　1986年4月26日，旧ソ連ウクライナ共和国のチェルノブイリにおいて，原子炉爆発事故が発生した。事故は，タービンテストの際の制御棒の操作ミスにより発生したものだった。このテストは，停電の際に非常用発電機が起動するまでの間タービン回転の余力で必要な電力を維持できるかどうかを確かめるために行われるテストである。制御棒の操作ミスによって炉の出力が急上昇し，原子炉の爆発とそれに続く火災によって，原子炉に生じていた放射性物質が大量に大気中に放出された。
　その結果旧ソ連のみならず，ヨーロッパの各地に放射能汚染とそれによる人的・物的被害が広がり，ヨーロッパ各国は，農産物の出荷あるいは輸入の停止，損害の補償などの措置をとった。

なお，旧ソ連政府が事故の発生を公表したのは事故発生から2日後の4月28日だった。

3. 国際法上の論点

本件に関する国際法上の論点については，事故当時適用可能な国際法上のルールが存在しなかったかあるいは不十分であったものが多い。ここでは，論点を整理するとともに，事故後特にIAEAのもとで発展した国際的なルールの主な内容について紹介する。

(1) 国際法上の国家責任

ストックホルム人間環境宣言第21原則は，国家はその管轄権下で行われる活動が他国または国際公域の環境に損害を与えないように確保する責任を負う，とする原則を導入した。この原則については，その後，国際慣習法上の原則となったという主張もある。

この「確保する責任」の内容については様々な議論があるが，本件に関しては，主に以下のような主張が可能か否かという点が問題となるであろう。すなわち，「この原則によって，旧ソ連には，原発事故による放射能汚染という環境損害を他国や国際公域に与えないように確保する義務が存在する。今回の事故による環境損害の発生によって当該義務の違反が生じ，よって旧ソ連については国家責任が成立する。その結果旧ソ連による損害賠償がなされるべきである」という主張である。

この点に関連して，旧西ドイツやイギリスは旧ソ連に対する賠償請求権を留保したとされるが，実際にはいかなる国家も正式な賠償請求は行っていない。また，旧ソ連は賠償責任を否定している。

上記のような主張について特に問題となるのは，「損害を与えないように確保する義務」の具体的内容，更には環境損害に関する国家責任の成立要件である。特に国際法上の義務違反に関しては，1979年の長距離越境大気汚染に関するジュネーブ条約第2条違反が成立する，という主張もある。しかし，当該条約は放射能汚染には適用されないのではないか，当該義務は「可能な限り」大気汚染を防止する義務であって本件についてその違反は成立しないのではないか，等の批判もある。

VIII 原子力および核兵器

　この問題に関連する条約が，事故後 IAEA のもとで採択された。
　第一に，事故発生後の早期通報義務に関する条約が採択された。「損害を与えないように確保する義務」の具体的内容として，その領域内で原子力事故が発生した国家は損害を受ける恐れのある国家に対して直ちに通報を行うという義務が国際慣習法上の義務として成立していた，という前提のもと，本件においては，旧ソ連による当該義務の違反があったと主張する見解もある。しかしこのような主張については，早期通報義務が国際慣習法上の義務として成立していたか否かという点に加えて，そのような義務が成立していたとしても，義務の具体的内容，すなわち，通報すべき情報の内容，通報の期限，通報の相手方の範囲等がいかなるものか，という点が問題となる。
　1986年に採択され同年発効した「原子力事故の早期通報に関する条約 (Convention on Early Notification of a Nuclear Accident)」は，旧ソ連による事故の通報の遅れが被害の拡大につながったという反省から，事故の直後に採択されたものである。この条約によって，国境を越えて影響を及ぼす恐れのある原子力事故に関する通報システムが確立された。締約国は，原子力事故の種類，発生時刻，発生場所，その他の情報を通報することが求められる。通報は，IAEA に対して，また，影響を受けるあるいはその恐れがある国家に対して直接にまたは IAEA を通じて行われる。
　尚，1986年に早期通報条約と同時に採択され1987年に発効した「原子力事故又は放射線緊急事態の場合における援助に関する条約（Convention on Assistance in the Case of a Nuclear Accident or Radiological Emergency)」は，原子力事故の際の援助を容易にするために，締約国間，更に IAEA との間の協力に関する国際的な枠組みを設定するものである。
　第二に，原子力利用の安全性に関する条約，すなわち，「原子力の安全に関する条約（Convention on Nuclear Safty)」が1994年に採択され1996年に発効した。この条約は，原子力施設の安全に関する国内法の枠組みや規制機関，安全性の検査，原子力施設の立地・設計・建設・操業に関する安全性の基準などについて規定するものである。また，当該条約の実施状況を審査するための制度，すなわち履行確保制度についても規定がある。具体的には，各国は義務履行に関する報告書を提出し，提出された報告書は締約国会議において審査されることとなっており，1999年4月に第一回の報告書を審査する会議が開催された。

以上，IAEA のもとで採択された条約によって導入された早期通報義務や安全性確保の義務は，「損害を与えないように確保する義務」の具体的内容を示していると考えることもできるであろう。

(2) 国内法上の責任制度の導入

　原発事故に関する責任については，国内法上の責任を追及することも考えられる。

　チェルノブイリ原発事故以前において，原子力損害についての責任制度に関しては以下のような二つの条約体制が存在した。但し，当時旧ソ連はいずれの条約体制にも参加していなかったために，被害を被った者が当該条約体制による責任制度の枠組みにおいて，国内法上の責任を申し立てることは不可能であった。

　第一の条約体制は，NEA（Nuclear Energy Agency：OECD 原子力機関）のもとで1960年に採択され1968年に発効した「原子力エネルギー分野における第三者責任に関するパリ条約（Paris Convention on Third Party Liability in the Field of Nuclear Energy）」である。パリ条約は後に，1963年に採択され1974年に発効した「原子力エネルギー分野における第三者責任に関する1960年7月29日のパリ条約を補完するブリュッセル条約（Brussels Convention Supplementary to the Paris Convention of 29th July 1960 on Third Party Liability in the Field of Nuclear Energy）」によって補完された。第二の条約体制として，IAEA のもとで1963年に採択され1977年に発効した「原子力損害についての民事責任に関するウィーン条約（Vienna Convention on Civil Liability for Nuclear Damage）」がある。

　これらの条約体制は，いずれも以下のような原則を採用している。第一に，責任は排他的に原子力施設の操業者に向けられる。第二に，操業者の責任は絶対的である。すなわち，操業者は過失の有無に関わらず責任を負う（但し一定の場合における免除が規定されている）。第三に，責任の限度額が設定される。第四に，責任は時間的側面からも制限される。つまり請求権の時効期間が設定されている。第五に，操業者は，責任に応じた支払いを保証するために保険に加入することが求められる。また国家は，限度額までの支払いが確保されない場合に差額を補うことが求められる（但しパリ条約に関しては，このような国家による介入は「義務」ではない）。第六に，裁判管轄権は，

その領域内で事故が発生した国家の裁判所が有するものとされる。第七に，被害者については無差別の原則が適用される。

なお，ブリュッセル条約は，責任限度額の確保について国際的な制度を導入した。つまり，操業者による支払いおよびそれを補完する国家による支払いによっても責任限度額に対する不足分が発生する場合には，締約国の分担金によって一定程度の支払いがなされることとされた。

チェルノブイリ原発事故の後に，二つの条約体制を統一して包括的な責任制度を確立する作業が開始された。その結果1988年に，IAEAおよびNEAの共同作業に基づいて，「ウィーン条約及びパリ条約の適用に関する共同議定書（Joint Protocol Relating to the Application of the Vienna Convention and the Paris Convention）」が採択され1992年に発効した。この共同議定書によって両条約間の連結が確立され，統一的な拡大された責任制度が誕生した。すなわち，共同議定書の締約国はあたかも両条約の締約国であるかのように扱われることとなり，また特定の事故に関していずれの条約が適用されるかが規定された。

チェルノブイリ原発事故は，上記の条約体制による損害の補償が，起こりうる原発事故の被害の規模に比して不十分であることを明らかにした。その結果1997年に，「原子力損害についての民事責任に関する1963年のウィーン条約を改正するための議定書（Protocol to Amend the 1963 Vienna Convention on Civil Liability for Nuclear Damage）」，および，「原子力損害についての補完的補償に関する条約（Convention on Supplementary Compensation for Nuclear Damage）」が採択された。

議定書による主な改正の内容は，原子力損害の定義の変更（環境損害及び事故後の損害防止措置の費用を含ませた），適用範囲の明確化，責任限度額の引上げ，時効期間の延長，等である。後者の補償条約は，ブリュッセル条約と類似のシステムを導入する。すなわち，その領域内で事故が発生した国家による補償によって払拭され得ない損害がある場合に，締約国の分担金からなる国際的な補償基金から一定程度の支払いがなされる。

4. 評価および今後の課題

本件をきっかけとして，原発事故に関する国際法上のルールが不十分であ

ることが認識され，IAEAのもとで新しい条約の作成や既存の条約の改正が行われた。

　国際法上の国家責任に関連しては，早期通報義務や安全性確保に関する義務が導入された。しかしながらこれらの義務は，その違反が国家責任を発生させる義務であるとは断定できない。つまり，原子力の平和利用に関する国際法上のルールは，一定の義務の設定とその違反による国家責任の発生という枠組みよりも，事故の防止および事故後の対応と損害の補償に関する，一定程度共通の内容を持つ国内法の導入と国家間の協力制度の構築という枠組みをとりつつあるということができる。

　このような新しい枠組みに関連して問題となるのは，国内法を統一する基準の抽象性と履行確保の問題である。例えば，原子力安全条約の規定は基本的な原則にとどまるのであり，具体的な規律はIAEAのガイドラインを考慮して各国が自由に決めることになる。また履行確保の問題については，原子力安全条約が，各国による実施報告書の提出と締約国会議による審査という制度を導入しているが，こうした制度がどの程度有効に機能するか，今後の実行の検討が必要であろう。

　以上のような問題は，国際環境法の他の分野においても指摘される点であるが，国内政策のなかで重要な位置を占めるエネルギー政策に関わり，また，各国によって技術水準が異なる原子力の平和利用の分野においては特に問題となる点であろう。

◇　**参考文献**
1. 岩間徹「チェルノブイリ原発事故」太寿堂鼎他編『セミナー国際法』東信堂（1992年）87-90頁
2. 繁田泰宏「原子力事故による越境汚染と領域主権――チェルノブイリ原発事故を素材として㈠・㈡」法学論叢131巻2号（1992年）97-122頁・133巻2号（1993年）63-89頁

26 放射性廃棄物の輸送

[中谷和弘]

1. 事件の概要

　日本は，原子燃料サイクルの一貫として，原子力発電所において生じる使用済核燃料をフランス（COGEMA＝仏原子燃料公社）及び英国（BNFL＝英国原子燃料公社）にある再処理工場に輸送し，再処理によって生じたプルトニウムおよび高レベル放射性廃棄物は再び日本に輸送されている。プルトニウムは高速増殖炉での利用を予定し，高レベル放射性廃棄物は当面の間（30－50年），青森県六ヶ所村の貯蔵センターに貯蔵される。これらの核物質のこれまでの主な輸送としては，フランスからのプルトニウムの海上輸送が2回（①1984年10月－11月の日本船晴新丸によるパナマ運河ルートでの輸送，②1992年11月－93年1月の日本船あかつき丸による喜望峰・南西太平洋ルートでの輸送），フランスからの高レベル放射性廃棄物の海上輸送が5回（①1995年2月－4月の英国船パシフィック・ピンテール号によるホーン岬・南東太平洋ルートでの輸送，②1997年1月－3月の英国船パシフィック・ティール号による喜望峰・南西太平洋ルートでの輸送，③1998年1月－3月の英国船パシフィック・スワン号によるパナマ運河ルートでの輸送，④1999年2月－4月の同号によるパナマ運河ルートでの輸送，⑤1999年12月－2000年2月の同号によるパナマ運河ルートでの輸送）ある。さらに，高速増殖炉「もんじゅ」の事故（1995年12月）等によりプルトニウム利用計画がうまく進展しないこと等に鑑み，再処理によって回収されたプルトニウムをウランと混合したMOX燃料を軽水炉（通常の原発）での燃料とするプルサーマル計画がすすめられ，MOX燃料の英仏からの輸送も開始された（1999年7月－9月，パシフィック・ティール号及びパシフィック・ピンテール号による喜望峰・南西太平洋ルートでの輸送）。

　このような核燃料の海上輸送に対しては，その沿岸が輸送ルートとなる可

能性のある諸国（特に南太平洋フォーラム（SPF）加盟諸国及びカリブ共同体（CARICOM）諸国といった島嶼国）から非難・反対・懸念の声が生じた。そのような声は1992年のプルトニウム輸送の際に最も高まり，上記の国際組織による非難・抗議に加えて，南米諸国（チリ，アルゼンチン，ウルグアイ等）が領海通過禁止を決定し，またマラッカ海峡沿岸諸国（シンガポール，マレーシア，インドネシア）が同海峡不通過を要請するといった動きがみられた。ソロモン諸島はあかつき丸が排他的経済水域に入ったとして抗議をしたとされる。同船の輸送ルートは非公開とされたが，環境NGO「グリーンピース」が同船を追跡し，また，グリーンピースの船舶が海上保安庁の護衛船「しきしま」と接触する事態も生じた。1998年の第3回高レベル廃棄物輸送の際には，パナマ運河通航中にグリーンピースの活動家が抗議活動のため輸送船に乗り込むといった事態も生じた。情報公開に関しては，1997年の第2回輸送の際から，船名，出港日，輸送物については出港の1－2日前に，輸送ルートについては出港の1日後に情報公開がなされている（1995年の第1回の輸送の際には，輸送ルートは非公開とされた）。

2. 核物質の海上輸送を規律する国際ルール

　これらの核物質の海上輸送を規律する国際法上ルールには多様なものがある。ここでは，(1)二国間原子力協定，(2)船舶に関するIMO（国際海事機構）のルール，(3)輸送容器に関するIAEA（国際原子力機関）のルール，(4)国連海洋法条約，(5)核物質防護条約，(6)使用済核燃料管理の安全及び放射性廃棄物管理の安全に関する合同条約，に照らして輸送の根拠および輸送（の阻止）の問題点につき検討する。

　(1)　二国間原子力協定は，再処理や海上輸送の関係国間での法的根拠となるものである。極めて複雑なため詳細は省くが，二国間原子力協定の特徴としては，原子燃料サイクルの一過程（例：ウラン濃縮）に関与した国家はサイクルの事後の各過程（例：再処理）や輸送につきコントロールを及ぼすことが指摘できる。それゆえ，例えばあかつき丸によるフランスから日本へのプルトニウム輸送に際しては，日仏原子力協定によって規律されるのみならず，日米原子力協定によっても規律され，米国の同意も必要とされた（米国からは協定に従って包括同意が与えられた）。また，実施取極付属書5（回収

VIII 原子力および核兵器

　プルトニウムの国際輸送のための指針）の修正取極（1988年10月）により，海上輸送は，「自然の災害若しくは社会の騒乱が生じている地域を避けるように，かつ，積荷及び輸送船の安全を確保するように選定された経路で，専用船により実施される」とし，事前に予定される形での寄港は行なわず，緊急寄港は輸送計画に記載される手続きに従ってのみ行なわれるとした。輸送船は武装護衛船によって護衛される（但し代替安全措置のある場合は除く）とし，海上保安庁の「しきしま」が護衛にあたり，海上保安官が護衛者として乗船した。これに対して1999年のMOX燃料輸送においては，二船舶が相互に護衛し，英国の武装警察官が乗船するという方式をとり，専用の護衛船はつかなかった。英国船による輸送の場合，警備の責任を第一義的に負うのは旗国である英国であり，但しフランス領海内ではフランスが，日本領海内では日本が責任を負う（1998年4月1日衆議院外務委員会政府答弁）。

　万一の事故の場合の費用負担の責任については，例えば高レベル放射性廃棄物の輸送の場合，関係事業者間の契約に基づき，日本領海到着まではCOGEMAが，日本の領海及び陸上では日本原燃㈱が負うとなっている（衆議院外務委員会1995年3月16日政府答弁。なお，プルトニウム輸送の際の日本側の責任主体は動燃）。場合により船会社および旗国への求償がなされる可能性はあろう。日本は，賠償額に上限が定められている，加盟国が少数であり近隣諸国が未加盟等の理由で，核物質海上輸送民事責任条約（1971年）等の原子力分野での民事責任にかかる多数国間条約には加盟せず，万一の事故の場合には，原子力損害賠償法に基づき賠償をするという方針である。同法では，原子力事業者に無過失責任を課すとともに責任を集中させるが，保険でカバーされないほどの大規模損害が生じた場合には，国が必要な援助を与える。

　(2) 船舶に関するIMOのルールについては，海上人命安全条約（SOLAS条約）に基づきINFコード（容器に収納された照射済核燃料，プルトニウム及び高レベル放射性廃棄物の海上安全輸送国際規則，1993年採択）に従うことが求められる。INFコードは勧告であったが，1999年に強制化が採択された。日本では，より厳格な要件を船舶安全法に基づく特別基準により定めている。なお，あかつき丸は，当時の国際基準であるIBCコードに従って設計された。

　(3) 輸送容器に関するIAEAのルールについては，放射性物質安全輸送規則（勧告）があり，輸送容器は，落下試験，耐火試験，浸漬試験の要件を

満たさなければならない。日本では，同規則を受けて国内法令が整備されている。

（4）国連海洋法条約は，輸送船舶と沿岸国との基本的関係を規律する。一般に外国船舶は，公海（領海外）において自由通航権を，領海においても無害通航権を享受する（第87条1項，第17条）。公海の自由は無制約のものではなく，他国の権利に妥当な考慮を払って行使されなければならない（第87条2項）が，IMO及びIAEAの国際的基準を満たした船舶の単なる通航が直ちにこれに抵触するものではない。排他的経済水域（EEZ）は，資源の開発・保存等の特定目的に関してのみ沿岸国の管轄権が及ぶ海域であって，船舶の通航に関しては公海同様である。もっとも沿岸国はEEZにおいては，海洋環境の保護・保全に関しては管轄権を行使すること（第56条1項），特に船舶からの汚染の防止・軽減・規制のため，国際的な規則・基準に合致した法令を制定すること（第211条5項）ができるが，ここで主に想定されているのは，MARPOL条約（船舶起因海洋汚染防止条約）に対応する国内法令であり，核物質輸送船の通航規制とは直接の関連を有しない（いわゆる予防的アプローチの考え方に基づいてEEZ通航を規制する新たな国際的ルールを「作成」することは不可能ではないが，同項の「解釈」として規制が可能という立場をとることは解釈の枠を超えるものといわざるを得ない）。領海の無害通航の意味については，「通航は，沿岸国の平和，秩序又は安全を害しない限り，無害とされる」（第19条1項）。2項では，無害通航に該当しない活動として，本条約に違反する故意のかつ重大な汚染行為や漁獲活動等，12のものが挙げられているが，核物質輸送自体はこの中には含まれていない。なお，沿岸国は一定の事項について無害通航に係る法令を制定できる（第21条1項）が，外国船舶の設計，構造，乗組員の配乗又は設備についてはその対象外である（2項）。それゆえ例えばINFコードの基準よりも高い基準を要求して核物質輸送船の無害通航を否認することはできない。国際海峡においては，外国船舶には無害通航権よりも一層有利な通過通航権が与えられる（第38条）。

国連海洋法条約において，核物質輸送船に直接の言及があるのは第23条のみである。同条は，「外国の原子力船及び核物質又は本質的に危険若しくは有害な物質を運搬する船舶は，領海において無害通航権を行使する場合には，そのような船舶について国際協定が定める文書を携行し，かつ，当該国際協定が定める特別の予防措置をとる」と規定する。この規定ぶりからも，核物

VIII 原子力および核兵器

質輸送船というだけで無害通航が否定される訳ではないことが確認される。同条にいう「国際協定が定める文書」とは，原子力船の運航者の責任に関する条約にいう保険証，海洋汚染防止条約にいう国際油汚染防止証書等をいい，核物質輸送船に関してはINFコードに規定されたINF貨物輸送適合国際証書がこれに対応すると考えられる（同コードは1999年の強制化採択以前は勧告にすぎなかったため，同証書の携行は本条に基づく義務ではなかった）。特別の予防措置とは，核物質輸送船の場合，核物質防護条約に基づくそれである（後述）。国連海洋条約の起草過程（第3次国連海洋法会議）においては，核物質輸送船の領海通航を規制しようとする諸提案がなされたが，条文として採択されるには至らなかった。

沿岸国との関係にかかる航行の態様は，一般に，①無通告での航行，②通告を伴う通航，③協議を伴う通航，④同意に基づく通航に分類される。沿岸国（の一部）は，核物質輸送船は，予防原則に従って沿岸国への事前通告乃至沿岸国との協議が必要であると主張するが，無害通航権とはまさに無通告の航行の権利である（但し自発的に通告をしたり協議に応じたりすることは可能である）。事前通告には核物質防護の観点からの問題もあるが，この点は後述。環境影響評価に関しては，個々の核物質海上輸送前に沿岸国も参加する形で行なうべきであるとの主張がある。これに対しては，IMO及びIAEAの国際基準を満たす限り，環境影響評価を個々の輸送前に義務づける必要はなく，また沿岸国への情報提供は核物質防護上，問題があるとの反論がある。国連海洋法条約第206条では，「いずれの国も，自国の管轄又は管理の下における計画中の活動が実質的な海洋環境の汚染又は海洋環境に対する重大かつ有害な変化をもたらすおそれがあると信ずるに足りる合理的な理由がある場合には，当該活動が海洋環境に及ぼす潜在的な影響を実行可能な限り評価するものとし，前条に規定する方法によりその評価の結果についての報告を公表し又は国際機関に提供する」と規定するが，この条文のみから直ちに個々の輸送前の環境影響評価の義務を導くことは困難であろう。政府見解では，海洋環境に対して実質的な汚染をもたらすおそれがある等の場合の環境影響評価の実施・公表につき，諸国家による一般慣行，法的確信が認められるには至っていないとする（参議院外務委員会1995年3月16日）。

なお，非核地帯条約との関連では，ラロトンガ条約（南太平洋非核地帯条約）及びトラテロルコ条約（ラテンアメリカにおける核兵器の禁止に関する条

約）には，核物質海上輸送そのものに関する規定はないが，東南アジア非核地帯条約第7条では，「各締約国は，通報があった場合には，無害通航権や通過通航権によって規律されない方法での外国船舶による自国の港への寄港や自国の領海・群島水域の通航を許可するかどうかを決定できる」旨，規定する。問題は無害性の判定に帰着するといえるが，国連海洋法条約の無害通航の基準よりも厳しい基準を導入しても，第三国（外国船舶の旗国）には対抗できない。

(5) 核物質防護条約においては，締約国は，輸送中の核物質が，自国の領域内にある場合や自国の管轄下にある船舶に積載されている場合には，付属書Ⅰに定める水準（INFCIRC/225/Rev.1）での防護を確保しなければならない（第3条）とし，この水準での防護の保証が得られない限り核物質の輸出（許可）をしてはならないとする（第4条）。

また，第4条5項では，核物質輸送船の内水通過・寄港の際の事前通報義務を規定する。沿岸国としては，通報の有無にかかわらず，内水通過や寄港を認める義務はない。輸送に関連する情報の公開に関しては，第6条が次のように規定する。「1. 締約国は，他の締約国からこの条約に基づき，又はこの条約の実施のために行われる活動に参加することにより，秘密のものとして受領する情報の秘密性を保護するため，自国の国内法に適合する範囲内で適当な措置をとる。締約国は，国際機関に対して情報を秘密のものとして提供する場合には，当該情報の秘密性が保護されることを確保するため，措置をとる。2. 締約国は，この条約により，国内法上伝達が認められていない情報及び関係国の安全保障又は核物質の防護を害する情報の提供を要求されるのではない」。第2項から，沿岸国としては輸送の詳細の情報提供を要求はできないが，沿岸国に自発的に伝達することは本条の趣旨に反するものではないといえよう。情報の公開や暴露は，核ジャックからの輸送の防護という観点から無制限ではありえない点に留意しなければならない。

(6) 使用済核燃料管理の安全および放射性廃棄物管理の安全に関する合同条約について。1997年9月5日にIAEAにおいて採択された本条約（未発効，日本は未署名）では，放射性廃棄物を自国で処分すべきとの原則をうたう（前文）。使用済核燃料や放射性廃棄物の国境を越えた移動については，発送国が受領国に事前通報をし，同意を得ることを要件とする（第27条1項ⅰ）。但し，本条約は，国際法上規定された航行の権利を妨げるものではないと確

認されている（同条3項）。沿岸国との関係では，特定の輸送形態に関連する国際義務（上記のIMOやIAEAのルール）に従うとの規定（同条1項ⅱ）にとどまった。なお，有害廃棄物規制バーゼル条約では，放射性廃棄物は対象外である点に留意する必要がある。

3. 評価および今後の課題

　以上の検討から，これまでのプルトニウム，高レベル放射性廃棄物及びMOX燃料の海上輸送に関しては，国際法上は違法ではないといえる。もっとも，細かい点では異論がない訳ではない。例えば，原子力協定に関しては，フランスでの再処理において，日本以外の使用済み核燃料が再処理された分も含まれている可能性がある。本来引き渡されるべき量の移転がなされればよいというのが政府の見解であるが，異論もあろう（衆議院予算委員会1993年2月15日参照）。なお，この点は日仏原子力協定には明文規定はないが，日加原子力協定改正議定書合意議事録には明文規定がある。また，MOX燃料の加工はベルギーにおいて行なわれるが，日本とベルギーの間には原子力協定はなく，ベルギー政府が防護措置を約束する旨の交換公文を1998年2月に締結したとされるが，この点に関しても異論はあろう（衆議院予算委員会第六分科会1998年3月20日，衆議院科学技術委員会1998年6月5日）。海洋法との関連では，輸送船は沿岸国の領海はもちろんのこと，EEZの通航も行なわない方針を貫いてきたが（国際海峡通航の場合は除く），但し，あかつき丸の通航においてはソロモン諸島のEEZを通航しないと約束していたにもかかわらず通航したとしてソロモン諸島が抗議をしたとされる。第2回高レベル放射性廃棄物輸送の際には，南アフリカが同様の抗議をしたとされる。EEZ通航の有無や日本の約束の内容が明らかでないため，最終的な評価はできないが，国家の発する一方的約束は一定の要件の下にその国家を拘束する場合があることが国際司法裁判所「核実験事件判決」（1974年）で判示されている点には留意する必要がある。

　核物質の輸送をめぐる最大の国際レベルでの問題は，沿岸国の理解をいかに得るかにある。そのためには十分な説明が不可欠であるが，他方では核防護の義務が放棄されてはならない。

◇ **参考文献**
1. 中谷和弘「プルトニウム海上輸送──国際法的検討」『原子力施設・原子燃料の国際取引と安全保障』日本エネルギー法研究所（1995年）
2. ジョン・M・ヴァン・ダイク（邦訳監修石橋忠雄）「国際法の下における日本のプルトニウム輸送」『原通』2966号－2973号（1993年）
3. 奥脇直也「『危険または有害性』を内在する外国船舶の領海通航」『海洋法事例研究第1号』日本海洋協会（1993年）
4. 坂元茂樹「原子力船及び危険又は有害な物質を運搬する船舶の無害通航権」『海洋法関係国内法制の比較研究第1号』日本海洋協会（1995年）
5. 田中則夫「『核兵器・危険有害物質』積載船舶の領海通航と無害性基準」『海洋法条約体制の進展と国内措置第2号』日本海洋協会（1998年）

27 環境破壊兵器

核兵器使用の合法性に関する1996年の
国際司法裁判所勧告的意見

［髙村ゆかり］

1. 事件の概要

　1994年12月15日，国連総会は，国連憲章第96条1項に基づき，総会決議49/75Kにより，核兵器の威嚇または使用の合法性に関する勧告的意見を国際司法裁判所（ICJ）に求めた。国際司法裁判所は，この要請に応じ，1996年7月8日に「核兵器の威嚇または使用の合法性」と題する勧告的意見を与えた。なお，国連総会に先立って世界保健機関（WHO）が同様の勧告的意見を要請したが，これについては，専門機関が勧告的意見を求めることができるのは，「その活動の範囲内において生ずる法律問題」に限られる（憲章第96条2項）として，裁判所の管轄権を認めなかった。

　このような勧告的意見が要請されるに至った背景には，法律家や医師の国際 NGO による国連での積極的なロビー活動があった。日本でも市民の署名運動などが行われた。世界で最初に核兵器による被害を受けた国として，日本政府は，国際司法裁判所に意見陳述書を提出し，口頭陳述を行った。また，政府代表補佐人として，広島市長と長崎市長が政府とは独立した証人として陳述を行った。

　国際司法裁判所は，その意見主文（A〜E）において，まず，「慣習国際法においても条約国際法においても，核兵器の威嚇または使用を特定的に許可するものは存在しない」（A）とし，「慣習国際法においても条約国際法においても，核兵器それ自体の威嚇または使用に対する包括的かつ普遍的な禁止は存在しない」（B）とした。そして，武力行使に関する憲章規定（*jus ad bellum*）の観点から，「核兵器を用いた武力による威嚇または武力の行使であって，国際連合憲章第2条4項に違反するもの，および第51条のすべての要件を満たさないものは，違法」（C）とし，次いで，核兵器使用の武力紛

争法ないし国際人道法（*jus in bello*）との両立性の問題について，「核兵器の威嚇または使用は，また，武力紛争に適用される国際法の要件，とりわけ国際人道法の原則及び規則の要件，並びに核兵器を明文で取り扱う条約その他の約束のもとでの特定の義務と両立するものでなければならない」（D）と判じた。そして，最後に，「上記の要件に従えば，核兵器の威嚇または使用は武力紛争に適用される国際法の規則，およびとりわけ人道法の原則並びに規則に，一般的には違反するであろう」が，「国際法の現状及び利用可能な事実の要素に照らして，裁判所は，国家の存続それ事態がかかっているような自衛の極端な状況において，核兵器の威嚇または使用が合法であるか違法であるかについては，確定的に結論することができない」（E）と結論づけた。

2. 勧告的意見における核兵器使用と国際環境法

(1) 審理過程での各国の主張

　書面または口頭で行われた陳述において，いくつかの国家は，環境保護に関する現行の規範，とりわけ，「自然環境に対して広範な，長期的なかつ深刻な損害を与えることを目的とするまたは与えることが予想される戦闘の方法または手段」の使用を禁止する1949年のジュネーヴ条約第一追加議定書（1977年）第35条3項や，「破壊，損害または傷害を引き起こす手段として広範な，長期的なまたは深刻な効果をもたらすような環境改変技術の軍事的使用その他の敵対的使用」（第1条）を禁止する環境改変技術敵対的使用禁止条約（1976年），そして，人間環境宣言原則21（1972年），リオ宣言原則2（1992年）の定める「自国の管轄または管理下の活動が他の国家の環境または国家の管轄権の範囲外の区域の環境に影響を及ぼさないように確保する責任」に照らして核兵器使用の違法性を主張した。そして，こうした条約や規則は，戦時においても適用可能であり，その影響が広範で，越境影響を有するだろう核兵器の使用は，これらの条約や規則に違反すると主張した。

　それに対して，いくつかの国家は，これらの規則の法的拘束性について疑義を唱えた。第一追加議定書も環境改変技術敵対的使用禁止条約もあくまで条約であり，第一議定書第35条3項について留保している国家もあり，一般的に国家を拘束するものでないと主張した。これらの条約や規範は，平時における環境保護を主要な目的としており，核兵器はもちろん，戦争一般，

VIII 原子力および核兵器

核戦争についても全く言及されていないので，核兵器には適用されず，かかる規則を核兵器の使用を禁止するように解釈すれば法的安定性を失わせると主張した。

(2) 勧告的意見における裁判所の判断

この勧告的意見において，核兵器使用と国際環境法について論じている部分は，パラグラフ27からパラグラフ33までである。

裁判所は，環境が生活空間であり，生活の質，将来の世代を含む人間の環境に相当し，核兵器の使用は，このような環境の破局となりうること，そして，核兵器があらゆる文明と地球の生態系全体を破壊する可能性を有していることを認めた。さらに，「自国の管轄及び管理下の活動が他の国家の環境または国家の管轄権の範囲外の区域の環境を尊重するように確保する」国家の一般的義務があることを確認した。しかし，裁判所は，本件について，環境保護条約が武力紛争中に適用可能かどうかが問題ではなく，条約に由来する義務が，武力紛争中の全面的な行動制約の義務を意味するものかどうかが問題であるとする。そして，環境保護義務ゆえに国家が国際法上の自衛権を行使しえないことをこれらの条約が意図しているとは考えられないが，国家は，正統な軍事的目的の追求に必要かつ均衡のとれたものであるかを評価する際環境を考慮しなければならず，環境の尊重は，ある行動が必要性と均衡性の原則に従っているかどうかを評価する要素の一つであるとした。こうしたアプローチは，「武力紛争時の環境保護を定める国際法の尊重」を定めるリオ宣言原則24の文言からも支持されるとした。また，裁判所は，第一追加議定書第35条3項や第55項は，それ以上の環境の保護を定めるもので，これらの規定は，議定書の締約国には強力な制約となるとした。

裁判所は，「武力紛争時の環境保護」と題した1992年11月25日の国連総会決議47/37を引用し，この決議が，環境の考慮は，武力紛争時に適用される法の原則の実施上考慮されるべき要素の一つであると確認し，「軍事的必要性から正当化されず，不合理に行われた環境破壊は，現行の国際法に明確に違反する」と宣明していることを指摘する。さらに，1995年の核実験事件（ニュージーランド対フランス）の命令において，裁判所が「その結論は，自然環境を尊重し，保護する国家の義務を侵害しない」と判じたことは，核実験の文脈だけではなく，当然に，武力紛争時の核兵器の実際の使用にも適用

されるとした。そして，最後に，環境保護に関する現行の国際法は，核兵器の使用を明示的には禁止していないが，重要な環境上の要因が，武力紛争時に適用される法の原則および規則の実施の文脈で適切に考慮されるべきことを示していると結論づけた。

3. 評価および今後の課題

　裁判所は，環境が将来の世代を含む人間の生活の場として重要であり，核兵器の使用がこのような環境，あらゆる文明と地球の生態系全体を破壊する可能性を有していることを認めつつも，本件に最も直接的に関連する法は，国連憲章のもとでの武力の行使に関する規則と，敵対行為を規律する武力紛争法および核兵器に関する特定の条約であって，環境保護に関する国際法ではないとした。実際，判決の理由付けのうち，環境保護に関する国際法について検討しているのはわずか7パラグラフである。また，主文においても，環境保護に関する国際法からの判断は全く触れられていない。しかし，この勧告的意見は，いくつかの点で国際環境法，とりわけ武力紛争時における環境保護の法規則の今後の発展につながる要素を含んでいる。

(1) 越境損害防止義務の一般国際法の規則としての認定

　まず，裁判所は，前述の1995年の核実験事件の命令の一文を引きながら，1941年のトレイル熔鉱所事件仲裁判決が最初に定式化し，1956年のラヌー湖事件仲裁判決を経て，人間環境宣言原則21，リオ宣言原則2などにより確認されてきた越境損害防止義務が国家の一般的義務であると認定した。この越境損害防止義務の一般国際法性は，その後のダニューブ川の水利用をめぐる1997年のガプチコヴォ＝ナジマロシュ・プロジェクト事件（ハンガリー対スロヴァキア）判決でも本件の勧告的意見を引用して確認されている。

(2) 武力紛争時の国家の環境保護義務

　この事件の審理過程で，越境損害防止義務の武力紛争時における適用に核保有国が強く異議を唱えた。アメリカは，その意見陳述書において，人間環境宣言原則21は，明らかに「武力紛争中の行為への適用を目的として定められたものではなく，ましてや外国の領域における核兵器の使用に適用するこ

とを目的として定められたものではなかった」と最も明確にそれを主張した。

裁判所は，環境保護条約が武力紛争時に適用されるかどうかがこの事件での問題ではないとしながらも，越境損害防止義務から由来する，戦時において平時に引き続き環境を尊重する義務があることを支持する見解を示した。敵対行為の発生が条約に及ぼす影響について条約法条約は予断していない（第73条）が，一般に，武力紛争の発生が，発生の事実それ自体によって，自動的には環境保護条約を終了させず，軍事行動中に環境を保護する義務を交戦者は負う。国家実行を見ても，このことは明確に確認される。イラン・イラク戦争中（1983年3月）に，イラクがイランの沿岸石油施設を攻撃した際，イランは，1978年4月24日の汚染からの海洋環境の保護に関する協力のための地域条約の規定を援用してイラクの行為を非難した。それに対して，イラクは，当該条約は，武力紛争時には適用されないと主張した。この問題について検討するためにＥＣ委員会により招集された専門家グループは，他国の環境に損害を生じさせないという一般的義務は，武力紛争時においても適用され，それは越境損害防止義務に基づくものであるとした。さらに，本件の口頭陳述において，ソロモン諸島が言及しているように，湾岸戦争の際の，1991年4月3日の安全保障理事会決議687において，安全保障理事会は，「国際法によって，環境への侵害及び天然資源の破壊を含むあらゆる損失，あらゆる損害について」イラクが責任を有することを認めている。また，このことは，裁判所が勧告的意見において援用しているリオ宣言原則24によっても根拠づけられるだろう。

(3) 武力紛争時に適用される法の原則及び規則の実施における環境の考慮

国際人道法は，本来軍事的必要性と人道の必要性の間の均衡に基づくものである。交戦者は，軍事行動中に，軍事的利益と，軍事行動から生じる損害との間の合理的関係を維持する義務があり，この必要性の原則と均衡性の原則に軍事行動が服することによりその均衡が維持される。

これら二つの原則は，当初，環境保護目的のものとは明確には考えられていなかった。しかし，イラクによるクウェートの石油施設の破壊が大規模な環境損害を生じさせたことを契機に，とりわけ学説は，これら二つの原則の適用を環境に拡大しようと努めてきた。交戦者の戦争努力に貢献しない環境要素は民用物と考えられ，軍事行動中にそのようなものとして取り扱われな

ければならないとして，敵国民の財産の保護を目的とする規則，すなわち必要性の原則と均衡性の原則が，付随的に環境を保護しうると主張された。人道法国際研究所と赤十字国際委員会の協力のもとで国際法学者，海軍法務官により作成された「海上武力紛争に適用される国際法に関するサンレモ・マニュアル」のパラグラフ44は，戦闘方法や戦闘手段が，国際法の適切な規則に照らして，自然環境を適切に考慮して利用されなければならないこと，そして，軍事的必要性により正当化されず，恣意的に行われる自然環境の破壊行為と損害は，禁止されることを定めている。このパラグラフの規定は，1992年11月25日の国連総会決議47/37「武力紛争時の環境保護」の規定を取り入れたもので，決議は，「軍事的必要性により正当化されず，根拠のない環境の破壊は，明らかに現行の国際法に反する」と明言している。裁判所が，軍事行動の必要性と均衡性の原則に照らした評価において，環境の考慮の必要性を宣言したのは，こうした法の発展を確認したものである。

　軍事的必要性の概念は曖昧であり，実際の場面で，軍事的行動の結果生じた損害が，得られた軍事的利益との関係で過度なものかどうかを客観的な基準に基づいて判断することは極めて難しい。また，赤十字国際委員会は，本件審理にあたって裁判所に宛てた書簡において，均衡性の原則について疑義がある場合には，国際人道法に関する条約において，軍事的必要性を優先することを暗に定める条項がない限り，文民の利益が優先されなければならないとし，「均衡性の原則の解釈が，……問題を変える性格を有」せず，核兵器の使用は，先験的に，国際人道法の基本的規則に反するだろうと結論づけた。意見主文が核兵器の使用によりもたらされる環境損害を含む損害に照らして，一般には，核兵器の使用が必要性の原則と均衡性の原則に合致しないとしたのもこの趣旨で理解できる。

(4) 第一追加議定書における環境保護関連規定とその慣習法性

　裁判所が，この事件において言及した，第一追加議定書の環境保護関連規定は，ヴェトナム戦争中のアメリカによる環境侵害を念頭に置いた当時の東欧社会主義国と，フランスの南太平洋における核実験について国際司法裁判所に問題を付託したオーストラリアのイニシアティヴによるものであった。

　第一追加議定書第35条3項は，「自然環境に対して広範な，長期的なかつ深刻な損害を与えることを目的とするまたは与えることが予想される戦闘の

Ⅷ 原子力および核兵器

方法または手段を用いることは，禁止する」として，戦闘方法または手段の角度からの環境保護を取り扱っている。この規定は，第35条１項が定める，戦闘方法または手段の選択について無制限の権利を交戦者は有しないという国際人道法の要となる原則のコロラリーの一つである。第55条は，戦闘において「広範な，長期的なかつ深刻な損害から自然環境を保護するため」注意を払い，自然環境へのかかる損害の発生，それによる住民の健康や生存を害することを意図したまたはそれが予測される戦闘方法の使用を禁止し，さらに，敵国による攻撃が違法な場合の復仇による自然環境への攻撃を禁止する。これら二つの規定は，部分的に重複しているが，第35条３項の規定が環境の保護をめざすものであるのに対して，後者は，住民の健康と生存の確保のための規定である。

第一追加議定書の署名の際に，核保有国は，この議定書は核兵器に何らの影響も及ぼさないことを明言し，この事件の審理においても，同様の主張を行った。確かに，議定書の注釈において，赤十字国際委員会が言及するように，議定書第35条３項の採択の際に，環境に深刻に影響を与える可能性があるにもかかわらず，核兵器については，何ら触れられなかった。しかし，前述の書簡において，委員会は，この点について，交渉の際の状況は，その後に生じた国際人道法分野での慣習法の発展を侵害しないのは明白であり，このことは，議定書が総体として，または，少なくとも，議定書が定める大部分の原則および規則がますます広範に受容されていることにより根拠づけられるとする立場をとった。こうした赤十字国際委員会の立場が，議定書の環境保護関連規則の核兵器への適用可能性を認める裁判所の判決に何らかの影響を与えたのではないかと思われる。

第35条３項と第55条の慣習法性について，裁判所は，これらの規定があくまで条約上の規定であるとして否定したが，かかる規定が，国際慣習法をうたった規則であるとの意見も強くなっている。この事件では，ソロモン諸島が，その口頭陳述の際に，クウェートの環境に与えた損害に対するイラクの責任を認めた1991年４月３日の国連安全保障理事会決議687に言及し，イラクが，当時第一追加議定書の当事国ではなかったことに鑑み，この責任は，第一追加議定書第35条３項及び第55条の規定に基づく，戦時において環境に重大な侵害を与えることを禁止する慣習法が存在していることに由来すると考えるほかないと主張した。しかし，他方で，アメリカ，イギリス，フラン

スをはじめとする安全保障理事会の常任理事国の大部分が，第一追加議定書を批准していないことから考えて，この決議についてこのような理解をすることは難しく，1990年10月29日の安全保障理事会決議674で言及されているように，むしろ，ジュネーヴ第四条約（文民条約）第53条，すなわち，軍事的必要性により正当化されない財の破壊及び収用の禁止に違反するものとして，イラクに責任が帰属しているとの意見もある。

ただし，この二つの規定の実際の適用は，環境が受けた損害が「広範，長期的かつ深刻」でなければならず，しかも，かかる基準は，不明確で曖昧なうえに，相当に主観的なものであるため必ずしも容易ではない。また，第55条は，軍事行動により必要と考えられる侵害の発生を明示的には禁止せず，交戦者が環境保護に注意を払って戦闘を行うことを義務づけた規定のため，交戦者に一定の裁量が与えられている。

なお，第一追加議定書第54条と第56条も付随的に環境保護に関連する規定と言えるだろう。第54条は，食糧，農業地域，家畜，飲料水供給設備，灌漑設備などの文民たる住民の生存に不可欠な物の保護を定め，かかる物を攻撃し，破壊することを禁止している。かかる規定は，環境を付随的に保護するものであり，コロマ判事は，その反対意見の中で，裁判所は，この角度から環境保護の問題を検討するべきであったと述べている。他方，第56条は，ダム，堤防，原子力発電所といった危険な威力を内蔵する工作物及び施設の保護を定めている。かかる施設の破壊が不可避的に環境に破滅的な結果を与えるおそれがあることを考えると，この規定もまた付随的に環境を保護する機能を果たしていると言える。

◇ **参考文献**
1. 松井芳郎「国際司法裁判所の核兵器使用に関する勧告的意見を読んで」『法律時報』68巻12号（1996年）
2. 藤田久一『新版　国際人道法（増補）』有信堂（2000年）
3. 磯崎博司『国際環境法』信山社（2000年）181-190頁
4. 臼杵知史「戦争および武力紛争における国際環境の保護」深瀬忠一他『恒久平和のために』勁草書房（1998年）808-818頁

IX 有害物質および環境権

28 アスベスト　立松美也子
29 有害化学物質と農薬　立松美也子
30 ヨーロッパ人権条約における「環境権」　立松美也子

28 アスベスト

[立松美也子]

1. はじめに

　アスベスト（石綿）とは，白石綿（繊維状の蛇紋石），アモサ石綿，青石綿などに代表される非常に細かい繊維から構成されている自然の鉱物である。防音効果，耐熱効果があり，また，防火性や絶縁性にも優れていることから，これまで広く建設資材の一部として利用されたり，建築物の一部に吹きつけられたりして利用されてきた。確かに，アスベストを含有した建築資材が，良好な状態に保たれ，損傷や剥離の兆候が見られない場合には，アスベストの繊維が空中に飛散することはなく，問題は生じにくいとされている。しかし，建築資材に何らかの損傷が生じたり，アスベストを利用した建材の切断，孔あけ，釘打ちなどを行ったりすると，粉じんが発生し，空中に浮遊した状態になる。それらが「石綿粉じん」と呼ばれるもので，それを人間が吸入した場合に健康問題が生じる可能性がある。

　人間は，多少のほこりであれば，せき・たんによって，これを体外に排出することもできる。しかし，排出能力を超えた粉じんを吸い込むと，粉じんが肺の内部の組織（肺胞）を埋めてしまい，身体の防禦反応により，肺組織に変化をきたし，それが進行すれば肺胞の機能が停止してしまう結果となる。アスベストによると考えられる健康障害には，肺の内部の組織に変化をきたすアスベスト肺，悪性中皮腫，および肺ガンが主として挙げられる。石綿粉じんの吸入からこれらの健康障害の発症までの潜伏期間が，15年から40年と非常に長期にわたるのも特徴である。

　日本におけるアスベストの規制は，後述の通り，「大気汚染防止法」において，そして，労働環境における規制については，「じん肺法」および「労働安全衛生規則」において規定されている。

2. アスベストの使用に関する国際的規制

(1) ILO における条約と勧告

このように健康障害を生じさせるアスベストについて，世界的規模でその使用や生産を完全に禁止する条約は，現在までのところ結ばれていない。石綿を含む産業廃棄物が，有害廃棄物の越境移動に関するバーゼル条約で規制されるにすぎない。石綿粉じんは，石綿の吹きつけ作業や建築物などの解体作業がなされる場合に生じる可能性が大きいため，労働環境問題として，国際労働機関（International Labour Organization, 以下，ILO という）において取り上げられている。ILO 総会は，1986年6月，「アスベストの利用における安全に関する条約」（以下，アスベスト規制条約という）および「アスベストの利用における安全に関する勧告」（以下，アスベスト規制勧告という）を採択した。アスベスト規制条約は，1989年に発効している。ただし，日本はこの条約を未だに批准していない。アスベスト規制条約の批准国数は25ヵ国である（2001年1月20日現在）。

ILO は，産業革命以降の劣悪な労働環境が社会問題となるに及んで，それを国際協調を通じて解決するために第一次世界大戦後に設立された。主たる目的は，国際的な労働環境を保護し，労働基準を向上させることにある。ILO 総会には，政府代表のみならず，使用者代表，労働者代表も参加することができ，かつ，それぞれの代表が別々に投票権を有しており，他の国際組織には例をみない特殊な「三者構成」がとられている。総会で採択される「条約」は，国際的な最低限度の労働基準を定め，加盟国の批准によって国際的義務を当事国に課するものである。他方で，「勧告」は，加盟国に対する法的拘束力を持たず，各国による批准がなされることもない。しかしながら，ILO 憲章第19条は，ILO 理事会の求めに応じて，勧告が採択された分野について，どのような国内措置を講じたかを報告するよう，加盟国に義務づけている。そのため，勧告といっても，単なる勧奨にとどまらず，その基準の執行を実効的に推進する結果をもたらすことになる。すなわち，ILO の「条約」は，加盟国の批准を容易ならしめるよう概要のみを規定し，その後に「勧告」において詳細かつ具体的な適用方法を設定する。さきに述べたアスベスト規制条約およびアスベスト規制勧告についても，概要は条約によって，細則は勧告によって規定されている。

(2) ILO・アスベスト規制条約

　この条約の目的は，アスベストの曝露による健康への被害を防止または抑制すること，および，アスベストにさらされるすべての活動に従事する労働者をその被害から保護することにある。その主たる内容は次の通りである。まず，当事国は，国内法を制定して，労働者の健康をアスベストから保護することが義務づけられる（第3条(1)）。また，当事国はアスベストまたはアスベスト含有製品を無害または有害性がより低い他のものに代替させるか，またはアスベストやアスベスト含有製品の使用を全面的にまたは部分的に禁止しなければならない（第10条）。クロシドライト（青石綿）およびこの繊維を含む製品の使用，アスベストのあらゆる形態の吹きつけも，原則として禁止される（第11条―12条）。アスベストまたはアスベスト含有製品の生産者および供給者ならびに製造者は，容器に適当な表示を行なう責任を負う（第14条）。権限ある国内機関は，労働者のアスベストへの曝露の限界または他の曝露規準を設定しなければならない（第15条）。アスベストの除去には有資格者が従事すべきものとされ（第17条），使用者は，アスベスト含有廃棄物を，関係労働者または周辺の住民への危険が生じない方法で処理しなければならない（第19条）。

　このように，この条約は，ほぼアスベストおよびアスベスト含有製品を禁止するに近い状態を規定している。ILOで採択される条約は，第一義的には労働者の健康という，「人間」個体の保護を目的とする。しかし，同時に，環境一般の保護にも資するものである。

3. 日本の法制度における現状と問題

(1) 大気汚染防止法による規制

　日本におけるアスベストの規制は，大気汚染防止法による。1989年の法改正によって，アスベストは「特定粉じん」として扱われ（同法第2条5），施行規則により遵守すべき排出基準と濃度が規制される。すなわち，工場や事業場の敷地境界線において，1リットル中，アスベスト10本が基準とされた（施行規則第16条2）。

　アスベスト含有建設材などを生産する施設はこの法律の対象となる。しかし，そのような場所以外，たとえば，建築物の解体工事現場などでも石綿粉

じんは発生しうる。1995年の阪神・淡路大震災の時に，数多くの建物が倒壊・半倒壊し，それらの解体作業が必要となったが，散水なしに作業が行われることもあった。その結果，大気汚染防止法の排出基準値を大きく上回る現場もあった（平成7年7月19日朝日新聞朝刊）。それにもかかわらず，当時，作業担当者は防禦のための防じんマスクも使用せず作業に従事したり，その近辺を一般の人々が通行するなどの状況であった。このような深刻なアスベストの飛散状況にかんがみ，1996年の法改正によって，アスベストを発生・飛散させる原因となる建材を特定建築材料に指定し，それが使用されている建築物解体などを特定粉じん排出等作業と定義し（同法第2条8号），その作業基準を遵守するよう施工者に義務づけた（第18条の17）。

(2) 労働法関係での規制

アスベストを含む粉じんによって，労働者の健康が損なわれないようにするため，じん肺法が制定されている。そこでは，定期的に粉じん作業に従事する労働者の健康診断を行うこと（第2章第1節），じん肺の程度に応じて，事業者は就業場所の変更などの適切な措置を講ずることによって，粉じんにさらされる程度を低減させることが規定されている（第20条3）。

また，阪神・淡路大震災時の解体作業の状況を受け，1996年，関連の労働安全衛生規則が改正された。それにより，青石綿（クロシドライト）およびアモサ石綿（アモサイト）の製造が禁止され（労働安全衛生法施行令第16条），アスベスト含有製品の定義も，5％含有から1％含有に引き下げられ，アスベスト規制が強化された。また，建築物解体時におけるアスベストの規制も，1995年労働安全衛生法に基づく特定化学物質等傷害予防規則が改正され，建築物の解体・改修の際，吹き付けアスベストのみならず，建材も含め，すべてのアスベスト含有製品の使用状況を事前に調査し，記録することが義務づけられた（同規則第38条10）。そして，アスベストが吹き付けられている場合，および，アスベスト含有製品が使用されている場合には，建築物の解体前にそれらを除去しなければならず，飛散防止対策も講じることとされている。また，アスベストが吹き付けられている建築物の解体工事については，労働基準監督署への届け出が義務づけられる。

アスベスト規制条約と日本の現行法を比較すると，日本の現行法では，青石綿が禁止され，吹きつけも原則として禁止されるなど，条約規定に適合す

る部分も多い。しかし，実際には他の建材に混ぜるなどして吹きつけがなされているという。欧米諸国では，すでに1980年代から青石綿の使用が禁止されており，順次，他の石綿についても段階的に使用が禁じられているところが多い。石綿の吹きつけも禁止されており，欧米諸国における石綿の輸入量は，減少傾向にあるのに対し，日本では依然として20万トン近くが輸入され続けており，日本における石綿の利用が続いていることを示す。

　現在，日本では，石綿測定技術者の育成事業や石綿建築物の把握等に関する調査を行なっている状況であり，アスベストの規制を行うための前段階にあるといわねばならない。しかし，すでに，和解によって解決をみたものもあるが，いくつかのアスベスト由来のじん肺訴訟が提起され，その解決が求められていること，そして，今後，健康被害を拡大させないためにも，ILOのアスベスト規制条約を批准し，白石綿（クリソタイル）の使用禁止を含む石綿使用に関する一層厳しい法規制を導入する必要があると思われる。また，戦後，石綿含有の建材を利用して建てられた建築物が建て替え時期を迎え，今後解体される可能性も高いことから，将来は石綿含有の建築資材についても，これを規制の対象する必要があろう。

◇　参考文献
1. 吾郷眞一『国際労働基準法』三省堂（1997年）
2. 阿部泰隆・淡路剛久『環境法（第二版）』有斐閣（1999年）
3. 地球環境法研究会編『地球環境条約集（第三版）』中央法規（1999年）524-531頁
4. 山本高行「じん肺とは」法律時報61巻13号（1989年）55頁
5. 山村恒年「震災復興と環境保全」法律時報67巻9号（1995年）27-30頁

29 有害化学物質と農薬

[立松美也子]

1. はじめに

　化学分野は20世紀に入ってから，飛躍的な発展を遂げた。現在にいたるまでに，合成された化学物質は何百万種にのぼり，1930年代からは大量生産も開始され，一貫してその生産量は増え続けている。つまり，化学物質は，種類においても，生産量においても，増加の一途を辿っているといえる。これらはプラスチックから医薬品，農薬にいたるまで，人間生活のすみずみにまで存在している。

　確かにこれらの化学物質の利用は，食糧生産を増大させ，人類の健康を守り，多くの利便を人類にもたらしてきた。しかし他方で，化学物質の製造，流通，使用，廃棄の各段階において，管理が不適切であったり，事故が起きた場合には，深刻な環境汚染を引き起こす可能性がある。

　わが国においては，1ヘクタールあたりの農薬使用量が，1980年代には10.8キロと他の諸国と比較すると桁違いに多い。農業従事者の農薬曝露による被害も報告されている。このように，日本は化学物質の利用国である。しかも，農薬や化学物質を他国に輸出もしている。同時に，食糧については輸入国でもある。つまり，海外で農薬を使用した食糧に依存しており，他国における農薬利用の規制について無関心ではいられない。

　問題となるのは，特に開発途上国である。途上国では，その予算の不足や人的資源の欠如から，農薬等の化学物質を規制する法律が制定されていない場合や，たとえ制定されていても，実効的に執行されていない場合がある。その結果，農薬の誤用，過剰使用，不適当な廃棄などの問題が生じ，農薬の曝露や汚染によって健康に被害を受ける人の数は，年間数千人に及ぶという。つまり，先進国にとっても，途上国にとっても，化学物質の国際的な規制は

IX 有害物質および環境権

重要事項であるといえる。

　このような状況をふまえて，環境保全の観点から，有害物質を適正に管理する必要性が国際的に認識され，1982年に「健康および環境に有害な製品からの保護に関する決議（37／137）」が国連総会で採択された。その後，国連環境計画（UNEP）や食糧農業機関（FAO）で採択された決議に基づき，任意的・非拘束的な形ではあるものの，各国は農薬や化学物質についての情報交換や輸出入についての自主規制を行ってきた。その非拘束的な国際文書には次の二つがある。

　まず第一に，農薬について1985年にFAOで採択された「農薬の頒布および使用に関する国際行動規範」(International Code of Conduct on the Distribution and Use of Pesticides, Resolution 6/89, U. N. Doc., M/R8130/E/5.86/1/3000 (1989)，以下，国際行動規範という）がある。第二に，化学品について，1987年にUNEPで採択された「国際貿易における化学物質の情報交換に関するロンドン・ガイドライン」(London Guidelines for the Exchange of Information on Chemicals in International Trade, Decision 15/30，以下，ロンドン・ガイドラインという）がある。どちらも，それぞれ「事前の通報と同意」(Prior Informed Consent，以下，PICという）の制度を規定している。

　国際行動規範は，1985年，FAOの第23回会合で決議として採択された。しかし，先進国では，ある種の農薬がその残留性から使用を禁止されても，途上国ではその公衆衛生上の必要性から，依然として，先進国で使用禁止となった農薬が利用され，輸入され続けるという状況が，国際行動規範採択後も生じていた。また，途上国には農薬の輸入・利用・販売を管理するために必要な規制やインフラが準備できていないという状況もあり，これらがFAO加盟国の共通に認識するところとなった。このような状況を受けて，1989年，PICを規定する修正された国際行動規範が採択された。この修正行動規範の第9条において，FAO加盟国は，農薬の使用を禁止または厳しく制限した場合には，早急にFAOに通報すべきことが規定された。そして，そのような種類の農薬はPIC手続の対象となり，輸入国に対し事前に情報を開示した上で，その同意を得てから輸出を行うとされた。輸入する途上国の側に輸入の許可について決定する責任があり，輸出国が国内で禁止または厳しく制限した農薬について，輸出国にその輸出を直ちに禁止することを義

務づけることは，不適当であると考えられていたのである。

　一方，化学物質については，1987年に採択されたロンドン・ガイドラインが扱っていた。そこでは，まず，化学品を禁止または厳しく制限する国内規制措置を講じた国は，その措置を UNEP で実施している国際有害化学物質登録制度（IRPTC）に通知する（第6条）。そして，IRPTC は，もし，ある化学品が10ヵ国以上で禁止または厳しく規制された場合，それを PIC 手続きの対象品目とし，将来の使用と輸入に関して決定を各国が行えるようにするため，ガイドラインに加入している国に配布する（附属書Ⅱ第1条(b)(1)）。各国は，当該化学品の輸入を禁止するか，今後も許可するかを決定し，IRPTC に回答する（第7条3）。IRPTC が輸入当事国の行った決定を各国に通知し，各国がその通知を産業界に伝達する。そして，各国は輸入当事国の PIC 決定に反して，当該物質が輸出されないよう確保するために適当な手続きを執ることが求められる（第12条(c)）。

　このように，非拘束的な文書に基づいて自発的に行う化学物質や農薬に関する PIC 手続きが規定された。これらの PIC 制度を基礎として，2000年までに法的拘束力のある文書にすることが，1992年の国連環境開発会議のさい，「アジェンダ21」第19章で採択された。その後，5回の条約作成交渉を経て，1998年にロッテルダムで開催された全権代表外交会議で「国際貿易における有害化学品および農薬の事前通報・事前同意手続に関するロッテルダム条約」（以下，PIC 条約）が採択された。

2. PIC条約の内容

(1) 事前の通報と同意の手続（PIC 手続）

　PIC 条約の中心となるものは，事前の通報と同意の手続きである。この手続きの対象となる化学物質は，附属書Ⅲに記載された。主として，7種類の農薬，5種類のきわめて有害な農薬製剤および5種類の化学品などであり，全部で27種類になる（附属書Ⅲ記載の化学物質は，アルドリン，クロルデン，DDT，ディルドリン，ヘプタクロル，ヘキサクロロベンゼン，水銀化合物などの農薬，PCB，PBB，PCT などの化学品などであり，多くは残留性有機汚染物質（persistent organic pollutants, POPs）である）。しかし，今後，これらに限定されず，追加される可能性もある。追加手続きは，締約国が化学物質に

関して執った措置が基礎となる。PIC条約は，世界を七つの地域（北米，中央・南アメリカ，アフリカ，アジア，太平洋，中近東およびヨーロッパ）に分けている。その二地域以上の中で一ヵ国でも化学物質の禁止または厳しい制限を課した旨の通報が，条約事務局になされた場合，その物質を附属書Ⅲに追加するかどうかを，締約国会議で設置する条約下部機関の化学審査委員会（第18条(6)）で検討する。この化学審査委員会の勧告を受け，締約国会議で最終的に新規化学物質を付属書に追加するかどうかをコンセンサスで決定する（第22条(5)(b)）。

PIC手続きは次の通りである。附属書Ⅲに記載された物質について，締約国はその輸入に同意するかどうかを事前に条約事務局に通知する（第10条(2)）。事務局はこの情報を締約国に通知し，輸出する側の締約国は，その通知に従った立法上または行政上の措置を執る。そして，輸出締約国は，自国管轄下にある輸出業者が輸入国の決定に従うことを確保する（第11条(a)(b)）。輸入国から化学物質の取扱いについて回答がない場合は，輸入についての同意がないものと推定される（第11条(2)）。しかし，ⓐ輸入国で当該化学物質が登録されている場合，ⓑ以前，利用されていたか，またはその国家によって輸入された事実がある場合，または，ⓒ輸入国の指定の国内機関（designated national authority）が，輸入に関して明示の同意をしている場合については，当該物質の輸入について同意しているものと推定される。

(2) 情報交換

締約国は，人間の健康または環境を保護するために，化学物質を禁止または厳しく制限する法的措置を執った場合，これを条約事務局に通知する（第5条）。発展途上国または過渡期経済にある締約国が，自国領域内できわめて有害な農薬製剤の使用による問題が生じた場合には，附属書Ⅲにその物質を記載することを条約事務局に求めることができる（第6条）。自国で禁止または厳しく制限された化学物質を輸出する場合には，輸入国に対して，附属書Ⅴの形式に従って情報を通知する（第12条(1)(2)）。この情報は，その化学物質がはじめて輸出される前に輸入国に提供され，その後は，毎年輸出される前に通知される。また，締約国は，附属書Ⅲおよび自国で禁止または厳しく制限している化学物質が輸出される場合には，人体の健康や環境に与える危険や脅威について適切に表示することが義務づけられる（第13条(2)）。

その場合には，人間の健康や環境への有害性・危険性に関する最新の情報を記載したデータシートの添付が求められる（同条(3)(4)）。また，その情報は，輸入国の公用語で提供されなくてはならない（同条(5)）。

(3) その他

締約国は，途上国や過渡期経済の国家の必要性を考慮し，そのインフラ整備や化学物質を取り扱う技術の向上のために，必要な技術援助をする（第16条）。この条約の違反に関する手続きについては，PIC条約には未だ規定されていない。条約発効後に開催される締約国会議において，条約違反に関連する手続規定の作成および条約機構上のメカニズムの設置をなるべく早急に行うとだけ規定されている（第17条）。条約事務局の機能は，UNEPの行政局長とFAOの事務局長の両者によって共同で行われる（第19条(3)）。この条約は，50ヵ国の批准によって発効する（第26条(1)）（2000年11月9日現在，批准した国家は，チェコ，エルサルバドル，オランダ，オマーン，スロバニアなど12ヵ国にのぼる）。

3. PIC条約の利点と問題点

この条約のシステムによって，締約国が化学物質に関して執った禁止または制限などの国内措置に基づき，環境上，なんらかの危惧のある化学物質を特定することができる。そして，継続的にそれらに関する種々の情報を収集し，各国に提供することができ，そして，その提供された情報によって，輸入国が化学物質に関する決定を容易に行えるようになる。それまでのロンドン・ガイドラインや国際行動規範にくらべ，対象となる化学物質の範囲が広範囲となっている。すなわち，従前の二つの国際文書における規制対象は，国内で「禁止された，または厳しく制限された物質」だけであった。他方，PIC条約は，これに加えて国内市場のための認可や登録過程において，環境や健康の保護のために産業界が国内での登録を取り消した，または，産業界自身が使用を拒否した物質をも含むようになっている（第2条(b)）。

また，条約採択以降，条約が発効するまでの間，80年代から利用されていた二つの国際文書によるPIC手続きが停止してしまうことを避けるために，PIC条約に規定されている新しい手続きに基づき，事前の通報と同意の手続

きに自発的に従うことが合意されている（暫定的措置に関する決議，U. N. Doc. UNEP/FAO/PIC/CONF/5, Annex Ⅰ, pp. 6‐8）。この手続を監視するために政府間交渉委員会も設置された。確かに条約発効までに時間がかかる可能性もあり，PIC 条約を作成した結果，逆に一時的にでも化学物質に対する規制がまったくなされないという矛盾を避けるため，この自発的PIC制度を設定したことは評価に値する。

　しかし，この条約によって途上国の抱える化学物質に関するすべての問題に対処できるとは必ずしも言えず，問題点も存在する。まず第一に，条約違反に関する手続きがなんら規定されていない点である。これについては条約発効後，締約国会議において新たなメカニズムの設置が予定されている。しかし，PIC 条約の作成交渉に参加した国のなかには，発効前からこの条項について議論すべきであると述べたものもある。なぜなら，貿易と環境という利害関係が複雑に交錯する問題であるため，その交渉は，困難を極めることが予想される。しかし，実効的な条約にするためには，避けては通れない道であり，精緻な議論を行う必要があろう。

　第二に，PIC 手続きはこれまでも実施されてきたが，現実問題として途上国の通報・回答などの対応は，必ずしも迅速なものではなかった。PIC 条約では，回答がない場合すべてを輸入国の同意がないもの，すなわち当該物質の輸出が禁止されるものとして扱っていない。既登録や輸入実績により，回答がなくても輸出が可能となっている。したがって，途上国に危険な化学物質の輸入が継続する結果となる可能性もある。

　また，第三に，PIC 条約第16条では，先進国が途上国などに援助を行うとするが，そのための財源が乏しい。生物多様性条約第21条，モントリオール議定書第10条，および気候変動条約第11条では，途上国を援助する財政メカニズムを規定しており，これに倣ったシステムを構築していかなければ，財政不足に陥り，実効性が期待できない結果となりうる。

　しかも，この条約は，化学物質の不法移動を規制の対象から外しているため，不法に持ち込まれた化学物質による人体への悪影響や環境汚染のケースには対処できない。以上のような条約上の問題点が存在する。

4. 日本の法制度における現状と課題

　振り返って日本の状況を見るならば，わが国における，化学物質の規制は，主としてその使用目的によって適用される法律が異なる。すなわち，農作物の防除のために用いられるものは，「農薬取締法」により，同様の物質でも家庭用殺虫剤であれば，「薬事法」による。有害な化学物質に関しては，「化学物質の審査及び製造等の規制に関する法律」も適用されうる。

　農薬に関しては，農薬の販売のための登録の義務化（農薬取締法2条）や，容器にその登録番号，農薬の種類，成分，有毒性の有無などに関して記載すること（同法7条），禁止された農薬に関しては，業者が農薬使用者から回収する努力義務（16条4）などが規定されている。しかし，この法律は，日本国内で使用される農薬のみが対象となっており，輸出用農薬の製造や販売に関しては，対象外となっている（16条3）。そのため，日本で販売や使用を禁止された農薬や登録の失効した農薬が，輸出用に転用されうることを妨げない。実際，1971年に日本で禁止されたDDTなどがその後も輸出用に製造され，国会において問題として取り上げられ，その後，行政指導がなされた事例もある。また，現行法においては，輸出時にその毒性，安全使用基準などの農薬の情報を提示することは義務ではない。日本から現在，アジア諸国を中心に年間5万トン近くの農薬が輸出されている（『農薬要覧』1997年度版）。日本を含め，先進諸国は，途上国からも農産物の輸入している現状を鑑みれば，自らが輸出した農薬を使用した食糧が輸入されうる。つまり，自国で有害な農薬を禁止しても，農産物に付着した残留農薬という形で戻ってくる可能性も否めない。それだけでなく，残留性，難分解性，生物濃縮性の高い農薬が，情報不足から適切な形で利用されなければ，途上国の農民や住民の健康をむしばみ，かつ，大気や水系を通じて，地球規模での汚染を引き起こす可能性もある。

　先述の通り，PIC条約には確かに問題点があるものの，途上国の抱える有害化学物質や農薬の輸入によって生じる問題をグローバルに規律しようとする第一歩であると評価することができよう。この条約は，日本の農薬輸出に関連する国内法の欠落部分を補うものとして，有用であると考えられる。日本は，1999年8月31日にこの条約に署名してはいるものの，未だ批准には至っていない。現在その批准に向けて検討中であり，早期の批准が待たれる。

IX 有害物質および環境権

◇ 参考文献

1. 植村振作・河村宏・辻万千子・富田重行・前田静夫著『農薬毒性の事典』三省堂（1988年）
2. 若月俊一・松島末翠・安藤満編著『農薬の毒性と健康影響』公害研究対策センター（平成元年）
3. 地球環境法研究会編，『地球環境条約（第三版）』中央法規出版（1999年）507-515頁
4. 磯崎博司『国際環境法』信山社（2000年）23-24頁
5. 中杉修身「化学物質対策法の現状と課題」ジュリスト増刊『環境問題の行方』171-175頁（1999年5月）
6. 岩間徹「環境条約の最近の動向と課題」ジュリスト増刊『環境問題の行方』302-306頁（1999年5月）
7. 環境庁環境保健部環境安全課編『化学物質と環境』（平成10年版）264-266頁，（平成11年版）306-308頁

30 ヨーロッパ人権条約における「環境権」

［立松美也子］

1. 国際環境法と国際人権法の交錯

　国際法において，比較的歴史の浅い環境保全と人権保護について，1972年の「ストックホルム人間環境宣言」において，「自然の環境と人が作り出した環境は，共に人間の福祉，基本的人権ひいては生存権そのものの享受に不可欠なものである」と述べる（第一原則）。その後，1982年の「世界自然憲章」（GAR 37/7, para. 23）や1992年の「環境と開発に関するリオ宣言」の第一原則においても，良好な環境と基本的人権の密接な関係について言及がなされている。これらはすべて法的拘束力を持たない国連決議であるため，裁判上請求できる権利を個人に付与したものではない。

　一方，「環境権」に言及する，法的拘束力のある国際人権条約は，非常に限定される。二つの国際人権規約（1966年採択）においても，「環境権」の規定は存在しない。そもそも，規約の起草者自身，「環境権」の規定の必要性を感じていなかったという見解もある。「環境権」の規定をおく条約は，地域的な人権条約のみであり，それらは，バンジュール憲章（アフリカ人権憲章，24条），および，米州人権条約に付属するサンサルバドル議定書（11条）である。前者は，「すべての人民は，その発展に有利な一般的で満足できる環境に対する権利がある」とし，後者は，「健康的な環境に住む権利」について規定する。しかし，「環境権」について明文規定をおいたこれらの人権条約の条約機関が，環境問題に何らかの判断をおこなった事例はない。これらの条約における「環境権」の規定は，非常に抽象度の高い表現であり，その結果，個人からの環境権保護の申立てに対し，有効な法的根拠となり得なかったためと考えられる。

　わが国の国内法は，「環境権」を未だ規定していない。環境基本法（平成

IX 有害物質および環境権

5年）の制定に際して，それを規定すべきという主張はあったものの，実現をみていない。また，わが国が当事国となっている国際人権規約にも先述の通り，「環境権」は規定されていない。しかし，同様に「環境権」の明文規定のないヨーロッパ人権条約（人権および基本的自由の保護のための条約，1950年採択，以下には条約という）の条約機関は，種々の権利規定を「発展的解釈」し，環境問題についても積極的な判断をおこなう場合がある。そこでの環境問題の取扱いを検討することは，わが国の対応にとっても，参考となりうる。ここでは，ヨーロッパ人権裁判所における環境問題の嚆矢となった「パウエルおよびレイナー対イギリス事件」および「ロペス・オストラ対スペイン事件」を取り上げ，環境問題に対し，いかに国際人権条約が利用されうるかについて検討する。

2. パウエルおよびレイナー対イギリス事件

（ヨーロッパ人権裁判所判決，1990年2月21日 Series A : Judgments and Decisions Vol.172）

(1) 事件の概要（ヨーロッパ人権委員会の決定までの経過）

1980年ヒースロー空港騒音反対グループ連合は，同空港の騒音による被害に関連して，ヨーロッパ人権委員会（以下，委員会という）に対し，これがイギリス政府によるヨーロッパ人権条約違反となるという趣旨の申立てをおこなった（No. 9310/81）。しかし，1984年に，同委員会は，この申立てを受理不能なものと判断して却下した。ひきつづき，同グループに属するヒースロー空港近隣の住民，パウエルおよびレイナーの両名が，ヒースロー空港の操業により，過度の騒音が生じているとして，条約6条1項，8条および13条，ならびに条約付属第一議定書1条に基づいて申立てをおこなった。

パウエルが1957年に購入した住宅は，空港から数マイル離れた地域にあるが，1972年以降は，離陸ルートの真下に位置するようになっている。1984年以降，その地点は，イギリスで用いられている騒音判定の基準によれば，低騒音レベル，すなわち居住地域として利用可能なレベルに分類されている。他方で，レイナーは，空港から約1マイルの地域に居住し，その地で家族とともに農業を営んでいる。同人の土地および家屋の上空は，日中および夜間の一定時間も，飛行に利用されており，騒音被害が大きいと考えられている。

騒音判定の基準では，レイナーの所有地は，高騒音レベル，すなわち今後の開発が許可されないレベルに分類されている。

1985年，委員会は，条約13条の「実効的な救済を受ける権利」に関する申立てを受理したが，そのほかの申立てについては，「明らかに根拠不十分」として受理できないと判断した。

1989年，委員会は，条約8条にいう「私的な生活および家庭生活，住居ならびに通信の尊重を受ける権利」の侵害について，申立人レイナーの受けた救済は，実効的なものではなかったとして，イギリス政府による条約13条の違反を認定した（賛成12，反対1）。他方で，委員会は，イギリス政府による条約6条1項（公正な裁判を受ける権利）および付属第一議定書1条（財産権の保障）違反が存在するとの申立人の主張について，これらの違反がないと判断した（全会一致）。

同年，両申立人は，ヨーロッパ人権裁判所（以下には人権裁判所という）に対し，「イギリス政府が条約6条および8条に違反していること，および，それについて国内機関によってなんら実効的な救済がおこなわれていないことから，条約13条に違反していると判断する」ことを求めた。イギリス政府は，人権裁判所に対し，「同政府に条約6条1項または8条の違反はなく，それに基づく実効的救済に関する13条違反はない」と判断することを求めた。そこで，委員会は，人権裁判所にこの事件を付託した。

(2) **ヨーロッパ人権裁判所の判決**

問題となったのは，はたして条約13条に定められている「実効的な」救済が申立人になされたかどうかであった。これに関連するイギリスの国内法は，土地補償法（Land Compensation Act（1973年））および民間航空法（Civil Aviation Act（1982年））である。

第一に，空港騒音の結果生じた不動産の価値の下落に対する補償は，土地補償法にしたがって処理される。しかし，同法の対象とされる補償は，1969年以降に使用されるようになった新規の，または，更新された公共事業によって生じた損害についてのみである。申立人の場合は，空港の既存の施設の利用が増大したために生じた損害であるため，同法の補償の対象とならない。

第二に，イギリス法にあっては，地上の第三者に対する航空会社の責任は，

IX 有害物質および環境権

民間航空法76条に定められている。しかしながら，同条によれば，適切な高度で飛行している場合，または，国際的な騒音基準と同一の規定を有する種々の航空法に合致して飛行している場合には，それによるニューサンス（生活妨害）に関して訴えを提起することができない。申立人は，その結果，航空騒音の被害に関して条約6条に規定する公正な裁判を受ける権利が，なんら保障されていないと主張する。

人権裁判所は，申立人には，条約6条1項の適用が可能な国内法上で認められている「民事上の権利」が存在しないこと，条約13条は，締約国の国内法に実体的権利を設けて，国内的機関でそれを保障することを義務づけるとまで規定しているものではないと述べた。このようにして，人権裁判所は，条約6条に関して13条の違反は認められないと判断した。

申立人のもう一つの争点は，条約8条で保障されている私的な生活に関する権利が，空港の操業によって生じる騒音によって侵害され，かつ，その被害に対してなんらの実効的な救済措置もとられていないという主張にある。いいかえれば，航空法で認められた騒音レベルの許容範囲が適切であるか否か，および空港騒音の被害に対するイギリス政府の軽減措置が実効的であるか否かを争うものである。これに対して，イギリス政府は，条約8条で禁止される公的機関による干渉であることが申立人によって立証されていないと主張した。また，条約8条は，不作為義務ではなく，政府の積極的な作為義務を規定するという申立人の主張について，政府が私的な生活を確保することに遺漏はなかったと主張し，条約違反を否定した。

これらの主張を受けて，人権裁判所は，ヒースロー空港の操業が国際取引および国際交流，ならびにイギリス経済において重要な地位を占めていること，申立人自身も空港が合法的な目的を追求していることを認めていると述べるとともに，条約8条2項に国家が個人生活に干渉しうる「正当化事由」が存在することを指摘した。その場合に適用される基準は，個人と共同体全体の間で相反する利益の「公平なバランス」であり，正当化事由について，国家は一定の「評価の余地」（裁量）を有するとした。また，民間航空法は，確かに被害者が法的救済を受ける可能性を制限する規定となっている。しかし，ニューサンスの責任の免除は，絶対的なものではなく，合理的な高度で飛行する航空機や関連規定にしたがった航空機のみであり，その基準は合理的である。このような規定は，国家の「評価の余地」に入る問題である。ま

た，防音設備の設置に対し，補助金を政府が支出する政策や，騒音被害の甚大な地域を空港公団が買い取るなどの施策にみられるように，種々の騒音被害の軽減措置が執られており，この種の問題は，加盟国の「評価の余地」に含まれる問題であると判示した。したがって人権裁判所は，イギリス政府が，この問題に対して執った政策および法的措置の内容のいずれについても，騒音に関する国際基準を考慮に入れ，異なる利害関係者との協議を経ておこなわれており，条約8条の違反を生じさせるような不均衡はないとした。騒音問題に対する政策的アプローチにおいても，法的手段の内容においても，なんら，条約8条違反となるような深刻な事態は存在しないと人権裁判所は判断した。したがって，イギリスによる条約違反は存在しないと結論した。

3. ロペス・オストラ対スペイン事件

(ヨーロッパ人権裁判所判決1994年12月9日　Ser. A Vol. 303C, (1995年))

(1) 事件の背景

申立人のグレゴリア・ロペス・オストラは，スペインのロルカに居住していた。この町は皮革産業のさかんな地域であり，そこの会社の多くは，サクルサ組合に所属している。サクルサ組合は，皮革産業から生じる工業排水および固形廃棄物の処理工場を国家の補助金を得て建設した。その建設地は，申立人の居住しているところから，わずか12メートル先の地方自治体所有の土地であった。処理工場は，1988年7月に操業を開始したが，その後も国内法上必要とされる許可を得ないまま操業を継続した。操業開始直後から，この工場よりガスが発生し，それにともなう有害な臭気と汚染のため，近隣地域の住民に健康被害が生じた。

この事態を受けて，地方自治体は，1988年7月から9月まで，工場の近隣の住民に対し，町の中心部にある住居を無料で提供し，そこに避難させた。9月には，地方自治体は，工場の化学物質および有機残留物を沈澱させる活動を停止させたが，クロムによって汚染された排水の処理については，操業の継続を許可した。同年10月に申立人の家族は，工場近辺の以前の住居に戻り，そこに1992年2月まで居住した。専門家の報告書によれば，工場から排出されるガスには許容値以上の硫化水素が認められ，また処理後に川に放流

IX 有害物質および環境権

されている排水も硫化物によって汚染され、それは許容範囲を超えているとあった。しかし、国立毒物研究所の報告書では、確かに放出されたガスの硫化物のレベルは許容値を超えてはいるものの、近隣住民の健康にはまったく被害を及ぼすものではないとされた。この点について専門家の報告書と毒物研究所の報告書は対立した。

1988年10月、申立人は、工場から依然として放出されるガス、異臭、騒音について、ムルシア州控訴裁判所の行政裁判部に自らの基本的権利の保護を求めて提訴した。申立人は、工場によるニューサンスと危険に対して、地方自治体が何ら方策を講じず、その結果、家庭生活を享受する権利、居住の自由、ならびに肉体的および精神的不可侵の基本的諸権利が侵害されたと主張し、工場の一時的または恒久的な閉鎖を求めた。しかし、控訴裁判所は、操業がニューサンスの原因であることは認めたものの、基本的権利の侵害にまでは至っていないと判断した。1989年、申立人は、最高裁判所に同様の根拠で上告した。しかし、最高裁判所は、公的機関の者が申立人の住居に侵入していないこと、申立人に居住の自由は保障されていることを根拠に、1990年2月上告を棄却した。

その後、ロペスは1990年5月、廃棄物処理施設によって生じたニューサンスに関して、その防止を怠ったロルカ地方自治体の側に、条約8条1項に定める個人生活と家庭生活の保障、および3条に定める非人道的な扱いの禁止についての不作為による違反があったとして、委員会に個人申立てをおこなった。委員会は、1992年7月に申立てを受理し、翌年の8月31日、全会一致で、3条違反はないが、8条違反があったと認定し、この事件を人権裁判所に付託した。

(2) ヨーロッパ人権裁判所での判決

ⅰ) 先決的抗弁

スペイン政府は、この付託に対して、国内救済手段が完了していないこと、および申立人がもはや被害者ではないことを理由として、人権裁判所の管轄権について先決的抗弁を提出した。しかし、人権裁判所は、国内救済完了原則について、申立人のおこなった基本権侵害の国内訴訟が、救済を得るために効果的であり、かつ、早期解決を求める上で実効的であり、十分であったと判断した。また、申立人がもはや被害者ではないというスペイン政府の抗

弁に対しては，転居によって被害者でなくなるとは考えられず，申立人とその家族が数年および，問題の工場の近隣に居住していたという事実は変らないとして，その先決的抗弁を却下した。

ⅱ）本　案
① 8条違反について

ロペスは，廃棄物処理工場の一部の使用が閉鎖された後も，地方自治体の不作為によって，工場はガスを放出し続け，騒音公害を発生させ，そして異臭を発散し続け，その結果，彼女の家庭に関する権利が侵害されたと主張した。スペイン政府はこれに対し，状況は申立人の主張ほど深刻ではないと反論した。

この点について，確かに深刻な環境上の汚染が，人の健康に重大な危険をもたらさないとはいえ，個人の安寧に影響を与え，家庭生活を享受することをさまたげ，私生活や家庭生活に悪影響を与えるということを人権裁判所は認めた（para. 51）。その際，問題となるのは，8条1項における国家の義務は，申立人の権利を確保するため適切な措置を執ったかどうかという点にある。同条2項には8条の権利の制限の正当化事由が規定されているが，そのいずれの適用についても，考慮すべきことは，個人の利益とそれに競合する共同体全体の利益との間で，公正なバランスをとることである。そして，いずれの場合でも，国家には「評価の余地」，すなわち裁量が認められる。

この事件の場合，処理工場はロルカの深刻な環境問題を解決するために建設されたものであるが，操業開始当初より，近隣にニューサンスと健康問題を生じさせている。確かにスペイン政府は，直接的にガス放出の責任をまったく負わない。しかし，工場建設のために補助金を与え，地方自治体の土地を提供している。このような状態にかんがみ，国家に裁量の余地が認められているとはいえ，人権裁判所は，廃棄物処理工場を設置するというその地域の経済的福祉と，申立人の家庭および私的・家族生活を実効的に享受する権利との間に公正なバランスが保たれていないと判断した。したがって，スペイン政府による条約8条違反が存在する。

② 3条違反

ロペスは生活環境の状態があまりにも深刻であり，その心理的苦痛は，条約3条で禁止されている非人道的な扱いに該当すると主張した。しかし，人権裁判所は，確かに申立人の状況が困難であることを認めるものの，同条に

規定するような非人道的な扱いはないと判断した。

　以上のように，人権裁判所は，スペイン政府による条約8条違反を認め，ロペスに対し，賠償金として，400万ペセタ，および委員会への申立ての後に要した弁護士費用として，150万ペセタの支払いを同政府に命じた。

4. 評価および今後の課題

　パウエルおよびレイナー対イギリス事件では，財産権やプライバシーおよび家族生活の権利を根拠に，人権裁判所において，騒音被害を解決しようと申立人は試みた。結果的には，人権裁判所は空港操業による騒音公害に関して，実効的な救済を受ける権利が侵害されたと判断しなかった。この判例は，環境問題を人権条約で取り扱う場合の難しさを端的にあらわしている。すなわち，条約8条に規定する「私的生活・プライバシー」に関する権利自体が，同条2項にいう「国家の安全」または「経済的福利」という正当化事由によって制約される点である。人権裁判所は静穏な生活という「個人の利益」とイギリス経済という「共同体全体の公共利益」が対立する場合，締約国は「均衡性（proportionality）」を考慮し，両者のバランスをとる必要があると判断した点が注目される。

　次に，ロペス他対スペイン事件は，人権裁判所がはじめて環境被害を条約違反であると判示し，締約国に対して賠償を命じたものである。その点で，判例上きわめて重要な意義を持つものといえる。のみならず，環境損害の原因行為が，国家自ら直接関与したものではなく，私人の行為であっても，行政の施策如何によっては，条約違反を構成すると判断した点も重視すべきである。また，人権裁判所は，環境の悪化が健康に実質的な被害を与えなくとも，基本的人権（個人生活，家庭・プライバシー）の享受に影響を与え，それに対する国家機関の対応次第によっては，人権侵害を構成すると公式に判断した。この判断は，今後，環境問題を人権条約機関で解決しようとする個人にとっては，有力な援護となるであろう。すなわち，この条約規定によって締約国は，単に個人に恣意的な干渉をおこなわないという消極的な義務を負うのみならず，個人の生活の尊重を確保するために，適切な措置を執らねばならないという積極的な義務を負うことになる。確かに条約8条が禁止する「干渉」は，基本的には公の機関による個人生活への恣意的な干渉を意味

しており，その主たる目的は，公的な干渉から個人を保護することにあった。しかし，ロペス事件の判決は，条約8条が恣意的な国家の干渉をおこなわないという不作為の義務を締約国に課しているだけでなく，個人の生活の実効的な尊重のために，締約国が何らかの措置を執るという積極的な作為義務をも課していると理解される。すなわち，条約によって締約国に課せられる義務は，起草当初に比すれば，はるかに厳しいものとなっている。

このような積極的な義務違反の存在の有無の決定において，判断材料となるのが，共同体全体の利益と個人の利益の公平なバランスに対する考慮である。その方法自体については，締約国に裁量が認められる。パウエル事件の場合，イギリス政府は，国際空港の経済的必要性について立証をおこない，また，被害者の個人的利益を保護するために種々の措置を講じていることを人権裁判所において主張した。他方，ロペス事件の場合，スペイン政府が工場の操業の継続の許可を決定する際，被害者の個人的利益に対する考慮を怠ったか，たとえ，考慮したとしてもその立証を人権裁判所で怠った。この相違点から，人権裁判所は私生活に影響を与える活動の継続の可否を決定するに際して，締約国がどの程度まで個人の利益を考慮に入れているか，その過程を重視すると考えられる。共同体一般に利益をもたらす活動の場合，締約国が個人の利益を考慮に入れた決定をおこなってさえいれば，「個人の利益と共同体一般の利益衡量」がなされたと判断され，条約8条2項の正当化事由が適用され，条約違反が認定される可能性は低くなる。つまり，共同体一般が利益を得る活動から受けた被害について，条約8条に基礎を求めることは至難といえる。

この隘路を打開する他の条約上の根拠が，今後，必要となろう。実際，人権裁判所では，条約10条の「情報を受け取る権利」に基づき，化学工場の事故および汚染に関する申立て（グエラ他対イタリア事件，Judgment of 19 February 1998, Reports 1998-Ⅰ）がなされている。また，未だ人権裁判所において認められた事例はないものの，条約2条（生命権）の適用も検討に値する。

以上のように，たとえ条約に「環境権」の規定が存在しない場合でも，人権条約の機関は，環境問題について対処することが可能である。確かに，これらの判例は，ヨーロッパ人権条約で採用された「発展的解釈」の一環といえる。それもヨーロッパにおける環境保護に対する意識の向上に伴って，醸

IX 有害物質および環境権

成されてきたものである。これは他の人権条約の実施機関においても有益な指針となる解釈を提供すると考えられる。

◇ **参考文献**
1. J. G. Merrills, "Decisions on the European Convention on Human Rights during 1990", *B. Y. I. L.* (1990), pp. 422-424.
2. Vincent Berger, *Case Law of the European Court of Human Rights,* Vol. II：1988-1990 (Round Hall Press, 1992) pp. 157-159.
3. 北村喜宣「環境基本法」『法学教室』161号（1994年）47-50頁
4. Richard Desgagne, Lopez Ostra v. Spain, *A. J. I. L.* Vol. 89, (1995) pp. 788-791
5. J. G. Merrill, "Decisions on the European Convention on Human Rights" Case No. 10, Lopez Ostra case. *B. Y. I. L.*, (1995), pp. 527-528
6. Robin Churchill "Environmental Rights in Existing Human Rights Treaties", *Human Rights Approaches to Environmental Protection,* (eds. by Alan Boyle and Michael Anderson, Clarendon Press, 1996), pp. 92-93.
7. アントニオ・ブルトリーニ「ヨーロッパ人権裁判所と環境保護――その主要判例の紹介」『環境と公害』, 29巻3号（2000年）51-57頁
8. 中井伊都子「ヨーロッパ人権条約における国家の義務の範囲」『国際法外交雑誌』99巻3号（2000年）229-258頁

索　引

あ 行

IRPTC ……………………………… 239
IAEA ……………………………… 100, 103
　──のデ・ミニミス・レベル … 105
INFコード ……………… 216, 217, 218
INC ………………………………… 133
IMF ………………………………… 59
IMO …………………… 106, 113, 114
IPCC ……………………………… 132
ICRW ………………… 84, 85, 86, 87, 88
　──5条 …………………………… 81
　──8条 …………………………… 82
IBSコード ………………………… 216
アクション・リスト ……………… 105
アジアアロワナ …………………… 192
アジア地域実施附属書 …………… 144
アジェンダ21 ……………… 143, 177
アスベスト ………………………… 232
アスベストの利用における安全に関
　する条約 ………………………… 233
アフリカゾウ ……………………… 190
アフリカ地域実施附属書 ………… 145
EEZ及び大陸棚に関する法律 …… 63
EEZにおける漁業等に関する主権的
　権利の行使等に関する法律 …… 63
EMEP ……………………………… 118
諫早干潟 ……………………… 39, 47
ECバブル方式 …………………… 137
慰謝料の支払い …………………… 151
石綿粉じん ………………………… 232

ISO14000 ………………………… 175
一次産品総合計画 ………………… 172
遺伝子組換え …… 16, 17, 19, 20, 21, 22
移入種 ………………………… 15, 16, 18
イラン・イラク戦争 ……………… 226
医療廃棄物 ………………………… 197
イルカ・マグロ事件 ……………… 179
印鑑 ………………………………… 191
インフレ …………………………… 55
Win-winアプローチ ……………… 53
ウィーン条約 ……………… 12, 127
宇宙救助返還協定 ………………… 167
宇宙ゴミ …………………… 163, 164
宇宙条約 …………………… 164, 166
宇宙損害責任条約 ……… 164, 166-167
宇宙物体登録条約 ………………… 164
ウトナイ湖 ………………………… 41
運輸省の事故原因調査委員会 …… 93
AGBM ……………………………… 133
衛生植物検疫措置の適用に関する
　協定 ……………………………… 183
HIPCsイニシアティヴ …………… 59
HNS欧州条約 ……………………… 98
液体放射性廃棄物処理施設 ……… 107
エコラベリング ………… 175, 176, 178
SPS協定 …………………… 183, 184
越境環境損害 ……………………… 154
NGO ………………………………… 222
FC条約 ……………………………… 94
エビ・カメ事件 …………………… 181
欧州監視評価計画 ………………… 118

255

索引

オゾン層調整委員会（CCOL） …… 125
OSPER 計画 ………………………… 114
OPRC 条約 ………………………… 98
オゾンホール ……………………… 125
ODA ………………………… 58, 59
オランウータン …………………… 192
温暖化対策推進法 ………………… 133
温室効果ガス ……………………… 132

か 行

外国為替法 ………………………… 199
海上人命安全条約（SOLAS
　条約）……………………………… 216
海上における衝突の予防のた
　めの国際規則に関する条約 …… 110
改正大気浄化法 …………………… 120
外為法 ……………………………… 189
改定管理制度 ……………………… 83
改定管理方式 ……………………… 83
海洋汚染及び海上災害の防止
　に関する法律 …………………… 161
海洋汚染の防止 …………………… 160
海洋生物資源の保存及び管理
　に関する法律 …………………… 63
外来種 ………………………… 15, 21
核実験 ………………………… 150, 224
隔地的不法行為 …………………… 98
核物質防護条約 …………………… 219
核兵器の威嚇または使用 ………… 222
過　失 ……………………………… 211
瑕疵担保責任 ……………………… 194
仮設道路 ………………………… 93, 96
GATT ……………………………… 181
カナダ降水採水網（CANSAP） …… 119
ガブチコヴォ＝ナジマロシュ・
　プロジェクト事件 ……………… 225

仮保全措置 ………………………… 154
環境影響評価 ………… 105, 157, 218
環境影響評価手続き …………… 105
環境影響評価法 …………… 13, 50
環境改変技術敵対的使用禁止
　条約 ……………………………… 223
環境権 ……………………………… 245
環境損害 …………………………… 209
環境損害防止義務 ………………… 97
環境と開発に関する世界委員会報
　告書 "Our Common Future" …… 33
環境破壊兵器 ……………………… 222
環境犯罪 …………………………… 203
環境保護委員会（CEP） ………… 159
環境保護に関する南極条約の
　議定書 ……………………… 157-158
勧告的意見 ………………… 222, 223
慣習国際法 ………………………… 13
関税法 ……………………………… 189
危機にさらされている遺産リスト … 48
危険区域 …………………………… 151
気候変動に関する政府間パネル … 132
気候変動枠組条約 ………… 77, 146
──のための政府間交渉委
　員会 ……………………………… 133
希少種譲渡規制法 ………………… 190
希少種保存法 ……………………… 190
北太平洋溯河性魚種条約 ………… 73
議定書の調整 ……………………… 129
吸収源 ……………………………… 136
求償権 ……………………………… 194
強化された無害通航権 …………… 112
行政代執行 ………………………… 197
競争種 ……………………………… 18
共通だが差異ある責任 …………… 134
共通利益 …………………………… 127

256

索　引

京都議定書 …………………… 147	公費支出の差止め ……………… 9
共同管理水域 …………………… 69	高レベル放射性物質 …………… 102
共同実施 ………………………… 137	国際海峡制度 …………………… 111
共同達成 ………………………… 137	国際海洋法裁判所 …………… 75, 76
漁業水域暫定措置法 …………… 62	国際協力事業団（JICA）…… 33, 123
均衡性の原則 …………………… 227	国際私法 …………………… 97, 109
緊急の場合 …………… 103, 105, 106	国際司法裁判所 …………… 154, 222
キンクロライオンタマリン …… 186	国際人道法 ………………… 223, 228
グエラ他対イタリア事件 ……… 253	国際熱帯木材機関（ITTO）… 30, 172, 174, 176, 178
クリーン開発メカニズム …… 137, 147	
グリーンピース ………………… 100	国際熱帯木材協定（ITTA）… 34, 172, 174
グレイ・リスト ………………… 102	
グローバル・コモンズ ………… 32	国際熱帯木材理事会（ITTC）……… 30
軍事演習 ………………………… 152	国際標準化機構 ………………… 175
鯨種別規制 ……………………… 81	国際貿易における化学物質の情報交換に関するロンドン・ガイドライン ………………… 238
結果の義務 ……………………… 127	
原因者負担の原則 ……………… 203	
原住民生存捕鯨 ………… 82, 84, 86	国際貿易における有害化学品および農薬の事前通報・事前同意手続に関するロッテルダム条約（PIC条約）………………… 239
原状回復 ………………………… 203	
原子力エネルギー分野における第三者責任に関するパリ条約 … 211	
	国際法協会 ………………… 164, 165
原子力事故の早期通報に関する条約 …………………………… 210	国際捕鯨委員会（IWC）………… 80
	国際捕鯨条約 …………………… 80
原子力事故又は放射線緊急事態の場合における援助に関する条約 … 210	国際油濁補償基金請求の手引 …… 96
	国内裁判 ………………………… 14
原子力損害についての民事責任に関するウィーン条約 ………… 211	国内適用力 ……………………… 9
	国立公園 ………………………… 7
原子力の安全に関する条約 …… 210	国連安全保障理事会決議687 …… 228
原生自然環境保全地域 ………… 27	国連宇宙平和利用委員会 ……… 164
憲　法 …………………………… 10	国連海洋法条約 …… 62, 97, 99, 103, 106, 109, 111, 112, 217
好意による補償 ………………… 153	
公海自由の原則 ………………… 150	国連環境開発会議 ……… 85, 143, 177
公海条約 ………………………… 153	国連環境計画 ……………… 140, 143
公海の漁業資源 ………………… 72	国連国際法委員会 ……………… 152
公共事業 ………………………… 39	国連砂漠化防止会議（UNCOD）… 143
高度回遊性魚種 ………………… 73	

257

索　引

国連長距離越境汚染条約
　　（LRTAP） ……………………… 116
国連流し網漁業モラトリアム決議 … 73
国連人間環境会議 ……………… 81, 118
国連貿易開発会議（UNCTAD） … 172
国有林管理 ………………………… 28
コスモス 954 ………………… 163, 166
国家緊急時計画 …………………… 99
国家責任 ………………………… 209
ゴリラ …………………………… 187
コンサーベーション・インター
　　ナショナル（CI） ……………… 51
Concessionaire …………………… 35

さ　行

裁判管轄権 ……………………… 211
債務・企業株式（エクイティ）
　　スワップ ……………………… 52
在来種 …………………………… 15
砂漠化（desertification） …… 140, 142,
　　　　　　　　　　　 143, 145, 146, 148
　　──対処条約 ………… 143, 145, 146
　　──防止行動計画 …………… 143
サラワク州 ……………………… 30
残存個体 ………………………… 2
酸性雨 ………… 116, 117, 119, 120, 122
　　──モニタリング …………… 120
　　──問題 ……………………… 118
暫定水域 ……………… 65, 66, 67, 70
暫定措置命令 …………………… 76
三番瀬 …………………………… 47
残留性有機汚染物質（POPs） … 239
サンコー・オナー ……………… 108
GEF ……………………………… 135
飼育繁殖証明書 ………………… 188
自衛権 …………………………… 224

CLC 条約 ………………………… 94
自国内処理の原則 ……………… 203
事前確認制度 …………………… 189
事前確認手続き ………………… 187
自然環境保全地域 …………… 24, 25
自然環境保全法 ……………… 19, 27
自然公園法 ……………………… 19
事前通報 ………………………… 152
　　──と同意の制度 ……… 198-199
事前の通報と同意 ……………… 238
自然保護協会（TNC） …………… 53
自然債務保護スワップ（Debt for
　　Nature Swaps : DNS） ……… 51
持続可能な開発 ………………… 85
持続可能な森林管理 …… 174, 175, 178
持続可能な発展 ………… 74, 144, 145
湿地生態系 ……………………… 46
士幌高原道路 …………………… 7, 13
ジュネーヴ条約第一追加議定書 … 223
ジュネーヴ第四条約（文民条約） … 229
遵守手続き ……………………… 106
遵守モニタリング …………… 105-106
重債務貧困国 …………………… 59
住民訴訟 ………………………… 9
住民投票条例 …………………… 45
商業捕鯨 …………………… 82, 85, 86
商業捕鯨モラトリアム ……… 81, 82
使用済核燃料管理の安全および
　　放射性廃棄物管理の安全に関
　　する合同条約 ……………… 219
衝突回避義務 …………………… 110
条約外漁獲 ……………………… 78
条約の国内効力 ………………… 11
食品衛生法 ……………………… 17
植物防疫法 ……………………… 183
所得規制 …………………… 193, 195

258

索　引

白神山地 …… 24, 25, 26, 27, 28, 29	22, 146
シロナガス換算方式 …………… 81	生物多様性条約バイオセイフティ
人工干潟 ………………………… 48	議定書 ……………………… 77
信託統治地域 …………………… 151	生物の多様性 …………………… 56
新日韓・日中漁業協定 ………… 69	──に関する条約 ……… 31, 54
新日韓漁業協定 …………… 64, 67	西部林道 ………………………… 45
新日中漁業協定 ………………… 63	西暦2000年目標 ………………… 34
侵入種 …………………………… 19	世界遺産 ………………………… 46
侵略種 …………………………… 15	──条約 …………… 10, 12, 25
森林管理協議会（FSC）… 175, 176, 178	──リスト ………………… 48
森林原則宣言 …………………… 177	世界自然遺産地域 ……………… 24
森林生態系保護地域 …………… 25	世界自然保護基金（WWF）…… 51, 175
森林に関する政府間パネル	世界食糧機関（FAO）………… 79
（IPF）……………………… 37, 177	世界保健機関（WHO）………… 222
森林に関する政府間フォーラム	セカンダリー・マーケット ……… 51
（IFF）…………………………… 37	赤十字国際委員会 ……………… 228
森林認証制度 ………… 175, 176, 178	世　銀 …………………………… 59
人類共同遺産 …………………… 158	責任制限 ………………………… 95
人類の共通関心事 ……………… 134	説明責任 ………………… 13, 14, 48
垂直分布 ………………………… 46	1973年絶滅危機種法 …………… 181
水爆実験 ………………………… 151	1972年海洋哺乳動物保護法 …… 179
スターリンク事件 ……………… 17	善意の第三者 …………………… 194
ストラドリング魚種 …………… 73	先住民 …………………………… 30
すべての種類の森林の管理，保全	船首部分 ………………………… 92
及び持続可能な開発に関する世	船舶衝突事件の刑事裁判権に関
界的合意のための法的拘束力の	するブリュッセル条約 ……… 109
ない権威ある原則声明 ……… 31	船舶衝突ニ付イテノ規定ノ統一
スペース・デブリ（space	ニ関スル条約 ……………… 109, 111
debris）………… 163, 166, 168	船舶通報制度 …………………… 114
スローロリス …………………… 187	船体の強度不足 ………………… 93
政策・措置 ……………………… 136	船舶の分離通航帯 ……………… 114
生息域外保全 …………………… 4	船舶の横切り関係 ……………… 110
生息地等保護区 ………………… 19	総漁獲可能量（TAC）………… 74
政府開発援助（ODA）……… 31, 143	早期通報義務 …………………… 210
生物多様性国家戦略 …………… 12	象　牙 …………………………… 190
生物多様性条約 … 4, 5, 9, 10, 12, 20, 21,	相当因果関係 …………………… 96

259

索　引

溯河性魚種 …………………… 72, 73
ソフィア議定書 …………………… 118

た　行

第一種特別地域 …………………… 8
第五福竜丸 …………………… 150
タイマイ …………………… 192
多国間基金 …………………… 128, 130
立入り権（Right of Access） …… 32
立入り制限地区 …………………… 27
WTO …………………… 181
WTO 協定 …………………… 174, 175
WTO 紛争解決了解 …………… 183
地役権 …………………… 32
地球温暖化 …………………… 132
　　　──防止計画 …………… 133
地球環境ファシリティ …… 57, 135, 144
地球サミット …………… 31, 52, 56, 177
地球の友 …………………… 30
千歳川放水路 …………………… 39
地方自治体 …………………… 10
長距離越境大気汚染条約
　（LRTAP） …………………… 118
長距離越境大気汚染に関する
　ジュネーヴ条約 …………… 209
調査捕鯨 …………………… 82, 85
鳥獣保護法 …………………… 19
直接適用 …………………… 12
通過通航権 …………………… 112
通航税 …………………… 113
月協定 …………………… 164
TNT 27 …………………… 100
低レベル放射性廃棄物 …………… 101
低レベル放射性物質 …………… 102
デ・ミニミス・レベル …………… 103
TBT 協定 …………………… 176

伝統的漁業実績 …………………… 65
天然記念物 …………………… 27
東京宣言 …………………… 101
等距離中間原則 …………………… 64
登録票 …………………… 195
動植物相の保存 …………… 159-160
時のアセス …………………… 9, 11
トキの生息 …………………… 2
トキの保護 …………………… 2, 4, 5
特定物質の規制等によるオゾン層
　の保護に関する法律 ………… 126
特定粉じん …………………… 234
特別許可 …………………… 102
特別天然記念物 …………………… 27
特別保護地域 …………………… 161
トランザクション・コスト ……… 54
トリー・キャニオン号 ………… 94, 98
トレイル熔鉱所事件 …………… 225

な　行

内国民待遇 …………………… 180
中　海 …………………… 43
ナキウサギ裁判 …………………… 7
名古屋市 …………………… 41
ナホトカ号 …………………… 92
南極環境保護法 …………………… 160
南極観光 …………………… 156
南極条約 …………………… 157
南極の観光および非政府活動に
　関する勧告 …………………… 158
南極への訪問者のためのガイド
　ライン …………………… 158
二重構造 …………………… 99
2000年目標 …………………… 173
日仏原子力協定 …………… 215, 220
日米原子力協定 …………………… 215

索　引

日ロ合同作業部会 …………… 101
日ロ貿易経済分野の強力プロ
　グラム ……………………… 107
日加原子力協定 ……………… 220
日韓漁業協定 ………………… 63
日中環境保護協力協定 ……… 4
日中野生鳥獣保護会議 ……… 3
日中渡り鳥条約 ……………… 4
日本熱帯林行動ネットワーク
　（JATAN） ………………… 30
任意放棄 ……………… 187, 193
人間環境宣言 ………… 223, 225
ネット方式 …………………… 136
農薬 …………………………… 237
　──の領布および使用に関する
　国際行動規範 ……………… 238

は行

バイオセーフティ議定書 … 20, 21
排出取引 ……………………… 138
排出抑制・削減目標（QELOs） … 136
賠償責任限度額 ……………… 95
パウエルおよびレイナー対
　イギリス事件 ……………… 246
バスケット方式 ……………… 136
バーゼル国内法 ……………… 197
バーゼル条約 ………………… 196
伐採権使用料（Timber Royalty）… 35
バリ・パートナーシップ基金 … 173
バンキング …………………… 136
PIC …………………………… 238
POPs ………………………… 239
干潟 …………………………… 39
非政府機関（NGOs） ……… 30, 51
必要性の原則 ………………… 227
東アジア酸性雨モニタリング・
　ネットワーク（EANET） …… 122
PPM …………………………… 181
美々川 ………………………… 41
フィリピン共和国法 ………… 198
フィールド・モニタリング …… 106
風穴地域 ……………………… 9
風評被害 ……………………… 96
藤前干潟 …………………… 41, 47
不遵守 ………………………… 138
　──手続き ………………… 129
不正売買 ……………………… 195
プナン族 ……………………… 30
部分的核実験停止条約 ……… 152
不法行為地 …………… 97, 98, 110
　──法 ……………………… 111
不法取引 ……………………… 201
ブラック・リスト …………… 102
武力紛争時の環境保護 ……… 224
武力紛争法 ………………… 222-223
フリーライダー ……… 127, 130
ブレイディ財務長官 ………… 57
フロンガス …………………… 124
文化財保護法 ………………… 9
紛争解決 ……………………… 106
米国ガソリン基準事件 ……… 182
米国酸性雨評価計画
　（NAPAP） ……………… 119, 120
ベーカー財務長官 …………… 52
ヘルシンキ議定書 …………… 118
ベルリン・マンデート ……… 133
　──に関するアドホック・
　グループ …………………… 133
返還 …………………………… 194
　──費用 …………………… 188
便宜置籍 ……………………… 162
　──籍船 …………………… 79

索　引

貿易と開発に関する国連会議
　　（UNCTAD） ………………… 34
貿易と環境委員会 ………………… 176
貿易と環境に関する委員会
　　（CTE） ……………………… 181
貿易の技術的障害に関する
　　協定 …………………… 175-176
放射性廃棄物 ……………………… 158
放射性物質安全輸送規則 ………… 216
放射能汚染 ………………………… 154
北米環境協力協定 …………… 119, 120
北米自由貿易協定（NAFTA）
　　…………………………… 119, 120
補償の限度額 ……………………… 95
母川国 ……………………………… 72
没　収 ………………………… 193, 195
ボランティア ………………… 93, 96

ま　行

マークス・ナビゲーター ………… 108
マグロ・イルカ事件 ……………… 182
マニフェスト制度 ………………… 205
マラッカ海峡 …………… 108, 109, 111
丸太輸出 …………………………… 35
マルポール条約 …………………… 99
MARPOL 条約 …………………… 217
MARPOL 73/78 …………………… 99
ミナミマグロ保全条約 ………… 74, 79
民事裁判管轄権 …………………… 98
無害通航権 ………………………… 112
無過失の損害賠償責任 …………… 94
無許可操業 ………………………… 70
無限責任 …………………………… 95
無差別の原則 ……………………… 212
モリーナ博士 ……………………… 124
モラトリアム決議 ………………… 102

や　行

屋久島 ………………………… 25, 45
ヤシオウム ………………………… 186
野生個体 …………………………… 3
　──　群 ………………………… 2
ヤブロコフ報告書 ………………… 101
有害化学物質 ……………………… 237
有害廃棄物規制バーゼル条約 …… 220
有害廃棄物の越境移動とその処分
　　の規制に関する条約 ………… 196
有害廃棄物の輸出入 ……………… 196
有害物質および有害物質の海上輸
　　送に起因する損害の賠償および
　　補償に関する条約 …………… 98
輸送ルート …………………… 214, 215
油濁補償基金条約 ………………… 94
油濁民事責任条約 ………………… 94
油濁事故公海措置条約 ……… 98, 111
油濁事故対策協力条約 …………… 98
輸入公表 …………………………… 189
ユネスコ …………………………… 25
洋上焼却 …………………………… 105
吉野川第十堰 ……………………… 44
予防原則 ……………………… 134, 185
予防原則／アプローチ ………… 77, 78
予防的アプローチ ………………… 104

ら　行

ラヌー湖事件 ……………………… 225
ラムサール条約 ………… 39, 46, 146
リオ宣言 ……………………… 224, 226
　──　の第 2 原則 ……………… 55
履行委員会 ………………………… 130
履行確保制度 ……………………… 210
領域使用の管理責任 ……………… 97

索　引

領海及び接続水域に関する法律 …… 63
リバース・リスト ……………… 104
類縁種 ……………………………… 15
累積適用 ………………………… 110
レバレッジ（梃子）効果 ………… 51
ロシア海軍の液体輸送専用タン
　カー …………………………… 100
ロシア環境天然資源省 ……… 100, 102
ローチュス号事件判決 ………… 109
ロペス・オストラ対スペイン
　事件 …………………………… 249
ローランド教授 ………………… 124
ロンダリング ……………… 191, 192
ロンドン海洋投棄条約 ………… 101
ロンドン条約改正議定書 ……… 104

わ　行

枠組条約 ………………………… 127
ワシントン条約 ……… 4, 19, 84, 186
ワルシャワ条約 ………………… 157

編者執筆者紹介（五十音順）

石野耕也	（いしの　こうや）	環境省環境管理局自動車環境対策課長
磯崎博司	（いそざき　ひろじ）	岩手大学教授
一之瀬高博	（いちのせ　たかひろ）	独協大学助教授
岩間　徹	（いわま　とおる）	西南学院大学教授
臼杵知史	（うすき　ともひと）	明治学院大学教授
薄木三生	（うすき　みつお）	環境省南関東地区自然保護事務所長
幸丸政明	（こうまる　まさあき）	岩手県立大学教授
児矢野マリ	（こやの　まり）	静岡県立大学講師
鈴木克徳	（すずき　かつのり）	環境省地球環境局環境保全対策課長
髙村ゆかり	（たかむら　ゆかり）	静岡大学助教授
立松美也子	（たてまつ　みやこ）	山形大学講師
中川淳司	（なかがわ　じゅんじ）	東京大学教授
中谷和弘	（なかたに　かずひろ）	東京大学教授
南　諭子	（みなみ　ゆうこ）	津田塾大学講師

国際環境事件案内

初版第1刷　2001年6月20日

編　者

石野耕也　磯崎博司
岩間　徹　臼杵知史

発行者

袖山貴＝村岡俞衛

発行所

信山社出版株式会社

113-0033　東京都文京区本郷　6-2-9-102
TEL 03-3818-1019　FAX 03-3818-0344

印刷・製本　松澤印刷株式会社

PRINTED IN JAPAN © 石野耕也・磯崎博司・岩間徹・臼杵知史，2001

ISBN4-7972-5233-2　C3032

信山社

磯崎博司 著
国際環境法 A5判 本体 2900円

山村恒年 著
環境NGO A5判 本体 2900円

日弁連公害対策・環境保全委員会 編
野生生物の保護はなぜ必要か A5判 本体 2700円

野村好弘＝小賀野晶一 編
人口法学のすすめ A5判 本体 3800円

阿部泰隆＝中村正久 編
湖の環境と法 A5判 本体 6200円

阿部泰隆＝水野武夫 編
環境法学の生成と未来 A5判 本体 13000円

山村恒年 編
市民のための行政訴訟制度改革 A5判 本体 2400円

山村恒年＝関根孝道 編
自然の権利 A5判 本体 2816円

ダニエル・ロルフ 著・関根孝道 訳
米国 種の保存法概説 A5判 本体 5000円

浅野直人 著
環境影響評価の制度と法 A5判 本体 2600円

畠山武道＝井口博 編
環境影響評価法実務 A5判 本体 2600円

松尾浩也＝塩野宏 編
立法の平易化 A5判 本体 3000円

三木義一 著
受益者負担制度の法的研究 A5判 本体 5800円
＊日本不動産学会著作賞受賞／藤田賞受賞＊